高等职业教育机械专业系列教材

U0290427

液压与气动技术

（第二版）

主　编　张立秀　魏星雷

副主编　龚　璇　邱晔明　韦　全

　　　　石建军　刘唯伟

参　编　毛亚南　张　涛　詹　莉

主　审　吴水萍

扫码加入学习圈　轻松解决重难点

 南京大学出版社

内容简介

　　本书主要内容包括:液压概述及液压维检人员的安全规程、液压传动流体力学基础、液压动力装置、液压执行装置、液压控制装置、液压辅助装置、液压基本回路、液压传动系统实例及设计、液压控制系统、气压传动系统概述、气动元件、气动回路、气动系统应用实例。另外,本教材附录中的液压气动图形符号严格执行最新国家标准,可供查找相关标准。

　　本书既可作为高等职业院校机械类及近机类相关专业的教材,也可供相关企业员工培训和自学用。

图书在版编目(CIP)数据

液压与气动技术 / 张立秀,魏星雷主编. — 2 版
. — 南京:南京大学出版社,2018.7(2022.1重印)
　ISBN 978 - 7 - 305 - 20472 - 2

　Ⅰ. ①液… Ⅱ. ①张… ②魏… Ⅲ. ①液压传动 ②气
压传动 Ⅳ. ①TH137 ②TH138

中国版本图书馆 CIP 数据核字(2018)第 149617 号

出版发行　南京大学出版社
社　　址　南京市汉口路 22 号　　　邮　　编　210093
出 版 人　金鑫荣
书　　名　**液压与气动技术(第二版)**
主　　编　张立秀　魏星雷
责任编辑　刘群烨　吴　华　　　　编辑热线　025 - 83596997
照　　排　南京开卷文化传媒有限公司
印　　刷　广东虎彩云印刷有限公司
开　　本　787×1092　1/16　印张 15　字数 375 千
版　　次　2022 年 1 月第 2 版第 4 次印刷
ISBN　978 - 7 - 305 - 20472 - 2
定　　价　38.00 元

网　　址:http://www.njupco.com
官方微博:http://weibo.com/njupco
微信服务号:njuyuexue
销售咨询热线:(025)83594756

扫码免费申
请教学资源

第二版前言

本书自 2015 年 2 月第 1 版后,得到使用本教材院校的大力支持,特别是各任课教师的热情鼓励和帮助,在对本书充分肯定的基础上,提出了许多宝贵意见。在此,对这些院校和教师一并表示衷心的感谢。

根据四年来应用本书的教学实践及课程建设经验,结合当前高职教育教学改革的实际对本书进行了如下修订。

(1) 增加了"模块二 流体力学基础"课后思考题,便于学生巩固对该模块知识的掌握。

(2) 各模块配套了高质量、可持续、可延伸的多媒体教学资源,便于教师的教和学生的学。

(3) 增加了网络教学资源包(教学标准、电子教案、演示文稿、试卷和学生实验操作视频等),便于教师的备课和学生的自学。

本次编写工作是在第 1 版的基础上进行的,由武汉城市职业学院张立秀、荆州理工职业学院魏星雷任主编,武汉船舶职业技术学院龚璇、三明医学科技职业学院邱晔明,武汉城市职业学院韦全,湖南汽车工程职业学院石建军,珠海城市职业技术学院刘唯伟任副主编,武汉城市职业学院毛亚南、张涛、詹莉提供了大量素材。全书由张立秀老师负责统稿和定稿工作。本书由武汉城市职业学院吴水萍教授主审。

在本次修订过程中,各任课教师对本次修订提出了许多宝贵的意见和建议。在此,致以最诚挚地感谢! 感谢南京大学出版社编辑的辛勤劳作。

由于编者水平所限,修订后的本书仍难免存在不足、疏漏乃至错误之处,再次恳请读者不吝赐教,及时指正。

编 者
2018 年 6 月

目　录

模块一 液压概述及液压维检人员的安全规程

1.1 引言

一切机械都有其相应的传动机构,并借助于它达到对动力的传递和控制的目的,常见传动机构如下:

机械传动——通过齿轮、齿条、蜗轮、蜗杆等机件直接把动力传送到执行机构的传递方式。

电气传动——利用电力设备,通过调节电参数来传递或控制动力的传动方式。

$$
流体传动
\begin{cases}
液体传动
\begin{cases}
液压传动——利用液体静压力传递动力 \\
液力传动——利用液体流动动能传递动力
\end{cases} \\
气体传动
\begin{cases}
气压传动 \\
气力传动
\end{cases}
\end{cases}
$$

由于液压传动有许多突出的优点,因此被广泛用于机械制造、工程建筑、石油化工等各个工程技术领域。我国液压工业经过 40 余年的发展,已形成了门类齐全、有一定技术水平并初具规模的生产科研体系。我国现有主要生产企业近 300 家,液压产品的年产量为 450 万件,为机床、工程机械、冶金机械、矿山机械、汽车、铁路等行业机械设备提供种类比较齐全的产品。据中国液压气动密封件工业协会对 185 个企业的统计资料表明,2004 年液压件产量达 942 万件,液压工业总值 103.14 亿,产品种类 1 500 余种,16 000 余个规格。

机械工业各部门使用液压传动的出发点不尽相同:有的是利用它的动力传递的长处,如工程机械、压力机械和航空工业采用液压传动的主要原因是其结构简单,体积小,重量轻,输入功率大;有的是利用它在操纵控制上的优点,如机床上采用液压传动使其能在工作过程中实现无级变速,易于实现频繁换向,易于实现自动化等。

1.2 操作安全规则

进入工业生产现场,最为重要的是对危险的预见性。对危险的预见性是大多数人并不具备的,它是通过许多生产现场安全事故的教训积累起来的,综合这些事故教训的是工业生产现场的安全操作规程,几乎每一条安全规程的背后都有血的教训,忽视这些安全规程,就必然要付出血的代价。

事故案例：某公司连铸机组投产试车时，甲方人员发现一根测压软管上有破损的迹象，叫来中冶南方(设计单位)的人员过来查看，这时动作命令传来，操作人员启动动作，压力突然上升，从软管破损处激射出一股油液，击穿中冶人员的心脏，导致当场死亡(这种情况下，应侧身观察，避开要害)。

1.2.1 自身安全操作规则

(1) 未经安全技术考试、取得合格证者，不得操作液压设备；

(2) 严禁非岗位人员擅自启动或操作液压设备；

(3) 未经专业技术负责人认可，任何人不得改变、检修液压系统的泵、阀等的工作压力；

(4) 操作或检修时，必须谨慎留意，以防超压引起管道爆裂伤及人员；

(5) 维护时，应避免正对着泄漏部位，以防高压介质喷射伤人；

(6) 不得带压拆卸或检修液压设备及其他液压元器件；

(7) 液压介质必须妥善存放，严禁将废液压介质乱倒乱放，以免发生火灾、人员滑倒摔伤和污染环境；

(8) 站内严禁烟火，并不得将易燃易爆物品存放在有能源介质存放的场所；

(9) 未经相关安全防火部门签发批准的动火许可证，及采取可靠的安全防火措施，任何单位或个人均不得在液压施工设备的现场内进行动火作业；

(10) 液压设备检修现场必须配备足量的消防器材，安全员人员必须经常巡查，任何人不得擅自挪用；

(11) 拆卸液压法兰、管接头等连接件时，应停泵、关闭供油阀门，泄掉系统中余压，人员应站在侧面，以防余压喷出伤人；

(12) 对蓄能器进行检查维护时，必须先使皮囊、蓄能器处于失压状态。蓄能器充氮要严格遵守操作规程；

(13) 检查和处理液压设备时，必须先联系电工停电，方能进行工作；

(14) 加油时，严禁各种明火；

(15) 清洗零件时，严禁吸烟，打火或进行明火作业，不准用汽油清洗零件，擦洗设备或地面，废油要倒在指定容器内，定期收回；

(16) 工作完毕或因故离开工作岗位时，必须将设备的电、水、油源断开。工作完毕，必须清理工作现场，将工具和零件整齐地摆在指定的位置上；

(17) 不燃液压介质中磷酸酯是一类合成介质，其中早期型的磷酸酯型抗燃液压油遇到水会发生水解，这一反应还随着温度的升高而被强化，同时，随之带来的强酸具有一定催化腐蚀作用。由于磷酸酯型抗燃液压油水解后易形成强酸，于是这种反应就是被称为"自动催化腐蚀"。例如，液压系统中的一些含铜、铜合金及铅的金属部件就容易被过早氧化，而不断产生的酸又在不断加速这一反应。由于磷酸酯型抗燃液压油中的主要分解的副产品具有极高的毒性，工业生产的农药、杀虫剂中大部分都是磷酸类与金属合成的药剂。因此，磷酸酯的废液不许随意倾倒。

1.2.2 车间安全操作规则

（1）严格执行操作牌、停电牌制度，开关截止阀制度；

（2）作业时，必须确认系统无压力，方能进行作业。在拆卸时，身体和头部要避开可能喷射出油的方向；

（3）给未停机、停电的液压设备维护加油时，应确认周围环境安全可靠，不能接触转动部位，人员站稳以防滑跌；

（4）在人员活动频繁的区域，应垫上草袋，防止发生人员跌滑；

（5）在一米以上空间作业时，应布置安全走台，设置栏杆等物，防止人员跌落；

（6）在生产车间内行走，必须通过安全走桥，禁止从滚道等可能活动的设备上经过；

（7）注意头顶上方的吊运物品，应及时躲开让道，防止坠物伤害；

（8）不要长时间观看电焊、电弧切割等电弧光。电弧光能灼伤眼睛的视网膜，造成高温灼伤。

1.2.3 动力机具安全规定

（1）蓄势器试车时，要远离蓄势器，站在安全的位置，防止爆裂伤人；

（2）启动测试设备前，必须对该设备进行全面检查，确认一切正常后通知电工送电。设备启动后，首先观察测试设备有无异常响声和现象，确认无异常后，方可进行测试。测试时，严禁闲杂人员进入高压危险区；

（3）凡手持式电动工具，在使用前必须检查绝缘保护情况，严禁有可能发生漏电伤人的情况出现，特别是电缆保护绝缘材料有破损的手持式电动工具都禁止使用；

（4）施工时，有时需要使用液压千斤顶等设备，必须垫稳、垫牢，不得使用脆性的铸铁材料，以防崩裂伤人；

（5）凡属液压式辅助工具设备，如液压弯管机、液压剪板机、液压打孔机等，有相当多的设备都工作在高压、超高压区域内。在使用时，应按一般液压设备的要求，做好安全防护。

1.2.4 检测仪表的安全操作

（1）仪表操作人员应熟悉各种仪表的工作原理、性能特点、检测点和检测项目；

（2）仪表操作人员每天定时打印生产报表和监测报表，及时反映厂里的生产运行情况；

（3）定期对各检测点仪表进行现场巡视，并做好记录，发现异常情况，应及时处理和汇报；

（4）阴雨天气到现场巡视检查仪表时，操作人员应注意防止触电；

（5）各类检测仪表的一次传感器均应按要求清污除垢；

（6）检测仪表出现故障时，不得随意拆、卸变送器和转换器；

（7）检修检测仪表，应做好防护措施。对长期不用或因使用不当被水浸泡的各种仪表，启用前应进行干燥处理；

（8）定期检修仪表的各种元器件，如探头、转换器、计算器、传导电视和二次仪表等。保持各部件完整、清洁、无锈蚀，表盘标尺刻度清晰，铭牌、标记、铅封完好；中心控制室整洁；微机系统工作正常；仪表井清洁、无积水。

1.3 液压系统工作原理

1.3.1 液压传动系统的工作原理

1. 液压传动的概念

液压传动是以液体为工作介质,利用液体压力能进行动力(或能量)传递、转换与控制的液体传动。

2. 液压传动系统的工作原理

下面以图 1-1 液压千斤顶为例,说明液压传动系统的工作原理。

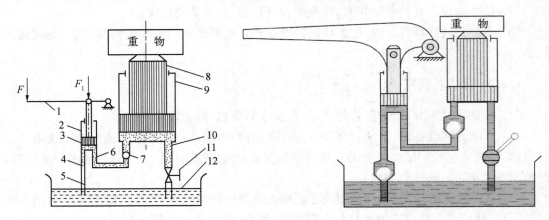

图 1-1 液压千斤顶工作原理图

1-杠杆手柄;2-小油缸;3-小活塞;4,7-单向阀;5-吸油管;
6,10-管道;8-大活塞;9-大油缸;11-截止阀;12-油箱

大油缸 9 和大活塞 8 组成举升液压缸。杠杆手柄 1、小油缸 2、小活塞 3、单向阀 4 和 7 组成手动液压泵。如提起手柄使小活塞向上移动,小活塞下端油腔容积增大,形成局部真空,这时,单向阀 4 打开,通过吸油管 5 从油箱 12 中吸油;用力压下手柄,小活塞下移,小活塞下腔压力升高,单向阀 4 关闭,单向阀 7 打开,下腔的油液经管道 6 输入举升油缸 9 的下腔,迫使大活塞 8 向上移动,顶起重物。再次提起手柄吸油时,单向阀 7 自动关闭,使油液不能倒流,从而保证重物不会自行下落。不断往复扳动手柄,就能不断地把油液压入举升缸下腔,使重物逐渐地升起。如果打开截止阀 11,举升缸下腔的油液通过管道 10、截止阀 11 流回油箱,重物就向下移动。这就是液压千斤顶的工作原理。

从以上分析可知,液压传动的基本工作原理如下:

(1)液压传动的液体为传递能量的工作介质;

(2)液压传动必须在密闭的系统中进行,且密封的容积必须发生变化;

(3)液压传动系统使一种能量转换装置,而且有两次能量转换过程;

(4)工作液体只能承受压力,不能承受其他应力,所以这种传动是通过静压力进行能量传递的。

1.3.2　液压传动装置的组成

1. 机床工作台液压系统的工作过程

如图1-2所示为机床工作台液压系统示意图。当液压泵3由电动机驱动旋转时,从油箱1经过过滤器2吸油。经换向阀7和管路11进入液压缸9的左腔,推动活塞杆及工作台10向右运动。液压缸9右腔的油液经管路8、阀7和管路6、4排回油箱,通过扳动换向手柄切换阀7的阀芯,使之处于左端工作位置,则液压缸活塞反向运动;切换阀7的阀芯工作位置,使其处于中间位置,则液压缸9在任意位置停止运动。

调节和改变流量控制阀5的开度大小,可以调节进入液压缸9的流量,从而液压缸活塞及工作台的运动速度。液压泵3排除的多余油液经管路15、溢流阀16和管路17流回油箱。液压缸9的工作压力取决于负载。液压泵3的最大工作压力由溢流阀17调定,其调定值应为液压缸的最大工作压力及系统中油液经各类阀和管路的压力损失之和。因此,系统的工作压力不会超过溢流阀的调定值,溢流阀对系统还有超载保护作用。

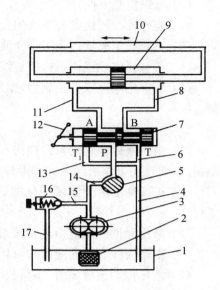

图1-2　机床工作台液压系统示意图

1-油箱;2-过滤器;3-液压泵;
4,6,8,11,13,14,15,17-管路;
5-流量控制阀;7-换向阀;9-液压缸;
10-工作台;12-换向手柄;16-溢流阀

2. 液压传动装置的组成

从机床工作台液压系统的工作过程可以看出,一个完整的、能够正常工作的液压系统,应该由以下五个主要部件组成:

(1) 动力元件。它是供给液压系统压力油,将原动机的机械能转化成液压能的装置。常见的是液压泵;

(2) 执行元件。它是将液压能转换为机械能的装置。其形式有做直线运动的液压缸,有做旋转运动的液压马达;

(3) 控制调节元件。它能完成对液压系统中工作液体的压力、流量和流动方向的控制和调节。这类元件主要包括各种液压阀,如溢流阀、节流阀以及换向阀等;

(4) 辅助元件。辅助元件是指油箱、蓄能器、油管、管接头、滤油器、压力表以及流量计等。这些元件分别起散热储油、蓄能、输油、连接、过滤、测量压力和测量流量等作用,以保证系统正常工作,是液压传动系统不可缺少的组成部分;

(5) 工作介质。它在液压传动及控制中,起传递运动、动力及信号的作用,包括液压油或其他合成液体。

1.3.3　液压传动的特点、应用与发展

液压传动与机械传动、电气传动等其他传动方式相比,具有以下优缺点:

1. 液压传动的优点

(1) 液压传动的各种元件,可根据需要,方便、灵活地布置;

（2）重量轻,体积小,传动惯性小,反应速度快;

（3）操纵控制方便,可实现大范围的无级调速（调速比可达2 000）;

（4）能比较方便地实现系统的自动过载保护;

（5）一般采用矿物油为工作介质,完成相对运动部件润滑,能延长零部件使用寿命;

（6）很容易实现工作机构的直线运动或旋转运动;

（7）当采用电液联合控制后,容易实现机器的自动化控制,可实现更高程度的自动控制和遥控。

2. 液压传动的主要缺点

（1）由于液体流动的阻力损失和泄漏较大,所以效率较低,如果处理不当,泄漏不仅污染场地,而且还可能引起火灾和爆炸事故;

（2）工作性能易受温度变化的影响,因此,不宜在很高的温度或者很低的温度条件下工作;

（3）液压元件的制造精度要求很高,因而价格较贵;

（4）由于液体介质的泄露和可压缩性,不能得到严格的定比传动;

（5）液压传动出故障时,不易找出原因,要求具有较高的使用和维护技术水平。

液压传动的应用与发展:

液压传动以其独特的优势成为现代机械工程、机电一体化技术中的基本构成技术和现代控制工程中的基本技术要素,在国民经济各行业得到了广泛的应用。见表1-1所示列举了液压传动在机械工程设备中的一些应用。

随着世界工业水平的不断提高,各类液压产品的标准化、系列化和通用化也使液压传动技术得到了迅速发展,当前液压技术正向迅速、高压、大功率、高效、低噪声、经久耐用、高度集成化的方向发展。同时,新型液压元件和液压系统的计算机辅助设计（CAD）、计算机辅助测试（CAT）、计算机直接控制（CDC）、机电一体化技术、可靠性技术等方面也是当前液压传动及控制技术发展和研究的方向。

表1-1　液压传动的应用举例

行业名称	应用场所举例
工程机械	挖掘机、装载机、推土机、压路机、铲运机等
起重运输机械	汽车吊、港口龙门吊、叉车、装卸机械、皮带运输机等
矿山机械	凿岩机、开掘机、开采机、破碎机、提升机、液压支架等
建筑机械	打桩机、液压千斤顶、平地机等
农业机械	联合收割机、拖拉机、农具悬挂系统等
冶金机械	电炉炉顶及电极升降机、轧钢机、压力机等
轻工机械	打包机、注塑机、校直机、橡胶硫化机、造纸机等
汽车工业	自卸式汽车、平板车、高空作业车、汽车中的转向器、减震器等
智能机械	折臂式小汽车装卸器、数字式体育锻炼机、模拟驾驶舱、机器人等

思考题与习题

1-1 液体传动是主要利用_____为工作介质来实现能量传递的传动方式。

1-2 液压传动主要是利用_____系统中的受压液体来传递运动和动力的传动方式。

1-3 液压传动的工作原理是:以_____作为工作介质,通过密封容积的变化来传递_____,通过油液内部的压力来传递_____。

1-4 液压传动系统由五部分组成,即_____、_____、_____、_____、_____。其中,_____和_____是能量转换装置。

1-5 选择题

(1)辅助部分在液压系统中可有可无。 ( )

(2)液压传动存在冲击,传动不平稳。 ( )

(3)液压元件的制造精度一般要求较高。 ( )

(4)液压元件用图形符号表示绘制的液压系统原理图,方便、清晰。 ( )

(5)液压元件易于实现系列化、标准化、通用化。 ( )

1-6 什么是液压传动? 液压传动的基本工作原理是什么?

1-7 液压传动系统由哪几部分组成? 各部分的作用是什么?

1-8 简述液压传动的优缺点。

模块二　流体力学基础

2.1　液压系统工作液体

在液压传动中,最常用的工作介质是液压油。液压系统能否按设计要求,可靠有效地工作,在很大程度上取决于系统中所用的液压油。

2.1.1　液压油的作用、性能和分类

1. 液压油的作用

作为液压传动介质的液压油主要有以下作用:

(1) 传动:将由泵产生的压力能传递给执行部件;

(2) 润滑:对泵、阀、执行元件等运动部件进行润滑;

(3) 密封:保持由泵所产生的压力;

(4) 冷却:吸收并带出液压装置所产生的热量;

(5) 防锈:防止液压系统中所用的各种金属部件受到锈蚀;

(6) 传递信号:传递信号元件或控制元件发出的信号;

(7) 吸收冲击:吸收液压回路中产生的压力冲击。

2. 对液压油的要求

液压油作为液压传动与控制中的工作介质,在一定程度上决定了液压系统的工作性能,特别是在液压元件已经定型的情况下,液压油的良好性能与正确使用更加成为系统可靠工作的重要前提。为了保证液压设备长时间正常工作,液压油必须与液压装置完全适应。不同的工作机械、不同的使用情况对液压油的要求也各不相同。

液压油主要应具有的性能:

(1) 具有合适的黏度和良好的黏度—温度特性,在实际使用的温度范围内,油液黏度随温度的变化要小,液压油的流动点和凝固点低;

(2) 具有良好的润滑性,能对元件的滑动部位进行充分润滑,能在零件的滑动表面上形成强度较高的油膜,避免干摩擦,能防止异常磨损和卡咬等现象的发生;

(3) 具有良好的安定性,不易因热、氧化或水解而生成腐蚀性物质、胶质或沥青质,沉渣生成量小,使用寿命长;

(4) 具有良好的抗锈性和耐腐蚀性,不会造成金属和非金属的锈蚀和腐蚀;

(5) 具有良好的相容性,不会引起密封件、橡胶软管、涂料等的变质;

(6) 油液质地纯净,尽可能少包含污染物;当污染物从外部侵入时,能迅速分离。液压

油中若含有酸碱,会造成机件和密封件腐蚀;含有固体杂质,会对滑动表面造成磨损,并易使油路发生堵塞;若含有挥发性物质,在长期使用后,会使油液黏度变大,同时在油液中产生气泡;

(7) 应有良好的消泡性、脱气性,油液中裹携的气泡及液面上的泡沫应比较少,且容易消除。油液中的泡沫会造成系统断油或出现空穴现象,影响系统正常工作;

(8) 具有良好的抗乳化性,对于非含水液压油,油液中的水分容易分离。在油液中混入水分会使油液乳化,降低油的润滑性能,增加油的酸值,缩短油液的使用寿命;

(9) 油液在工作中发热和体积膨胀都会造成工况的恶化,所以,油液应有较低的体积膨胀系数和较高的比热容;

(10) 具有良好的防火性,闪点(即明火能使油面上的蒸气燃烧,但油液本身不燃烧的温度)和燃点高,挥发性小;

(11) 压缩性尽可能小,响应性好;

(12) 不得有毒性和异味,易排放处理。

3. 液压油的分类

关于液压油的品种,国内外曾采用过许多不同的标准进行分类。2003 年我国等效采用 ISO 标准制定了国家标准 GB/T 7631.2－2003,对液压油进行了品种分类。

液压油按 ISO 的分类见表 2－1 所示。

表 2－1　液压油的分类

组别符号	应用范围	特殊应用	更具体应用	组成和特性	产品符号 ISO－L	典型应用	备注
H	液压系统	流体静压系统		无抑制剂的精制矿油	HH		
				精制矿油,并改善其防锈和抗氧性	HL		
				HL 油,并改善其抗磨性	HM	有高负荷部件的一般液压系统	
				HL 油,并改善其粘温性	HR		
				HM 油,并改善其粘温性	HV	建筑和船舶设备	
				无特定难燃性的合成液	HS		特殊性能
			用于要求使用环境可接受液压液的场合	甘油三酸酯	HETG	一般液压系统(可移动式)	每个品种的基础液的最小含量应不少于70%(质量分数)
				聚乙二醇	HEPG		
				合成酯	HEES		
				聚烯烃和相关烃类产品	HEPR		
			液压导轨系统	HM 油,并具有抗黏-滑性	HG	液压和滑动轴承导轨润滑系统合用的机床在低速下使振动或间断滑动(粘—滑)减为最小	这种液体具有多种用途,但并非在所有液压应用中皆有效

（续表）

组别符号	应用范围	特殊应用	更具体应用	组成和特性	产品符号 ISO-L	典型应用	备注
H	液压系统	流体静压系统	用于使用难燃液压液的场合	水包油型乳化液	HFAE		通常含水量大于80%（质量分数）
				化学水溶液	HFAS		
				油包水乳化液	HFB		
				含聚合物水溶液[a]	HFC		通常含水量大于35%（质量分数）
				磷酸酯无水合成液[a]	HFDR		
				其他成分的无水合成液[a]	HFDU		
		流体动力系统	自动传动系统		HA		与这些应用有关的分类尚未进行详细地研究，以后可以增加
			耦合器和变矩器		HN		

[a] 这类液体也可以满足 HE 品种规定的生物降解性和毒性要求。

2.1.2 液压油的物理性质

1. 密度

密度是指单位体积油液的质量，单位为 kg/m³ 或 g/mL。体积为 V，质量为 m 的液体密度 $\rho=m/V$。对于常用的矿物油型液压油，它的体积随着温度的上升而增大，随着压力的提高而减小，所以其密度随着温度的上升而减小，随着压力增大而稍有增加，但由于其随压力的变化较小，一般中低压系统中可以认为其为常数。在相同的流量下，系统的压力损失和油液的密度成正比，它对泵的自吸能力也有影响。

2. 黏度

液体受外力作用而流动时，由于液体与固体壁面之间的附着力和液体本身之间的分子间内聚力的存在，使液体的流动受到牵制，导致在流动截面上各点的液体分子的流速各不相同。运动快的液体分子带动运动慢的，运动慢的对运动快的则起阻滞作用。这种由于流动时液体分子间存在相对运动而导致相互牵制的力称为液体的内摩擦力或黏滞力，而液体流动时产生内摩擦力的这种特性称为液体的黏性。从它的定义可以看出，液体只有在流动（或有流动趋势）时才呈现出黏性，处于静止状态时是不呈现黏性的。

黏度是表现液体流动时内摩擦力大小的系数，是衡量液体黏性大小的指标，也是液压油最重要的性质。油液黏度大则可以降低泄漏，提高润滑效果，但会使压力损失增大，动作反应变慢，机械效率降低，功率损耗变大；油液黏度低则可实现高效率小阻力的动作，但会增加磨损和泄漏，降低容积效率。

通常用黏度单位来表示黏度的大小，我国常用的黏度单位有三种：动力黏度、运动黏度和相对黏度。

（1）动力黏度

动力黏度指的是液体在单位速度梯度下流动时，单位面积上产生的摩擦力。它的物理意义是：面积为 1 cm²，相距为 1 cm 的两层液体，以 1 cm/s 的速度作相对运动，此时所产生的内摩擦力大小。动力黏度用 μ 表示。从动力黏度的物理意义中可以看出，液体黏性越大，其动力黏度值也越大。动力黏度在法定计量单位中，是用帕·秒（Pa·s）表示。

（2）运动黏度

运动黏度是指在相同温度下，液体的动力黏度 μ 与它的密度 ρ 之比，用 ν 表示，即：

$$\nu = \mu / \rho$$

运动黏度的法定计量单位为 m²/s，目前使用的单位还有斯（符号为 st）和厘斯（符号为 cst），1 cst（mm²/s）＝10^{-2}st（cm²/s）＝10^{-6}m²/s。

就物理意义而言，ν 并不是一个直接反映液体黏性的量，但习惯上常用它标志液体的黏度。液压传动介质的黏度等级是以 40 ℃时的运动黏度（以 mm²/s 计）的中心值来划分的。如 L－HL22 型液压油在 40 ℃时，运动黏度中心值为 22 mm²/s。

（3）相对黏度

液体黏度可以通过旋转黏度计直接测定，也可先测出液体的相对黏度，然后再根据关系式换算出动力黏度或运动黏度。相对黏度又称条件黏度，是根据一定的测量条件测定的。我国采用的是恩氏黏度（°E），它是用恩氏黏度计测量得到的。

恩氏黏度的测量方法是：将 200 ml 的被测油液放入特制的容器（恩氏黏度计）内，加热到温度 t ℃后，让它从容器底部一个直径 $\phi＝2.8$ mm 的小孔中流出，测出液体全部流出所用的时间 t_1；然后与流出同样体积的 20 ℃的蒸馏水所需时间 t_2 相比，比值即为该油液在温度 t ℃时的恩氏黏度，用 $°E_t$ 表示。一般常以 20 ℃、50 ℃和 100 ℃作为测定液体黏度的标准温度，由此得到的恩氏黏度用 $°E_{20}$、$°E_{50}$ 和 $°E_{100}$ 标记。

液体的黏度是随液体的温度和压力的变化而变化的。液压油对温度的变化十分敏感，温度上升，黏度下降；温度下降，黏度上升。这主要是由于温度的升高会使油液中分子间的内聚力减小，降低了流动时液体分子间的内摩擦力。不同种类的液压油，其黏度随温度变化的规律也不相同。通常用黏度指数度量黏度随温度变化的程度。液压油的黏度指数越高，它的黏度随温度的变化就越小，其黏温特性也越好，该液压油应用的温度范围也就越广。液压油随压力的变化相对较小。压力增大时，液体分子间的距离变小，黏度增大。但在低压系统中，其变化量很小，可以忽略不计。但在高压时，液压油的黏性会急剧增大。

3．压缩率和体积弹性模量

液体受压力作用而发生体积变小的性质称为液体的可压缩性。在压力作用下，液压油的体积变化，用压缩率 β 表示，即单位压力变化下的体积相对变化量来表示。而油液的体积弹性模量 K 则是压缩率 β 的倒数。

一般情况下，可以把液压油当成是不可压缩的。但在需要精密控制的高压系统中，油液的压缩率或体积弹性模量就不能忽略不计。由于压缩率随压力和温度而增加，所以它对带有高压泵和马达的液压系统也有着重要的影响。另外，在液压设备工作过程中，液压油总会混进一些空气，由于空气具有很强的可压缩性，所以这些气泡的混入会使油液的压缩率大大提高，因此，在进行液压系统设计时，应考虑到这方面的因素。

温度对油液体积的影响一般也可以忽略不计,但对于容积很大的密闭液体,则应注意因温度升高而引起的膨胀,这种膨胀能产生很高的压力,往往会使液压系统的某些薄弱部位破裂,并造成设备损坏或引发事故。

4. 其他性质

液压油除以上的几项主要性质外,还有比热容、润滑性、抗磨性、稳定性、挥发性、材料相容性、难燃性、消泡性等多项其他性质。这些性质对液压油的选择和使用都有着重要影响,其中大多数性质可以通过在油液中加入各种添加剂来获得,具体说明请参见相关资料或产品说明书。

2.1.3　液压油的选择

正确合理地选择液压油是保证液压元件和液压系统正常运行的前提。合适的液压油不仅能适应液压系统各种环境条件和工作情况,对延长系统和元件的使用寿命、保证设备可靠运行、防止事故发生也有着重要作用。

选择液压油通常按以下三个基本步骤进行:

(1) 列出液压系统对液压油(液)各方面性能的变化范围要求:黏度、密度、温度范围、压力范围、抗燃性、润滑性、可压缩性等;

(2) 能够同时满足所有性能要求的液压油是不存在的,应尽可能选出接近要求的液压油品种。我们可以从液压件生产企业及其产品样本中获得工作介质的推荐资料;

(3) 综合、权衡、调整各方面的要求参数,决定所采用的液压油类型。

对于各类液压油,需要考虑的因素很多,其中,黏度是液压油的最重要的性能指标之一。它的选择合理与否,对液压系统的运动平稳性、工作可靠性与灵敏性、系统效率、功率损耗、气蚀现象、温升和磨损等都有显著影响。

通常,液压油可以根据以下几方面进行选择:

1. 根据环境条件选用

选用液压油时,应考虑液压系统使用的环境温度和环境恶劣程度。矿物油的黏度由于受温度的影响变化很大,为保证在工作温度时有较适宜的黏度,必须考虑周围环境温度的影响。当温度高时,宜选用黏度较高的油液;周围环境温度低时,宜选用黏度低的油液。对于恶劣环境(潮湿、野外、温差大)就要对液压油的防锈性、抗乳化性及黏度指数重点考虑。油液抗燃性、环境污染的要求、毒性和气味也是应考虑到的因素。

2. 根据工作压力选用

选用液压油时,应根据液压系统工作压力的大小选择。

通常,当工作压力较高时,宜选用黏度较高的油,以免系统泄漏过多,效率过低;工作压力较低时,可以用黏度较低的油,这样可以减少压力损失。凡在中、高压系统中使用的液压油,还应具有良好的抗磨性。

3. 根据设备要求选用

(1) 根据液压泵的要求选择

液压油首先应满足液压泵的要求。液压泵是液压系统的重要元件,在系统中,它的运动速度、压力和温升都较高,工作时间又长,因而对黏度要求较严格,所以选择黏度时,应首先考虑到液压泵;否则,泵磨损快,容积效率降低,甚至可能破坏泵的吸油条件。在一般情况下,可将液压泵要求液压油的黏度作为选择液压油的基准。液压泵所用金属材料对液压油的抗氧化性、抗磨性、水解安定性也有一定要求。

（2）根据设备类型选择

精密机械设备与一般机械对液压油的黏度要求也是不同的。为了避免温度升高引起机件变形,影响工作精度,精密机械宜采用较低黏度的液压油,如机床液压伺服系统,为保证伺服机构动作灵敏性,宜采用较低黏度的液压油。

（3）根据液压系统中运动件的速度选择

当液压系统中工作部件的运动速度很高,油液的流速也高时,压力损失会随之增大,而液压油的泄漏量则相对减少,这种情况就应选用黏度较低的油液;反之,当工作部件的运动速度较低时,所需的油液流量很小,这时泄漏量大,泄漏对系统的运动速度影响也较大,所以应选用黏度较高的油液。

4. 合理选用液压油品种

液压传动系统中可使用的油液品种很多,如机械油、变压器油、汽轮机油、通用液压油、低温液压油、抗燃液压油和耐磨液压油等。机械油是最常用的机械润滑油,过去在液压设备中被广泛使用,但由于其在化学稳定性(抗氧化性、抗剪切等)、黏温特性、抗乳化、抗泡沫性以及防锈性能等方面均较差,大多数情况下已无法满足液压设备的要求。变压器油和汽轮机油的某些性能指标较机械油有所提高,但从名称上看,这些油主要是为适应变压器、汽轮机等设备的特殊需要而生产的,其性能并不符合液压传动用油的要求。

液压设备一般应选用通用液压油,如果环境温度较低或温度变化较大,应选择黏温特性好的低温液压油;若环境温度较高且具有防火要求,则应选择抗燃液压油;若设备长期在重载下工作,为减少磨损,可选用抗磨液压油。选择合适的液压油品种,可以保证液压系统的正常工作,减少故障的发生,还可提高设备的使用寿命。

2.1.4　液压油的污染与控制

液压油的污染是液压系统发生故障的主要原因,液压系统中所有故障的80%左右是由液压油的污染造成。即使是新油,往往也含有许多污染物颗粒,甚至可以比高性能液压系统允许的多10倍。因此,正确使用液压油,做好液压油的管理和防污是保证液压系统工作可靠性,延长液压元件使用寿命的重要手段。

1. 液压油污染的主要原因

液压油中污染物来源是多方面的,总体来说可分为系统内部残留、内部生成和外部侵入三种。造成油液污染的主要原因有以下几点:

（1）液压油虽然是在比较清洁的条件下精炼和调制的,但油液运输和储存过程中受到管道、油桶、油罐的污染;

（2）液压系统和液压元件在加工、运输、存储、装配过程中,灰尘焊渣、型砂、切屑、磨料等残留物造成污染;

（3）液压系统运行中,由于油箱密封不完善以及元件密封装置损坏、不良,而由系统外部侵入的灰尘、砂土、水分等污染物造成污染;

（4）液压系统运行过程中产生的污染物。金属及密封件因磨损而产生的颗粒,通过活塞杆等处进入系统的外界杂质,油液氧化变质的生成物也都会造成油液的污染。

2. 污染的危害

液压油污染会使液压系统性能变坏,经常出现故障,液压元件磨损加剧,寿命缩短。其中固体颗粒污染比空气、水和化学污染物等造成的危害都大。固体颗粒与液压元件表面相互作用时会产生磨损和表面疲劳,使内漏增加,降低液压泵、马达及阀等元件的工作可靠性和系统效率,更为严重的可能造成泵或阀卡死、节流口或过滤器堵塞,使系统不能正常运行。

3. 液压油清洁度检测方法及评定标准

单位体积液压油中固体颗粒污染物含量称为清洁度,可分别用质量或颗粒数表示。质量分析法是通过测量单位体积油液中所含固体颗粒污染物的质量表示油液的污染等级;而颗粒分析法是通过测量单位体积油液中各种尺寸颗粒污染物的颗粒数表示油液的污染等级。质量分析法只能反映油液中颗粒污染物的总质量,而不反映颗粒的大小和尺寸分布,无法满足油液检测的更高要求。颗粒分析法主要有显微镜法、显微镜比较法和自动颗粒计数法等。自动颗粒计数法具有计数快、精度高和操作简便等特点,近年来在国内被广泛采用。检测设备的典型代表是采用遮光原理的美国太平洋公司 HIAC/ROYCO 系列产品和基于滤膜堵塞原理的德国 PAMAS 系列产品。

目前,我国工程机械行业对液压系统清洁度的评定主要采用以下两种标准:

(1) 我国制定的国家标准 GB/T14039 - 93《液压系统工作介质固体颗粒污染等级代号》,该标准与国际标准 ISO4406 - 1987 等效。固体颗粒污染等级代号由斜线隔开的两个标号组成,第一个标号表示 1 mL 液压油中大于 5 μm 的颗粒数,第二个标号表示 1 mL 液压油中大于 15 μm 的颗粒数;

(2) 美国国家宇航标准 NAS1638 油液清洁度等级,按 100 mL 液压油中在给定的颗粒尺寸内的最大允许颗粒数划分为 14 个等级,第 00 级含的颗粒数最少,清洁度最高;第 12 级含的颗粒数最多,清洁度最低。

参照国际标准 ISO4406 - 1987 和美国国家宇航标准 NAS1638,规定如下:

(1) 产品出厂时,液压油颗粒污染等级不得超过 19/16(相当于 NAS1638 第 11 级);

(2) 产品使用过程中,液压油颗粒污染等级不得超过 20/16(相当于 NAS1638 第 12 级);

(3) 加入整机油箱的液压油颗粒污染等级不得超过 18/15(相当于 NAS1638 第 10 级)。

4. 污染的控制措施

对液压油进行良好的管理,保证液压油的清洁,对于保证设备的正常运行,提高设备使用寿命有着非常重要的意义。污染物种类不同,来源各异,治理和控制措施也有较大差别。我们应在充分分析了解污染物来源及种类的基础上,采取经济有效的措施,控制油液污染水平,保证系统正常工作。

对液压油的污染控制工作概括起来有两个方面:一是防止污染物侵入液压系统;二是将已经侵入的污染物从系统中清除出去。污染控制贯穿于液压系统的设计、制造、安装、使用、维修等各个环节。在实际工作中污染控制主要有以下措施:

(1) 在使用前保持液压油清洁

液压油进厂前必须取样检验,加入油箱前应按规定进行过滤并注意加油管、加油工具及工作环境的影响。贮运液压油的容器应清洁、密封,系统中漏出来的油液,未经过滤不得重新加入油箱。

（2）做好液压元件和密封元件清洗，减少污染物侵入

所有液压元件及零件装配前，应彻底清洗，特别是细管、细小盲孔及死角的铁屑、锈片和灰尘、沙粒等应清洗干净，并保持干燥。零件清洗后一般应立即装配，暂时不装配的则应妥善防护，防止二次污染。

（3）使液压系统在装配后、运行前保持清洁

液压元件加工和装配时，要认真清洗和检验，装配后进行防锈处理。油箱、管道和接头应在去除毛刺、焊渣后进行酸洗以去除表面氧化物。液压系统装配好后，应做循环冲洗并进行严格检查后再投入使用。液压系统开始使用前，还应将空气排尽。

（4）在工作中保持液压油清洁

液压油在工作中会受到环境的污染，所以应采用密封油箱或在通气孔上加装高效能空气滤清器，可避免外界杂质、水分的侵入。控制液压油的工作温度，防止过高油温引起油液氧化变质。

（5）防止污染物从活塞杆伸出端侵入

液压缸活塞工作时，活塞杆在油液与大气间往返，易将大气中污染物带入液压系统中。设置防尘密封圈是防止这种污染侵入的有效方法。

（6）合理选用过滤器

根据设备的要求、使用场合在液压系统中选用不同的过滤方式、不同精度和结构的滤油器，并对滤油器定期检查、清洗。

对液压系统中使用的液压油定期检查、补充、更换。

2.2　流体静力学基础

2.2.1　静力学基本方程

在重力作用下，静止液体的受力除了液体重力，还有液面上的作用的外加压力，其受力情况如图 2-1 所示。

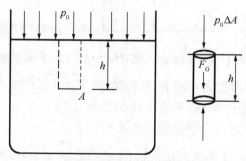

图 2-1　重力作用下静止液体的受力分析

在液体中任取一点 A，若要求得液体内 A 点处的压力，可从液体中取出一个底部通过该点的垂直小液柱。设液柱的底面积为 dA，高度为 h，液柱质量为 $G = \rho g h dA$，由于液柱处于平稳状态，则平衡方程如下所示：

$$p\Delta A = p_0 \Delta A + \rho g h \Delta A$$
$$\therefore p = P_0 + \rho g h \tag{2-1}$$

式(2-1)为液体静力学基本方程。由上式可知,重力作用下的静止液体,其压力分布有如下特征:

(1) 静止液体中,任何一点的静压力为作用在液面的压力 p_0 和液体重力所产生的压力 $\rho g h$ 之和;

(2) 液体中的静压力随着深度 h 的增加而呈线性增加;

(3) 连通器内同一液体中深度 h 相同的各点压力都相等。压力相等的点组成的面叫等压面。

2.2.2 压力的表示方法及单位

压力的表示方法有两种:绝对压力和相对压力。绝对压力是以绝对真空作为基准所表示的压力。相对压力是以大气压力作为基准所表示的压力。若绝对压力大于大气压,则相对压力为正值。由于大多数测压仪表所测得的压力都是相对压力,故相对压力也称表压力。若绝对压力小于大气压,则相对压力为负值,比大气压小的那部分称为真空度。

如图 2-2 所示,给出了绝对压力、相对压力和真空度三者之间的关系,即:

$$绝对压力 = 相对压力 + 大气压力$$
$$真空度 = 大气压力 - 绝对压力$$

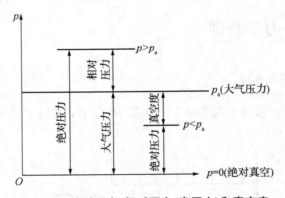

图 2-2 绝对压力、相对压力(表压力)和真空度

在 SI 单位中,压力的单位为帕斯卡,简称帕,符号为 Pa,1 Pa=1 N/m²。由于 Pa 太小,工程上常用其倍数单位兆帕(MPa)来表示,1 MPa=10⁶ Pa。

压力单位及其他非法定计量单位的换算关系如下:

$$1\ atm(工程大气压) = 1\ kgf/cm^2 = 9.8\times10^4\ Pa$$
$$1\ mm\ H_2O(米水柱) = 9.8\times10^3\ Pa$$
$$1\ mmHg(毫米汞柱) = 1.33\times10^2\ Pa$$
$$1\ bar(巴) = 10^5\ Pa \approx 1.02\ kgf/cm^2$$

2.2.3　帕斯卡原理

在密闭容器中,施加于静止液体的压力可以等值传递到液体中各点。这就是帕斯卡原理,也称静压传递原理。帕斯卡原理的应用实例如图 2-3 所示。

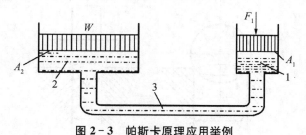

图 2-3　帕斯卡原理应用举例
1-小活塞缸;2-大活塞缸;3-管道

图中所示:小活塞的面积为 A_1,大活塞的面积为 A_2,作用在活塞上的负载为 W,当给小活塞缸 1 的活塞上施加力 F_1 时,液体中就产生 $p=\dfrac{F_1}{A_1}$ 压力。随着 F_1 的增加,液体的压力也不断增加,当压力 $p=\dfrac{W}{A_2}$ 时,大活塞缸 2 的活塞开始运动。

由此可见,静压力传动有以下特点:传动必须在密封容器内进行,系统内压力大小取决于外负载的大小。也就是说,液体的压力是由于受到各种形式的阻力而形成的。当外负载 $W=0$ 时,则 $p=0$。液压传动可以将力放大,力的放大倍数等于活塞面积之比,即:

$$\frac{F_1}{A_1}=\frac{W}{A_2} \tag{2-2}$$

液压传动是依据帕斯卡原理实现力的传递、放大和方向变换的。

2.2.4　静压力对固体壁面的作用力

液体流经管道和控制元件,并推动执行元件做功,都要和固体壁面接触。固体壁面将受到液体静压力的作用。由于静压力近似处处相等,可认为作用在固体壁面上的压力是均匀分布的。

当固体壁面为一平面时,如图 2-4 所示,作用在该面上的静压力的方向与该平面垂直,是相互平行的,液体对该平面的作用力 F 为液体的压力 p 与该平面面积的乘积。即:

$$F = pA \tag{2-3}$$

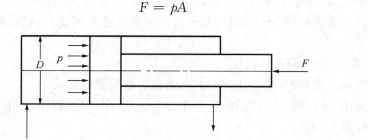

图 2-4　液体压力作用平面上的力

当固体壁面为一曲面时,如图 2-5 所示,作用在曲面上各点静压力的方向均垂直于曲面,互相是不平行的。在工程上,通常只需计算作用于曲面上的力在某一指定方向上的分力。液压力在曲面某方向上的分力等于液体压力与曲面在该方向上投影面积的乘积。

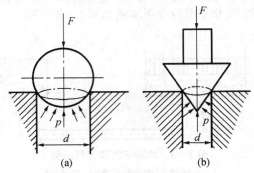

图 2-5 液体压力作用曲面上的力

球面(如图 2-5(a)所示)和锥面(如图 2-5(b)所示)在垂直方向所受液压作用力 F 等于曲面在垂直方向的投影面积 A 与压力 p 相乘。

$$F = p \times \frac{1}{4}\pi d^2 \tag{2-4}$$

2.3 流体动力学基础

液体动力学基础主要研究液体流动时,流速和压力之间的变化规律。流动液体的连续性方程、伯努利方程、动量方程是描述流动液体力学规律的三个基本方程式。这些内容构成了液压传动技术的理论基础。

2.3.1 基本概念

1. 理想液体和实际液体

液体是具有黏性的,液体的黏性问题非常复杂。为了便于分析和计算,可先假设液体没有黏性,然后再考虑黏性的影响,并通过实验验证等办法对上述结论进行补充或修正。把既无黏性又不可压缩的液体称为理想液体,而将事实上既有黏性又可压缩的液体称为实际液体。

2. 恒定流动和非恒定流动

液体流动时,若液体中任何一点的压力、速度和密度都不随时间而变化,则这种流动就称为恒定流动。否则,只要压力、速度和密度任一个量随时间变化,则这种流动就称为非恒定流动。

3. 通流截面、流量和平均流速

液体在管道中流动时,垂直于流动方向的截面称为通流截面。

单位时间内,流过通流截面的液体体积称为流量,用 q 表示,在 SI 中单位为 m^3/s,工程上常用的单位是 L/min。

实际液体在管道中流动时,由于具有黏性,通流截面上各点的速度一般是不相等的。为了便于解决问题,引入了平均流速的概念。假设流经通流截面的流速是均匀分布的,则平均

流速 v 为：

$$q = vA \quad 或 \quad v = \frac{q}{A} \tag{2-5}$$

2.3.2 连续性方程

连续性方程是质量守恒定律在流体力学中的一种表达形式,即液体在密封管道内作恒定流动时,设液体不可压缩,则单位时间内流过任意截面的质量相等。

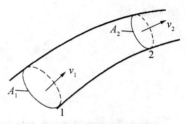

图 2-6 液体的连续性原理

如图 2-6 所示为液体在管道中作恒定流动,任意取截面 1 和 2,其通流截面面积分别为 A_1、A_2,液体流经两截面时的平均流速和液体密度分别为 v_1、ρ_1 和 v_2、ρ_2。根据质量守恒定律,单位时间流过两个断面的液体质量相等。

$$\rho_1 v_1 A_1 = \rho_2 v_2 A_2 \tag{2-6}$$

当忽略液体的可压缩性时,则得：

$$q = vA = 常数 \tag{2-7}$$

式(2-7)是流体的流量连续性方程,它说明恒定流动中,流过各截面的不可压缩流体的流量是不变的,所以流速和通流面积成反比。

2.3.3 伯努利方程

伯努利方程是能量守恒定律在流动液体中的表现形式,它主要反映动能、位能和液压力能三种能量的转换。

1. 理想液体的伯努利方程

理想液体在管道中流动时,具有三种能量:液压力能、动能、位能。按照能量守恒定律,在各个截面处的总能量是相等的。

如图 2-7 所示,设液体质量为 m,体积为 V 密度为 ρ,则有：

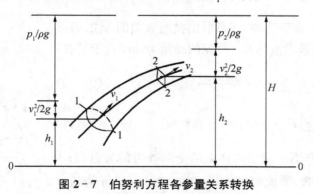

图 2-7 伯努利方程各参量关系转换

1-1 截面上具有的能量：

$$\frac{m}{\rho}p_1 + mgz_1 + \frac{1}{2}mv_1^2$$

2-2 截面上具有的能量：

$$\frac{m}{\rho}p_2 + mgz_2 + \frac{m}{\rho}m v_2^2$$

如果没有能量损失，根据能量守恒定律，液体流经 1-1 截面和 2-2 截面时的总能量是相等的，即：

$$\frac{m}{\rho}p_1 + mgz_1 + \frac{1}{2}m v_1^2 = \frac{m}{\rho}p_2 + mgz_2 + \frac{1}{2}m v_2^2$$

$$p + \rho gz + \frac{1}{2}\rho v^2 = 常数 \tag{2-8}$$

以上两式即为理想流体的伯努利方程，其物理意义为：在管内作稳定流动的理想流体具有压力能、势能和动能三种形式的能量，在任意截面上，这三种能量可以互相转化，但其总和不变，即能量守恒。

2. 实际液体的伯努利方程

实际液体都具有黏性，因此，液体在流动时还需克服由于黏性所引起的摩擦阻力，这必然要消耗能量。另外，实际液体的黏性使流束在通流截面上各点的真实流速并不相同，精确计算时必须引进动能修正系数。则实际液体的伯努利方程为：

$$p_1 + \rho gz_1 + \frac{\alpha_1}{2}\rho g v_1^2 = p_2 + \rho gz_2 + \frac{\alpha_2}{2}\rho g v^2 + \Delta p_w \tag{2-9}$$

Δp_w——能量损失；

$\alpha_1 \alpha_2$——动能修正系数（层流时取 $\alpha \approx 2$，紊流时 $\alpha \approx 1$）。

在利用上式进行计算时必须注意的是：

(1) 通流截面 1、2 需顺流向选取（否则 Δp_w 为负值），且应选在缓变流动的截面上；

(2) 通流截面中心在基准面以上时，z 取正值；反之则取负值。通常选取其中较低的通流截面作为基准面。

2.3.4 动量方程

如图 2-8 所示，在管流中，任意取出被通流截面 1、2，截面上的流速为 v_1、v_2。该段液体在 t 时刻的动量为 (mv)，于是有：

$$\sum F = \frac{\Delta(mv)}{t} \tag{2-10}$$

$$\sum F = \rho q(\beta_2 v_2 - \beta_1 v_1) \tag{2-11}$$

式中 $\sum F$ 是作用于控制液体上的全部外力的矢量和；β_2 和 β_1 为动量修正系数，紊流时 $\beta = 1$，层流时 $\beta = 1.33$；q 为通过控制体的液体流量；q 为液体的密度；v_1 为液流流入控制体的平均流速矢量；v_2 为液流流出控制体的平均流速矢量。

上式即为液体稳定流动时的动量方程。等式左边为作用

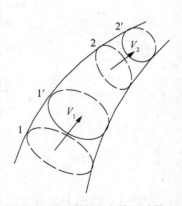

图 2-8 管路中任意截面动量

于控制体积上的全部外力之和,等式右边为液体的动量变化率。上式表明:作用在液体控制体积上的外力总和等于单位时间内流出与流入控制表面的液体动量之差。

动量方程为一个矢量式,若要计算外力在某一方向的分量,需要将该力向给定方向进行投影计算。

2.4　管道中液流的特性

从公式(2-9)实际液体的伯努利方程可看出,其中 Δp_w 压力损失由两部分组成:一是沿程压力损失;二是局部压力损失。局部压力损失发生在液体流过的局部位置,如液体流过的进出阀口,突然扩大管,弯管或渐扩或渐缩的管道等。

2.4.1　液体的流态与雷诺数

1. 层流和紊流

液体在管道中流动时,存在两种流动状态:层流和紊流。两种流动状态可以通过雷诺实验进行观察,如图2-9所示。

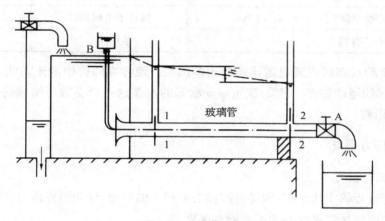

图2-9　雷诺实验

实验装置如图2-9所示,实验时保持水箱中水位恒定和平静,将阀门A微微开启,使少量水流经玻璃管,即玻璃管内的平均流速 v 很小。这时,若将红色的水容器的阀门B也微微开启,使红色的水也流入玻璃管内,可以在玻璃管内看到一条细直而鲜明的红色线,而且无论红色的水放在玻璃管内的任何位置,它都能呈直线状,这说明管中水流都是稳定地沿轴线运动,液体质点没有垂直于主流方向的横向运动,所以红色的水与周围的液体没有混杂。如果将阀门A缓慢开大,管中流量和它的平均速度 v 也将逐渐增大,直至平均速度增加至某一数值为止,这时,红色线开始弯曲颤动,这说明玻璃管内液体质点不在保存稳定,开始发生脉动。如果阀门A继续开大,脉动加剧,红色的水就完全与周围液体混杂而不再维持流束状态。

(1)层流:在液体运动时,如果质点没有横向脉动,不引起液体质点混杂,而是层次分明,能够维持安定的流束状态,这种流动称为层流。

(2)紊流:如果流体流动时质点具有脉动速度,引起流层间质点相互错杂交换,这种流动状态称为紊流或湍流。

2. 雷诺数

实验结果证明,液体在圆管中的流动状态不仅与管内的平均速度 v 有关,还和管径 d、液体的运动黏度 ν 有关。而决定流动状态的,是这三个参数所组成的称为雷诺数 Re 的无量纲数,即:

$$Re = \frac{\nu d}{v} \qquad (2-12)$$

式(2-12)中的雷诺数的物理意义为:惯性力与黏性力之比。如果这个比值大说明惯性力占优势。液体的流动状态由临界雷诺数 Recr 决定。当 $Re <$ Recr 时,为层流;当 $Re >$ Recr时,为紊流。临界雷诺数一般由实验求得,常见管道的临界雷诺数见表2-2所示。

表 2-2 常见液流管道的临界雷诺数

管道形状	临界雷诺数 Reer	管道形状	临界雷诺数 Reer
光滑的金属圆管	2 300	带沉割槽的同心环状缝隙	700
橡胶软管	1 600~2 000	带沉割槽的偏心环状缝隙	400
光滑的同心状缝隙	1 100	圆柱形滑阀阀口	260
光滑的偏心状缝隙	1 000	锥形阀口	20~100

这两种流动状态可以通过雷诺实验观察出来。液体在圆管中的流动状态与平均速度 v、管径 d、液体的运动黏度 ν 有关,决定流动状态的就是这三个参数所组成的一个量纲为1的数,称为雷诺数。

2.4.2 压力损失

1. 沿程压力损失

液体在等直径管中流动时,因黏性摩擦力而产生的损失,称为沿程压力损失。液体的沿程压力损失也因流体流动状态的不同而有区别。

油液在直管中流动的沿程压力损失可用达西公式表示:

$$\Delta P_\lambda = \frac{l}{d} \frac{\rho v^2}{2} \qquad (2-13)$$

式中,λ—沿程阻力系数;l—直管长度;d—管道直径;v—油液的平均流速;ρ—油液密度。

公式说明了压力损失 Δp_λ 与管道长度及流速 v 的平方成正比,而与管子的内径 d 成反比。至于油液的黏度,管壁粗糙度和流动状态等都包含在 λ 内。

层流时,沿程阻力系数 λ 的理论值为:

$$\lambda = \frac{64}{Re}$$

考虑实际流动中的油温变化不均匀等问题,因此,在实际计算中,液压油在金属管中流动时,常取:

$$\lambda = \frac{75}{Re}$$

在橡皮管中流动时,取:

$$\lambda = \frac{80}{Re}$$

紊流流动时的能量损失比层流时要大,截面上速度分布也与层流时不同,除靠近管壁处速度较低外,其余地方速度接近于最大值。

其阻力系数 λ 由试验求得。当 $2.3 \times 10^3 \leqslant Re < 10$ 时,可用勃拉修斯公式求得:

$$\lambda = 0.3164 Re^{-0.25}$$

2. 局部压力损失

液体流经管道的弯头、接头、突变截面能及阀口、滤网等局部装置时,由于液流方向和流速均发生变化,因此,液流会产生旋涡,并发生强烈的紊动现象,由此而造成的压力损失称为局部压力损失。

局部压力损失 Δp_ζ 的计算按如下公式:

$$\Delta p_\zeta = \zeta \frac{\rho v^2}{2} \tag{2-14}$$

式中,ζ 为局部阻力系数,各种局部装置结构的 ζ 值可查有关手册。式中的 v 为流体的平均流速,一般情况下均指局部阻力后部的速度。

3. 总压力损失

液压系统中管路通常由若干段管道串联而成。其中每一段又串联一些诸如弯头、控制阀、管接头等形成局部阻力的装置,因此,管路系统总的压力损失等于所有直管中的沿程压力损失 $\sum \Delta p_\lambda$ 及所有局部压力损失 $\sum \Delta p_\zeta$ 之和。即:

$$\sum \Delta p_w = \sum \Delta p_\lambda + \sum \Delta p_\zeta$$
$$= \sum \lambda \frac{1}{d} + \sum \zeta \frac{\rho v^2}{2} \tag{2-15}$$

用式(2-15)计算压力损失时,要求两相邻局部阻力区之间的距离大于 10~20 倍直管内径;否则,液流经过一局部阻力区后,还未稳定下来,又经过另一局部阻力区,将使扰动更严重,阻力增加很大,实际压力损失将比公式(2-15)计算出来的值大很多。

2.4.3 孔口及缝隙的流量压力特性

在液压系统中,液流流经小孔或缝隙的现象是普遍存在的,本节主要介绍液流流经小孔及缝隙的流量公式。前者是节流调速和液压伺服系统工作原理的基础;后者则是计算和分析液压元件和系统泄漏的根据。

1. 流体经过小孔的流量

当小孔的通流长度 l 与孔径 d 之比 $\frac{l}{d} \leqslant 0.5$ 时,称为薄壁小孔,当小孔的通流长度 l 与孔径 d 之比 $\frac{l}{d} > 4$ 时,称为细长小孔,当小孔的通流长度 l 与孔径 d 之比 $4 \geqslant l/d > 0.5$ 时,称为短孔。

（1）薄壁小孔

薄壁小孔如图 2-10 所示。当液流经过小孔流出时，由于液体惯性作用，使通过小孔后的液流形成一个收缩截面 C-C，然后再扩散，这一收缩和扩散过程产生很大的能量损失。当管道直径 D 与小孔直径 d 的比值 $\dfrac{D}{d} > 7$ 时，收缩作用不受大孔侧壁的影响，称为完全收缩；反之，当 $\dfrac{D}{d} \leqslant 7$ 时，大孔侧壁对液流进入小孔起导向作用，这时的收缩称为不完全收缩。

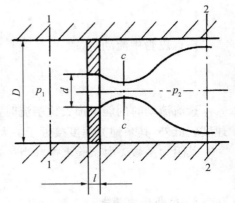

图 2-10   流体在薄壁小孔中的流动

利用实际液体的伯努利方程，可导出流经薄壁小孔的流量公式为：

$$q = C_q A \sqrt{\frac{2}{p} \Delta p} \qquad (2-16)$$

式中 C_q 为流量系数，由实验确定，完全收缩时，取 0.61～0.62；不完全收缩时，取 0.7～0.8；A 为小孔的通流截面面积；Δp 为小孔的前后压力差。

薄壁小孔因其沿程阻力损失非常小，通过小孔的流量与黏度无关，即流量对油温的变化不敏感。因此，液压系统中常采用薄壁小孔作为节流小孔。

（2）短孔和细长孔

短孔与薄壁小孔的流量公式（2-16）相同，但流量系统不同，一般取 $C_q = 0.82$，短孔易加工，故常用作固定节流器。

油液流经细长小孔时的流动状态一般为层流，因此可用液流流经圆管的流量公式，即：

$$q = \frac{\pi d^4}{128 \mu l} \Delta p = \frac{d^2}{32 \mu l} \frac{\pi d^2}{4} \Delta p = \frac{d^2}{32 \mu l} A \Delta p \qquad (2-17)$$

从上式可看出，油液流经细长小孔的流量和小孔前后压差成正比，而和动力黏度 μ 成反比，因此，流量受油温影响较大，这是和薄壁小孔不同的。

2. 流体经过缝隙的流量

液压元件各零件间如有相对运动，就必须有一定的配合间隙。液压油就会从压力较高的配合间隙流到大气中或压力较低的地方，这就是泄漏。泄漏分为内泄漏和外泄漏。泄漏主要是有压力差与间隙造成的。泄漏量与压力差的乘积便是功率损失，因此，泄漏的存在将使系统效率降低。同时功率损失也将转化为热量，使系统温度升高，进而影响系统的性能。

（1）流经平面隙缝的流量

液体在两固定平行平板间流动是由压差引起的，故也称压差流动。如图 2-11 所示，平板长为 l、宽度为 b、缝隙高度为 h，在压差 Δp 作用下通过平行平板缝隙的流量为：

$$q = \frac{h^3 b}{12 \mu l} \Delta p \qquad (2-18)$$

式中 μ 为液体的黏度。

上式表明,通过缝隙的流量与缝隙高度的三次方成正比,可见,液压元件内的间隙大小对泄漏的影响很大,故要尽量提高液压元件的制造精度,以便减少泄漏。

（2）流经圆柱环形间隙的流量

如图 2－12 所示,当液体在压差作用下流经同心环形缝隙时,流量计算公式如下:

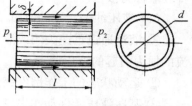

图 2－11　平行板缝隙的液流

$$q = \frac{\pi d \delta^3}{12 \mu l} \Delta p \qquad (2-19)$$

上式即为通过同心圆环间隙的流量公式。它说明了流量与 Δp 和 δ^3 成正比,即间隙稍有增大,就会引起泄漏大量增加。

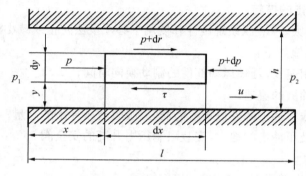

图 2－12　同心环形缝隙的液流

在实际工作中,圆柱与孔的配合很难保持同心,往往有一定偏心,偏心量为 e,如图 2－13 所示,通过此偏心圆柱形间隙的泄漏量可按下式计算:

$$q = \frac{\pi d \delta^3}{12 \mu l} \Delta p (1 + 1.5 \varepsilon^2) \qquad (2-20)$$

式中,δ 为内外圆同心时的缝隙厚度(m);ε 为相对偏心率,$\varepsilon = e/\delta$,e 为扁心量(m)。

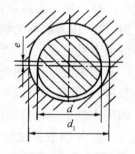

图 2－13　偏心环形缝隙

从(2－20)式可知,通过同心圆环形间隙的流量公式,只不过是 $\varepsilon=0$ 时,偏心园环形间隙流量公式的特例。当完全偏心时,$\varepsilon=1$,此时,完全偏心园环形间隙泄漏量是同心圆环形间隙泄漏量的 2.5 倍。

2.4.4　液压冲击及气穴现象

1. 液压冲击

在液压系统中,由于某种原因,液体压力在一瞬间会突然升高,产生很高的压力峰值,这种现象称为液压冲击。

液压冲击产生的压力峰值往往比正常工作压力高好几倍,且常伴有噪声和振动,从而损坏液压元件、密封装置、管件等。

2. 液压冲击

在液压系统中,由于某种原因,液体压力在一瞬间会突然升高,产生很高的压力峰值,这种现象称为液压冲击。

(1) 液压冲击产生的原因

① 液流通道迅速关闭或液流迅速换向,使液流速度的大小或方向突然变化时,由于液流的惯力引起的液压冲击;

② 运动状态的工作部件突然制动或换向时,因工作部件的惯性引起的液压冲击;

③ 某些液压元件动作失灵或不灵敏,使系统压力升高而引起的液压冲击。

(2) 液压冲击的危害

液压系统中产生液压冲击时,瞬时压力峰值有时比正常压力要大好几倍,这就容易引起液压设备振动,导致密封装置、管道和元件的损坏。有时还会使压力继电器和顺序阀等液压元件产生误动作,影响系统的正常工作。

(3) 减小液压冲击的措施

液压冲击危害极大,在液压系统设计和使用中必须设法防止或减小液压冲击。

减小液压冲击措施如下:

① 减慢阀的关闭速度,延长运动部件的制动换向时间;

② 限制管道中油液的流速;

③ 用橡胶软管或在冲击源处设置蓄能器,以吸收液压冲击的能量;

④ 在容易出现液压冲击的地方,安装限制压力升高的安全阀。

2. 气穴现象

(1) 空穴现象产生的原因

在一定的温度下,若压力降低到某一值时,过饱和的空气将从油液中分离出来形成气泡,这一压力值称为该温度下的空气分离压。当液压油在某温度下的压力低于某一数值时,油液本身迅速汽化,产生大量蒸气气泡,这时的压力称为液压油在该温度下的饱和蒸气压。一般来说,液压油的饱和蒸气压相当小,比空气分离压小很多,因此,要使液压油不产生大量气泡,它的压力最低不得低于液压油所在温度下的空气分离压。在流动的液体中,因某点处的压力低于空气分离压而产生气泡的现象,称为空穴现象。

空穴现象多发生在阀口和液压泵的进口处。由于阀口的通道狭窄,液流的速度增大,压力大幅度下降,便会产生空穴现象。当泵的安装高度过高,吸油管直径太小,吸油阻力太大或液压泵转速过高,吸油不充分,由于吸油腔压力低于空气分离压而产生空穴现象。

(2) 空穴现象的危害

当液压系统中出现空穴现象时,大量的气泡破坏了液流的连续性,造成流量和压力脉动气泡随着液流流到高压区时,会因承受不了高压而破灭,产生局部的液压冲击和高温,发出噪声并引起振动。当附着在金属表面上的气泡破灭时,它所产生的局部高温和高压会使金属剥落,使表面粗糙,或出现海绵状的小洞穴,这种空穴现象造成的腐蚀作用称为气蚀。气蚀会缩短元件的使用寿命,严重时会造成故障。

(3) 减小空穴现象的措施

在液压系统中的任何地方,只要压力低于空气分离压,就会发生空穴现象,为了防止空穴现象的产生,就是要防止液压系统中的压力过度降低,具体措施如下:

①　减小液流在小孔或间隙处的压力降,一般希望小孔或间隙前后压力比小于 3.5;

②　合理确定液压泵管径,对流速要加以限制,降低吸油高度,对高压泵可采用辅助泵供油;

③　整个系统的管道应尽可能做到平直,避免急弯和局部窄缝,密封要好,配置要合理;

④　提高零件的抗气蚀能力。增加零件的机械强度,采用抗腐蚀能力强的金属材料,减小零件表面粗糙度等。

思考题与习题

2-1　什么是绝对压力、相对压力和真空度? 它们之间有什么关系?

2-2　什么是层流和紊流? 怎样判断?

2-3　解释如下概念:恒定流动,非恒定流动,通流截面,流量,平均流速。

2-4　伯努利方程的物理意义是什么? 应用伯努利方程时应注意什么?

2-5　管路中的压力损失有哪几种? 各受哪些因素影响?

2-6　液压冲击和气穴现象是怎样产生的? 有何危害? 如何防止?

模块三　液压动力装置

3.1　液压动力装置概述

液压动力装置又称液压泵站(液压源、液压动力单元和油压系等)。液压动力装置包括液压泵、驱动用原动机、油箱、(安全或定压)溢流阀、控制阀、蓄能器、冷却器、过滤器、液压泵站的启动箱、控制柜等在内的液压装置。液压泵站配置灵活多变,随对方设备的变化而改动,所以至今市场也没有一个固定的标准,没有一个统一的型号。如图3-1所示是液压泵站为最基本的配置。液压泵站是液压系统的心脏,为液压油液的循环提供动力;其功能是将原动机(电动机或内燃机)输出的机械能转换为工作液体的压力能,为驱动执行机构工作提供具有一定压力和流量的工作油液。其核心元件是液压泵。

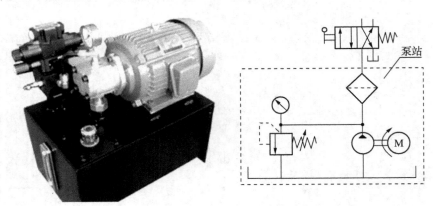

图3-1　泵站

3.1.1　液压泵的工作原理

工业用泵可分为容积式和非容积式泵,液压泵是容积式的,离心水泵属于非容积式的。液压泵由原动机驱动,把输入的机械能转换成为油液的压力能,再以压力、流量的形式输入到系统中去,它是液压泵站的核心。

在液压传动系统中,常用液压泵依靠容积变化进行工作。千斤顶的工作原理就是容积变化输送油液做功的一个例子,它是液压泵的雏形。如图3-2所示是一单柱塞液压泵的工作原理图,它将千斤顶的人力摇臂换成原动力驱动的偏心轮而形成的。

图3-2中柱塞2装在缸体3中形成一个密封容积V,柱塞在弹簧4的作用下始终压紧在偏心轮1上。原动机驱动偏心轮1旋转使柱塞2作往复运动,使密封容积V的大小发生

周期性的交替变化。当 V 由小变大时就形成部分真空，使油箱中油液在大气压作用下，经吸油管顶开单向阀 6 进入 V 腔而实现吸油；反之，当 V 由大变小时，V 腔中吸满的油液将顶开单向阀 5 流入系统而实现压油。这样，液压泵就将原动机输入的机械能转换成液体的压力能，原动机驱动偏心轮不断旋转，液压泵就不断地吸油和压油。

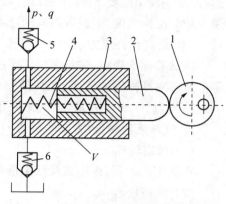

构成容积液压泵必须具备以下三个基本条件：

（1）具有一个或若干个密封且又可以周期性变化空间。液压泵输出流量与此空间的容积变化量和单位时间内的变化次数成正比，与其他因素无关。这是容积式液压泵的一个重要特性；

图 3-2 容积式液压泵工作原理图

（2）在吸油过程中，油箱内液体的绝对压力必须恒等于或大于大气压力。这是容积式液压泵能够吸入油液的外部条件。因此，为保证液压泵正常吸油，油箱必须与大气相通，或采用密闭的充压油箱。在压油过程中，油液的压力取决于油液从单向阀 5 压出时，遇到到的阻力，即泵的输出压力决定于外界负载；

（3）必须使泵在吸油时工作腔 V 与油箱相通，而与压力管路不相通；在压油时使工作腔 V 与油液流向系统的管道相通而与油箱切断。即具有配流装置。图 3-1 中的单向阀 5、6 就是用来完成这一任务的，因此，单向阀 5、6 又称为配流装置。

3.1.2 液压泵的分类

常用容积式液压泵按其结构形式可分为齿轮式、叶片式、柱塞式和螺杆泵等几大类；每一类还有多种不同形式。按输出、输入流量是否可调可分为定量泵和变量泵两大类；按其输油方向能否改变可分为单向泵和双向泵；按其工作压力的不同可分为低压泵、中压泵、中高压泵和高压泵。

液压泵的图形符号如图 3-3 所示。

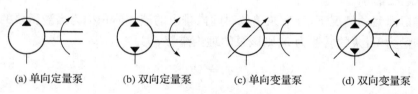

(a) 单向定量泵　　　(b) 双向定量泵　　　(c) 单向变量泵　　　(d) 双向变量泵

图 3-3 液压泵的图形符号

3.1.3 液压泵的主要性能参数

1. 液压泵的压力

（1）工作压力 p

液压泵工作时，输出油液的实际压力，其值取决于外负载的大小和排油管路上的压力损失，而与液压泵的流量无关。

（2）额定压力 p_n

泵在正常工作条件下，按试验标准规定连续运转的最高压力，超过此值就是过载。过载运行,泵的效率就要下降,寿命就将降低。液压泵铭牌上所标定的压力就是额定压力。它受泵本身的结构强度、泄漏等因素的影响。

(3) 最高允许压力 p_m

按试验标准规定,进行超过额定压力而允许短暂运行的最高压力。它的值主要取决于零件及相对摩擦副的破坏强度极限。

单位为 N/m²(牛/米²、帕)或常用 MPa(兆帕)。

2. 液压泵的转速(常用单位为 r/min)

(1) 额定转速 n

在额定压力下,根据试验结果推荐能长时间连续运行并保持较高运行效率的转速。

(2) 最高转速 n_{max}

在额定压力下,为保证使用性能和使用寿命所允许的短暂运行最高转速。随着转速的提高,泵流道中的流速增加。因而,流体的摩擦损失增加,效率降低。

(3) 最低转速 n_{min}

为保证使用性能所允许的最低转速。当泵在低速运行时,其运行效率将下降。过低的运行效率将无法被用户所接受。某些靠离心力工作的泵(如叶片泵),其最低转速要保证叶片产生足够的离心力。

3. 液压泵的排量和流量

(1) 排量 V

在不考虑泄漏的情况下,泵轴每转一周时所排出的油液体积称为液压泵的排量,显然排量取决于泵的结构参数,如图 3-2 所示单柱塞液压泵中,设柱塞直径为 d,行程为 s,则其排量为:

$$V = \frac{\pi d^2}{4} s (\text{m}^3/\text{r}) \tag{3-1}$$

单位为 m³/r(米³/转)或常用 mL/r(毫升/转)。排量可调节的液压泵称为变量泵;排量为常数的液压泵则称为定量泵。在液压泵产品样本或铭牌上一般标出泵的排量。

(2) 理论流量 q_t

在不考虑泄漏的情况下,液压泵单位时间内排出的液体体积称为当液压泵的理论流量。如果泵的排量为 V,泵的转速为 n,则该泵的理论流量 q_t 为:

$$q_t = V_n \tag{3-2}$$

(3) 实际流量 q

在考虑泄漏损失的情况下,液压泵单位时间内实际排出的油液体积称为液压泵的实际流量。液压泵来说实际流量 q 等于理论流量 q_t 减去泄漏流量 Δq,即:

$$q = q_t - \Delta q$$

(4) 额定流量 q_n

在额定压力和额定转速下工作时,液压泵单位时间内实际排出的油液体积称为液压泵的额定流量。因泵存在内漏,容积效率为 η_V 时,额定流量为:

$$q_n = \eta_V n V \tag{3-4}$$

流量常用的单位为 m³/s(米³/秒)或常用 L/min(升/分钟)。

4. 液压泵的功率和效率

(1) 功率

液压泵由电机驱动,输入的是机械能,输入量为转矩 T_i 和转速 n(或角速度),输入功率为 $P_i = T_i 2\pi n$,而输出的是液压的压力能,输出量为液体的压力和流量,输出功率为 $P_o = pq$。若不考虑液压泵在能量转换过程中的损失,则液压泵的输出功率等于输入功率,我们称为理论输出功率和理论输入功率,统称为理论功率,用 P_t 表示,即:

$$P_t = pq_t = pVn = T_t 2\pi n$$

则:
$$T_t = \frac{pV}{2\pi} \qquad\qquad (3-5)$$

(2) 效率

实际上,液压泵在能量交换过程中是有损失的,因此,输出功率 p_o 小于输入功率 p_i。两者的差值即为功率损失,功率损失可分为容积损失和机械损失,与其对应的是容积效率和机械效率。

① 容积效率 η_V

由于液压泵存在泄漏,会造成流量上的损失,泵的实际输出流量 q 总是小于其理论流量 q_t。泵的容积效率 η_V 为:

$$\eta_V = \frac{q}{q_t}$$

将式(3-2)代入可得:
$$\eta_V = \frac{q}{q_t} = \frac{q}{Vn} \qquad\qquad (3-6)$$

② 机械效率 η_m

由于泵内有各种摩擦损失(机械摩擦、液体摩擦),泵的实际输入转矩 T_i 总是大于其理论转矩 T_t。泵的机械效率 η_m 为:

$$\eta_m = \frac{T_t}{T_i}$$

将式(3.5)代入可得:
$$\eta_m = \frac{T_t}{T_i} = \frac{pV}{2\pi T_i} \qquad\qquad (3-7)$$

③ 泵的总效率 η

泵的输出功率与输入功率的比值称为泵的总效率,即:

$$\eta = \frac{p_o}{p_i} = \frac{pq}{T_i 2\pi n} = \frac{q}{Vn}\frac{pV}{2\pi T_i} = \eta_V \eta_m \qquad (3-8)$$

式(3-8)说明:液压泵的总效率等于容积效率和机械效率的乘积。

液压泵的各个参数和工作压力之间的关系如图 3-4 所示。

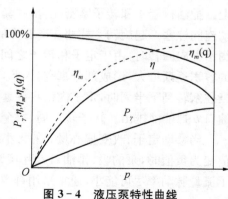

图 3-4　液压泵特性曲线

例 3 - 1 某液压泵的输出压力 $p=10$ MPa,转速 $n=1\,450$ r/min,排量 $V=46.2$ mL/r, 容积效率 $\eta_V=0.95$,总效率 $\eta=0.9$。求液压泵的输出功率和驱动泵的电动机的功率各为多少？

解 （1）求液压泵的输出功率

液压泵输出的实际流量为：

$$q = q_t\eta_V = Vn\eta_V = 46.2 \times 10^{-3} \times 1\,450 \times 0.95 \text{ L/min} = 63.64 \text{ L/min}$$

液压泵的输出功率为：

$$P_o = pq = \frac{10 \times 10^6 \times 63.64 \times 10^{-3}}{60} = 10.6 \times 10^3 \text{ W} = 10.6 \text{ kW}$$

（2）求电动机的功率

$$P_i = \frac{P_o}{\eta} = \frac{10.6}{0.9} \text{ kW} = 11.77 \text{ kW}$$

3.2 柱塞泵

单柱塞泵在偏心轮旋转一周时,只能吸油一次和压油一次,间隔 $360°$ 才吸压油各一次,这样的柱塞泵工作效率就太低了。为了提高泵的吸压油效率,我们可在圆周方向多布置几个柱塞,使偏心轮旋转一周泵的吸油排油多次,这样,不仅提高了泵的供油效率,也使输送到系统液体压力和流量比较连续,波动减少。显然柱塞数越多,流量的波动就越少。但是柱塞数的增加受到泵体结构和配流单向阀布置的限制。如何采用多个柱塞、采用较为巧妙的配流方式,成为柱塞泵成型的关键。本节介绍的柱塞泵就是采用多个柱塞组合到一起,且用同一个驱动件驱动,多个柱塞依次连续吸油压油液压泵。

柱塞泵按柱塞排列方向的不同,分为径向柱塞泵和轴向柱塞泵两大类。径向柱塞泵的柱塞排列方向与驱动轴垂直;而轴向柱塞泵的柱塞排列方向与驱动轴平行。

3.2.1 径向柱塞泵

1. 径向柱塞泵的工作原理

如图 3 - 5 所示为径向柱塞泵的工作原理图。径向柱塞泵的柱塞 3 径向排列装在转子 1 上。配油衬套 4 和转子紧密配合,并套在配油轴上,配油轴是固定不动的。转子由原动机带动连同柱塞一起旋转。柱塞在离心力的(或在低压油)作用下抵紧定子 2 的内壁,当转子按图示方向回转时,由于定子和转子之间有偏心距 e,柱塞绕经上半周时向外伸出,柱塞底部的容积逐渐增大,形成部分真空,因此,便经过衬套上的油孔从配油轴 5 上的吸油口 a 吸油;当柱塞转到下半周时,定子内壁将柱塞向里推,柱塞底部的容积逐渐减小,通过配油轴的压油口 b 把油液排出。转子转一周,每个柱塞各吸、压油一次。

当移动定子、改变偏心量 e 的大小时,泵的排量就发生改变;当移动定子使偏心量从正值变为负值时,泵的吸、排油口就互相调换,因此,径向柱塞泵可以是单向或双向变量泵,为了流量脉动率尽可能小,通常采用奇数柱塞数。

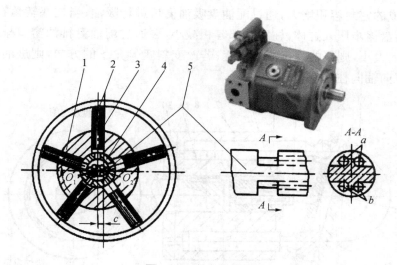

图 3-5　径向柱塞泵

1-转子；2-定子；3-柱塞；4-配油衬套；5-配油轴

2. 径向柱塞泵的排量和流量计算

当转子和定子之间的偏心距为 e 时，柱塞在缸体孔中的行程为 $2e$，设柱塞个数为 z，直径为 d 时，泵的排量为：

$$V = \frac{\pi}{4}d^2 2ez \qquad (3-9)$$

设泵的转数为 n，容积效率为 η_V，则泵的实际输出流量为：

$$q = \frac{\pi}{4}d^2 2ezn\eta_V = \frac{\pi d^2}{2}ezn\eta_V \qquad (3-10)$$

径向柱塞泵的径向尺寸大，结构较复杂，柱塞靠弹簧伸出，自吸能力差，并且配流轴受到径向不平衡液压力的作用，易于磨损，这些都限制了它的速度和压力的提高。那么我们如何在径向柱塞泵的基础上进行改进呢？不妨让柱塞改变排列方式使泵的结构更紧凑，传动更平稳，这就是我们下面要讲的轴向柱塞泵。

3.2.2　轴向柱塞泵

轴向柱塞泵是将多个柱塞配置在一个共同缸体的圆周上，并使柱塞中心线和缸体中心线平行的一种泵。轴向柱塞泵有两种形式，斜盘式（直轴式）和斜轴式（摆缸式）。

1. 斜盘式轴向柱塞泵

（1）斜盘式轴向柱塞泵的工作原理

如图 3-6 所示为斜盘式轴向柱塞泵的工作原理图。这种泵主要由柱塞 5、缸体 7、配油盘 10 和斜盘 1 等零件组成。柱塞沿圆周均匀分布在缸体内。斜盘轴线与缸体轴线的夹角为 γ。内套筒 4 在弹簧 6 作用下通过压板 3 而使柱塞头部的滑履 2 和斜盘靠牢；同时，外套筒 8 则使缸体 7 和配油盘 10 紧密接触，起密封作用。当缸体转动时，由于斜盘和压板的作用，迫使柱塞在缸体内作往复运动，通过配油盘的配油窗口进行吸油和压油。当缸孔自最低位置如图示方向转动时，柱塞转角在 $0 \sim \pi$ 范围内，柱塞向左运动，柱塞端部和缸体形成的密封容积增大,通过配油盘吸油窗口进行吸油;当柱塞转角在 $\pi \sim 0$ 范围内,柱塞被斜盘逐步压入缸体,柱塞端部容积减小,泵通过配油盘排油窗口排油。若改变斜盘倾角 γ 的大小,则泵的输出流量改变;若改变斜盘倾角 γ 的方向,则进油口和排油口互换,即为双向轴向柱塞变量泵。

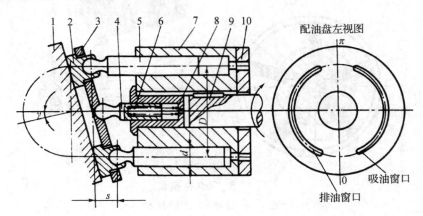

图 3 - 6 斜盘式轴向柱塞泵
1-斜盘;2-滑履;3-压板;4-内套筒;5-柱塞;6-弹簧;7-缸体;
8-外套筒;9-传动轴;10-配油盘

（2）斜盘式轴向柱塞泵的排量和流量计算

柱塞的直径为 d,柱塞分布圆直径为 D,斜盘倾角为 γ 时,柱塞的行程为 $s = D\tan\gamma$,所以,当柱塞数为 z 时,轴向柱塞泵的排量为:

$$V = \frac{\pi}{4}d^2 D\tan\gamma z \tag{3-11}$$

设泵的转数为 n,容积效率为 η_v 则泵的实际输出流量为:

$$q = \frac{\pi}{4}d^2 D\tan\gamma z n\mu_V \tag{3-12}$$

由于柱塞在缸体孔中运动的速度不是恒速的,因而输出流量是有脉动的,当柱塞数为奇数时,脉动较小,且柱塞数多脉动也较小,因而一般常用的柱塞泵的柱塞个数为 7、9 或 11。

（3）斜盘式轴向柱塞泵结构和特点

如图 3 - 7 所示为 CY 型轴向柱塞泵结构,泵由右边主体部分和左边倾斜盘部分组成。主体部分主要包括转子(缸体)6、配流盘 7、柱塞 5、传动轴 8 等零件。传动轴 8 利用轴左端的花键部分带动缸体旋转,在缸体 6 的轴向柱塞缸中装有柱塞 5,柱塞 5 的球形头部铆合在滑靴 4 中。由传动轴中心弹簧通过钢球和压盘 3 将滑靴 4 紧压在倾斜盘 2 上。倾斜盘部分主要包括倾斜盘和变量机构,转动手轮 1,通过丝杆移动螺母滑块,使倾斜盘钢球中心摆动,改变倾斜盘倾角 δ 的大小,实现流量的调节,这种变量是用手操纵所以叫手动变量机构。斜盘式轴向柱塞泵的油量调节机构还有自动变量机构。自动变量中又有限压式,恒功率式,恒压式和恒流量式等。

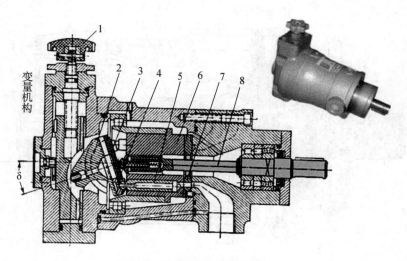

图 3 - 7 CY 型轴向柱塞泵结构图

1-手轮;2-倾斜盘;3-压盘;4-滑靴;5-柱塞;6-缸体;7-配流盘;8-传动轴

斜盘式轴向柱塞泵结构特点:

① 端面间隙的自动补偿

由图可见,使缸体紧压配流盘端面的作用力,除机械装置或弹簧作为预密封的推力外,还有柱塞孔底部台阶面上所受的液压力,此液压力比弹簧力大得多,而且随泵的工作压力增大而增大。由于缸体始终受液压力紧贴着配流盘,就使端面间隙得到了自动补偿。

② 滑靴的静压支撑结构

为防止磨损,一般轴向柱塞泵都在柱塞头部装一滑靴,如图 3-8 所示。

滑靴是按静压轴承原理设计的,缸体中的压力油经过柱塞球头中间小孔流入滑靴油室,使滑靴和斜盘间形成液体润滑,改善柱塞头部和斜盘的接触情况。

滑靴有利于提高轴向柱塞泵的压力。

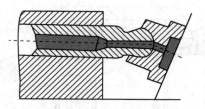

图 3 - 8 滑靴的静压支承原理

(4) 通轴泵简介

上述 CY 型轴向柱塞泵的缺点是要用大型滚动轴承,以便承受径向力,但这种轴承高速运转时寿命不易保证,噪音大,成本高。为了克服这些缺点,近年来,国内外发展了一种叫作通轴泵的滑靴型轴向柱塞泵,特别近期在国外柱塞泵发展的新动向,就是大力发展通轴泵,以适应行走机械液压传动的需要。

如图 3-9 所示的通轴泵,这种泵的工作原理和其他滑靴型轴向柱塞泵是一样。只是在结构上有所不同。主传动轴 2 传过斜盘,主传动轴两端均采用轴承支承。该泵无单独的配流盘,而是通过转子缸体与后泵盖直接实现配流。

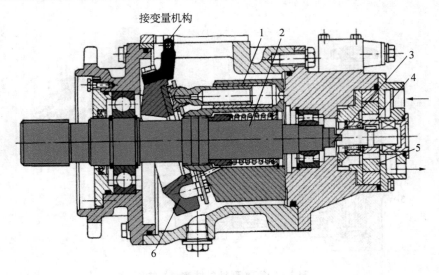

图 3-9   通轴泵

1-缸体；2-轴；3-联轴器；4、5-辅助泵内、外转子；6-斜盘

　　斜盘式柱塞泵工作时，柱塞的伸出是靠弹簧力和柱塞底部的液压力，显然自吸能力差，为克服这一缺点，出现了斜轴式轴向柱塞泵。

　　2. 斜轴式轴向柱塞泵简介

　　如图 3-10 所示为斜轴式轴向柱塞泵的结构图。缸体轴和传动轴不在一条直线上，它们之间存在一个摆角 β，柱塞 3 与传动轴 1 之间通过连杆 2 连接，当传动轴旋转时不是通过万向铰，而是通过连杆拨动缸体 4 旋转。同时强制带动柱塞在缸体内往复运动，实现吸压油。这类泵的优点是变量范围大，自吸能力强，泵的强度高，但和斜盘式轴向柱塞泵相比，其结构较复杂，外形尺寸和重量均较大。斜轴式轴向柱塞泵的排量公式与斜盘式轴向柱塞泵完全相同，用缸体摆角 β 代替斜盘倾角 γ 即可。

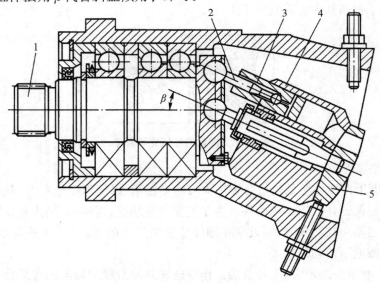

图 3-10   斜轴式轴向柱塞泵结构图

1-传动轴；2-连杆；3-柱塞；4-缸体；5-配油盘

柱塞泵是依靠柱塞在其缸体内做往复直线运动时所造成的密封工作腔的容积变化来实现吸油和压油的。由于构成密封工作腔的构件——柱塞和缸体内孔均为圆柱表面,同时,加工方便,容易得到较高的配合精度,密封性能好、容积效率高,故可以达到很高的工作压力。此外,这种泵只要改变柱塞的工作行程,就可以很方便地改变其流量,易于实现变量。因此,在高压、大流量大功率的液压系统中和流量需要调节的场合,如在龙门刨床、拉床、液压机、工程机械、矿山机械、船舶机械等方面得到广泛应用。

通过前面学习知道,径向柱塞泵径向尺寸大,特别是每两柱塞之间的扇形面积没有充分利用,那么在径向柱塞泵这一结构特点上有没有新的设想呢?

3.3 叶片泵

叶片泵广泛应用于机床、工程机械、船舶等中低压液压系统中。其优点是结构紧凑、运动平稳、噪声小、流量脉动小、寿命较长等。其缺点是吸油特性不太好,对油液的污染也比较敏感,转速不能太高。

根据各密封工作容积在转子旋转一周吸、排油液次数的不同,叶片泵分为两类,即完成一次吸、排油液的单作用叶片泵和完成两次吸、排油液的双作用叶片泵。单作用叶片泵多为变量泵,双作用叶片泵均为定量泵。一般叶片泵工作压力为 7.0 MPa,高压叶片泵最大的工作压力可达 16.0～28.0 MPa。

3.3.1 单作用叶片泵

1. 单作用叶片泵的工作原理

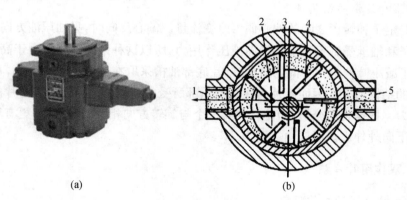

(a)   (b)

图 3-11　单作用叶片泵
1-压油口;2-转子;3-定子;4-叶片;5-吸油口

如图 3-11 所示为单作用叶片泵工作原理图。单作用叶片泵由转子 2、定子 3、叶片 4、配油盘和端盖(图中未示)等部件组成。定子内表面是圆柱形,定子和转子间有偏心距。叶片装在转子槽中,并可在槽内滑动,当转子回转时,由于离心力的作用,使叶片紧靠在定子内壁,这样在定子、转子、叶片和两侧配油盘间就形成若干个密封的工作空间,当转子按图示的方向回转时,在图的右部,叶片逐渐伸出,叶片间的工作空间逐渐增大,产生真空,于是通过吸油口 5 和配油盘上窗口将油吸入。在图的左部,叶片被定子内壁逐渐压进槽内,工作空间逐渐缩小,密封腔的油液经配油盘另一窗口和压油口 1 被压出而输出到系统中去。这种叶片泵在转子每转一周,每个工作空间完成一次吸油和压油,因此称为单作用叶片泵。转子不停地旋转,泵就不断地吸油和排油。改变定子和转子的偏心距,便可改变泵的排量,故这种泵都是变量泵。

2. 单作用叶片泵的排量和流量计算

单作用叶片泵的排量为各工作容积在主轴旋转一周时所排出的液体体积的总和,如图 3 - 12 所示,两个叶片形成的一个工作容积 V 近似地等于扇形体积 V_1 和 V_2 之差,即:

$$V = z(V_1 - V_2) = z \cdot \frac{1}{2}B\beta\left[(R+e)^2 - (R-e)^2\right] = 4\pi ReB \qquad (3-13)$$

式中,R 为定子的内径;e 为转子与定子之间的偏心矩;B 为叶片宽度;β 为相邻两个叶片间的夹角,$\beta = 2\pi/z$;z 为叶片数。

当转速为 n,泵的容积效率为 η_V 时的泵的理论流量和实际流量分别为:

$$q_t = Vn = 4\pi ReBn \qquad (3-14)$$

$$q = q_t\eta_V = 4\pi ReBn\eta_V \qquad (3-15)$$

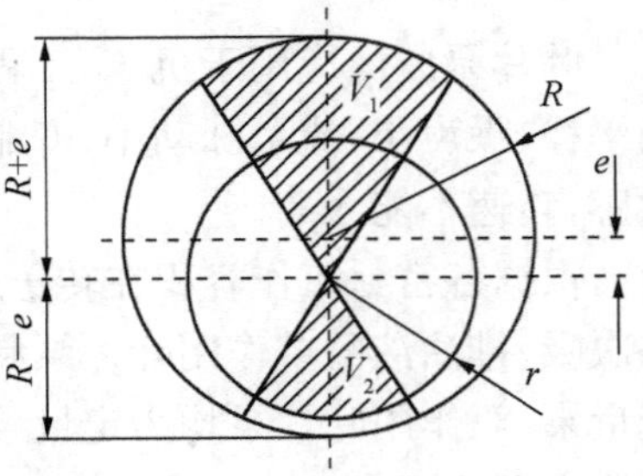

单作用叶片泵的流量也是有脉动的,泵内叶片数越多,流量脉动率越小,此外,奇数叶片的泵的脉动率比偶数叶片的泵的脉动率小,所以单作用叶片泵的叶片数均为奇数,一般为 13 或 15 片。

图 3 - 12 单作用叶片泵排量计算简图

3. 单作用叶片泵的结构特点

(1) 改变定子和转子之间的偏心便可改变流量。偏心反向时,吸油压油方向也相反;

(2) 转子和轴承受到不平衡的径向液压作用力,所以这种泵一般不宜用于高压;

(3) 为了减小叶片与定子间的磨损,叶片底部油槽采取在压油区通压力油,在吸油区与吸油腔相通的结构形式。因而叶片的底部与顶部所受的液压力是平衡的。叶片的向外运动主要靠离心力。根据力学分析,为使叶片有一个与旋转方向相反的倾斜角,更有利于叶片在惯性力作用下向外伸出。后倾角一般为 24°。

3.3.2 双作用叶片泵

1. 双作用叶片泵的工作原理

如图 3 - 13 所示为双作用叶片泵的工作原理图。双作用叶片泵也是由定子 1、转子 3、叶片 4 和配油盘(图中未示)等组成。转子和定子中心重合,定子内表面近似为椭圆柱形,该椭圆形由两段长半径 R、两段短半径 r 和四段过渡曲线八个部分组成。当转子转动时,叶片在离心力和根部压力油的作用下,在转子槽内作径向移动而压向定子内表面,由叶片、定子的内表面、转子的外表面和两侧配油盘间形成若干个密封空间。在图示转子顺时针方向旋转的情况下,密封空间的容积在左上角和右下角外逐渐增大,为吸油区;在左下角和右上角处逐渐减小,为压油区。吸油区和压油区之间有一段封油区将它们隔开。这种泵的转子每转一转,每个密封空间完成吸油和压油动作各两次,所以称为双作用叶片泵。泵的两个吸油区和压油区是径向对称的,作用在转子上液压力径向平衡,所以双叶片泵又称为平衡式叶片泵。

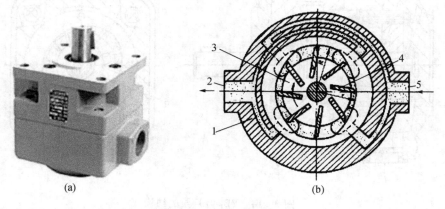

图 3-13 双作用叶片泵
1-定子;2-压油口;3-转子;4-叶片;5-吸油口

2. 双作用叶片泵的排量和流量计算

经推导可得出双叶片泵的排量为:

$$V = 2B\left[\pi(R^2 - r^2) - \frac{R-r}{\cos\theta}bZ\right] \qquad (3-16)$$

式中,R、r 分别为定子大圆弧半径和小圆弧半径;θ 为叶片的倾角;z 为叶片数;B 为叶片宽度;b 为叶片厚度。

转速为 n,容积效率为 η_v 时,双作用叶片泵的理论流量和实际流量分别为:

$$q_t = 2B\left[\pi(R^2 - r^2) - \frac{R-r}{\cos\theta}bZ\right]n \qquad (3-17)$$

$$q = 2B\left[\pi(R^2 - r^2) - \frac{R-r}{\cos\theta}bZ\right]n\eta_V \qquad (3-18)$$

双作用叶片泵的瞬时流量有微小的脉动,当叶片数为 4 的整数倍时,脉动率最小,因此,双作用叶片泵的叶片数一般为 12 或 16 片。

3. 双作用叶片泵的典型结构

如图 3-14 所示为 YB₁ 叶片泵的结构。它由前泵体 7、后泵体 6、左右配油盘 1 和 5、定子 4、转子 12、叶片 11 和传动轴 3 等组成。为了方便装配和使用,两个配油盘与定子、转子和叶片可组装成一个部件。两个长螺钉 13 为组件紧固螺钉,其头部作为定位销插入后泵体的定位孔内,以保证配油盘上吸、压油窗口的位置能与定子内表的过渡曲线相对应。转子上开有 12 条窄槽,叶片 11 安装在槽内,并可在槽内自由滑动。转子通过内花键与传动轴 3 相配合,传动轴由两个滚珠轴承 2 和 8 支承。骨架密封圈 9 安装在盖板 10 上,用来防止油液泄漏和空气渗入。

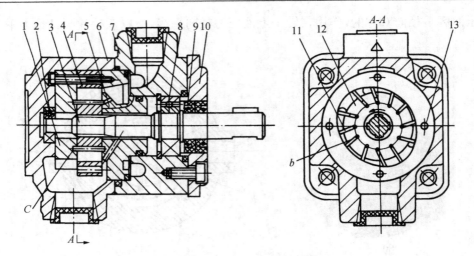

图 3-14 YB₁ 叶片泵的结构

1-左配油盘；2、8 轴承；3-传动轴；4-定子；5 右配油盘；6-后泵体；
7-前泵体；9-密封圈；10 压盖；11-叶片；12-转子；13-长螺钉

YB₁ 叶片泵的主要结构特点如下：

（1）配油盘

在配油盘上对应叶片槽底部小孔的位置，开有一环形槽 c（如图 3-15 所示），槽内有两个小孔 d 与配油盘另一侧的压油槽 a 相通，使压力油能通过小孔进入环形槽 c，然后引入叶片根部，以保证叶片顶部和定子内表面间的可靠密封。配油盘上的上、下缺口 b 为吸油槽口，两个腰形孔为压油孔。在腰形孔端部开有三角槽，其作用是使叶片间的密封空间逐步与高压腔相连通，这样不致以产

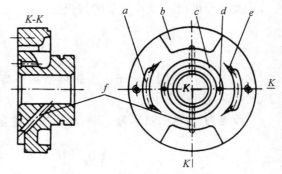

图 3-15 叶片泵配油盘

生液压冲击。配油盘 5 采用凸缘式，小直径部分伸入前泵体内，并合理布置 O 形密封圈。这样在配油盘右侧受到液压力作用时，能贴紧定子，并能使配油盘端面与前泵体相互分开时，仍能保证可靠的密封。配油盘本身的变形也有微小补偿作用。

（2）定子曲线

定子曲线是由四段圆弧和四段过渡曲线组成。过渡曲线采用等加速等减速曲线。这种曲线所允许的定子半径比 R/r 比其他类型的曲线大，可使泵的结构紧凑、输油量大；而且叶片由槽中伸出和缩回的速度变化均匀，不会造成硬性冲击。

（3）叶片倾角

为了减小叶片对转子槽侧面的压紧力和磨损，将叶片槽相对转子旋转方向前倾 13°。

3.3.2 外反馈限压式变量叶片泵

1. 外反馈限压式变量泵工作原理

外反馈限压式变量泵工作原理如图 3-16 所示。外反馈限压式变量泵由单作用变量泵和变量活塞 1、调压弹簧 2、调压螺钉 3 和流量调节螺钉 4 组成。当油压较低，变量活塞对定

子产生的推力不能克服弹簧2的作用力时,定子被弹簧推在最左边的位置上,此时,偏心距最大,泵输出流量也量大。变量活塞1的一端紧贴定子,另一端则通高压油。变量活塞对定子的推力随油压升高而加大,当它大于调压弹簧2的预紧力时,定子向右偏移,偏心距减小。所以,当泵输出压力大于弹簧预紧力时,泵开始变量,随着油压升高,输出流量减小。工作压力达到某一极限值时,定子移到最右端位置,偏心量减至最小,使泵内偏心所产生的流量全部只能用于补偿泄漏,泵的输出流量为零。此时,不管负载再怎么加大,泵的输出压力也不会再升高,所以这种泵被称为限压式变量叶片泵。

限压式变量泵的流量与压力特性如图3-17曲线所示。图中 AB 段表示工作压力小于限定压力 p_B 时,流量最大而且基本保持不变,只是因泄漏,随工作压力的增加而增加,使实际输出流量减小。p_B 表示泵输出最大流量时可达到的最高工作压力,其大小可由调压弹簧2来调节。图中 BC 段表示工作压力超过限定压力 p_B 后,输出流量开始变化,即流量随压力升高而自动减小,直到 C 点。这时,输出流量为零,压力为截止压力 p_C。

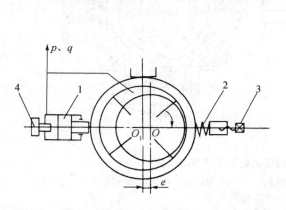

图 3-16 外反馈限压式变量叶片泵工作原理图
1-变量活塞;2-调压弹簧;
3-调压螺钉;4-流量调节螺钉

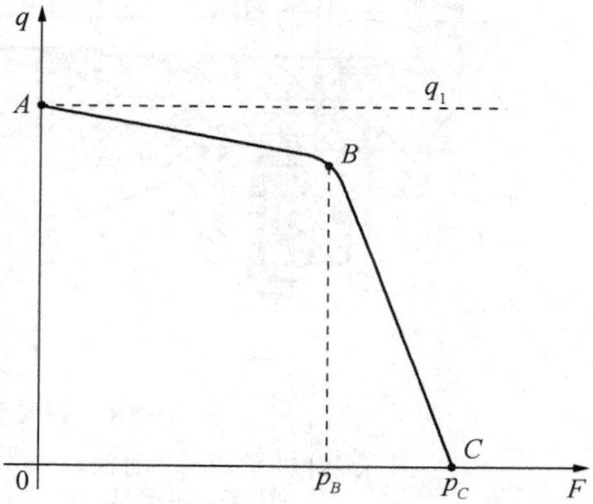

图 3-17 限压式变量叶片泵特性曲线

限压式变量叶片泵对既要实现快速行程,又要实现工作进给(慢速移动)的执行元件来说,是一种合适的油源:快速行程需要大的流量,负载压力较低,正好使用特性曲线的 AB 段,工作进给时负载压力升高,需要流量减少,正好使用其特性曲线的 BC 段,因而,合理调整拐点压力 p_B 是使用该泵的关键。目前这种泵被广泛用于要求执行元件有快速、慢速和保压阶段的中低压系统中,有利于节能和简化回路。

2. 外反馈限压式变量泵典型结构

如图3-18所示为YBX型限压式变量叶片泵结构图。转子7固定在传动轴2上,轴2支承在两个滚针轴承1上作逆时针方向回转。转子7的中心是不变的,定子6可以上下移动。滑块8用来支承定子6,并承受压力油对定子的作用力。当定子移动时,滑块随定子一起移动。为了提高定子对油压变化时反应的灵敏度,滑块支承在滚针9上。在限压弹簧4的作用下,弹簧座5将定子推向下面,紧靠在活塞11上,使定子中心和转子中心之间有一个偏心距 e。偏心距的大小可用流量调节螺钉10来调节。螺钉10调定后,在这一工作条件下,定子的偏心量为最大,则液压泵输出流量最大。液压泵出的压力油经孔 a 引到活塞11的下端,使其产生一个改变偏心距的反馈力。通过调压螺钉3可以调节调压弹簧对定子的作用力,从而改变液压泵

的限定工作压力 p_B。这种泵的叶片也不是沿转子的径向放置的。叶片槽的倾斜方向与双叶片泵叶片槽的方向相反，为后倾，倾角为24°。这是因为这种泵在吸油腔侧的叶片根部不通压力油，其叶片地伸出要靠离心力的作用，叶片后倾有利于叶片的甩出。

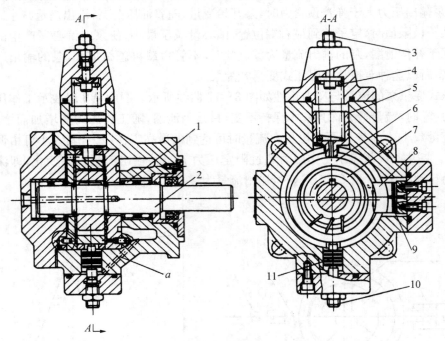

图 3-18　YBX 型限压式变量叶片泵结构图

1-滚针轴承；2-传动轴；3-调压螺钉；4-调压弹簧；5-弹簧座；6-定子；
7-转子；8-滑块；9-滚针；10-流量调节螺钉；11-变量活塞

3.4　齿轮泵

齿轮泵是液压系统中广泛采用的一种液压泵，其主要特点是结构简单，制造方便，价格低廉，体积小，重量轻，自吸性能好，对油液污染不敏感，工作可靠；其主要缺点是流量和压力脉动大，噪声大，排量不可调。

齿轮泵的种类很多，按工作压力大致可分为低压齿轮泵（≤2.5 MPa）、中压齿轮泵（>2.5～8MPa）、中高压齿轮泵（>8～16 MPa）和高压齿轮泵（>16～32 MPa）四种。目前国内生产应用较多的是中、低压和中高压齿轮泵，高压齿轮泵正处在发展和研制阶段。齿轮泵按啮合形式的不同，可分为内啮合和外啮合两种，其中，外啮合齿轮泵应用更广泛，而内啮合齿轮泵则多为辅助泵。

3.4.1　外啮合齿轮泵的工作原理

如图 3-19 所示外啮合齿轮泵工作原理图。在泵的壳体内有一对外啮合齿轮，齿轮两侧有端盖盖住（图中未示出）。壳体、端盖和齿轮的各个齿间槽组成了许多密封工作腔。当齿轮按图示方向旋转时，右侧吸油腔由于相互啮合的齿轮逐渐脱开，密封工作腔容积逐渐增大,形成部分真空,油箱中的油液被吸进来,将齿间槽充满,并随着齿轮旋转,将油液带到左侧压油腔去。在压油区一侧,由于轮齿逐渐进入啮合,密封工作腔容积不断减小,油液便被挤出去。吸油区和压油区是由相互啮合轮齿以及泵体分隔开的。在齿轮泵的工作过程中,主动轮齿与从动啮合点处的齿面接触线一直分隔吸油区和压油区,具有转子式容积泵的特点,不需要设置专门的配流机构,这是齿轮泵和其他叶片式和柱塞式容积泵的不同之处。

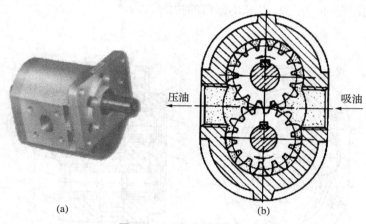

(a) (b)

图 3 - 19 外啮合齿轮泵

3.4.2 外啮合齿轮泵的排量和流量计算

1. 齿轮泵的排量

$$V = 6.66zm^2B \tag{3-19}$$

式中,z 为齿轮的齿数;m 为齿轮的模数;B 为齿轮的宽度。

2. 齿轮泵的理论流量

$$q_t = 6.66zm^2Bn \tag{3-20}$$

式中,n 为齿轮泵的转速。

3. 齿轮泵的实际流量

$$q = 6.66zm^2Bn\eta_V \tag{3-21}$$

式中,η_V 为齿轮泵的容积效率。

实际上,外啮合齿轮泵的输出流量是有脉动的,式(3-20)所表示的是外啮合齿轮泵的平均流量。设 q_{max}、q_{min} 分别表示最大、最小流量,则流量脉动率 δ 为:

$$\delta = \frac{q_{max} - q_{min}}{q} \times 100\% \tag{3-22}$$

理论研究表明,外啮合齿轮泵齿数愈小,脉动率就愈大,其值最高可达 20% 以上,内啮合齿轮泵的流量脉动率要小得多。

3.4.3 外啮合齿轮泵的结构

1. 外啮合齿轮泵的典型结构

齿轮泵是一种使用较多的中低压外啮合齿轮泵,其额定压力为 2.5 MPa,排量为2.5～

125 mL/r,转速为 1 450 r/min,主要用于机床作动力源以及各种补油、润滑和冷却系统。CB-B 齿轮泵的结构如图 3-20 所示。一对齿轮 6 装在泵体 7 中,由主动轴 12 带动回转。前端盖 8 与后端盖 4 装在泵体 7 的两侧,用六个螺钉 9 连接,并用定位销 17 定位。带有保持架的滚针轴承 3 分别装在前后端盖中,支承主动轴 12 和从动轴 15。泄漏到轴承的油,通过泄漏通道 14 流回吸油腔。由侧面泄漏的油液经卸荷槽 16 流回吸油腔,这样可降低泵体与端盖接合面间泄漏油的压力,以减小螺钉的拉力。

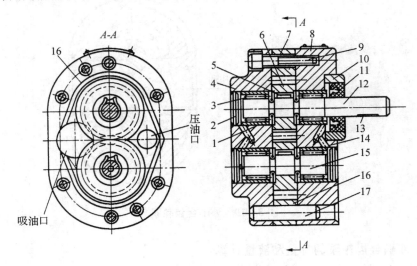

图 3-20　外啮合齿轮泵结构

1-轴承外环;2-堵头;3-滚针轴承;4-后端盖;5-键;6-齿轮;7-泵体;8-前端盖;9-螺钉;
10-压环;11-密封环;12-主动轴;13-键;14-泄漏通道;15-从动轴;16-卸荷槽;17-定位销

2. 外啮合齿轮泵在结构上存在的几个问题

(1) 困油现象

齿轮泵要能连续供油,就要求齿轮啮合的重叠系数 ε 大于 1,也就是当一对齿轮尚未脱开啮合时,另一对齿轮已进入啮合,这样就出现同时有两对齿轮啮合的瞬间,在两对齿轮的啮合线之间形成了一个封闭容积,一部分油液也就被困在这一封闭容积中,如图 3-21(a)所示。齿轮连续旋转时,这一封闭容积便逐渐减小,当两啮合点处于节点两侧的对称位置时,如图 3-21(b)所示,封闭容积为最小。齿轮再继续转动时,封闭容积又逐渐增大,直到图 3-21(c)所示位置时,容积又变为最大。在封闭容积减小时,被困油液受到挤压,从一切可能泄漏的缝隙中挤出,从而产生很高的压力,油液发热,并使轴承上受到很大的冲击载荷。

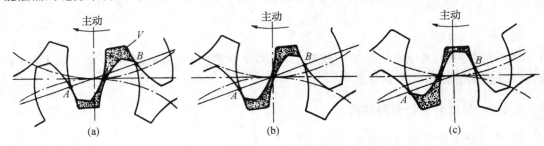

图 3-21　齿轮泵的困油现象

当封闭容积增大时,又会形成局部真空,使原来溶解于油液中的空气分离出来,产生气穴现象。这些都将使泵产生强烈的振动和噪声,这就是齿轮泵的困油现象。

为了消除困油现象,一般采用在齿轮泵的端盖上开卸荷槽的方法,如图3-22所示。卸荷槽的位置应该使困油腔在由大变小时,能通过卸荷槽与压油腔相通,而当困油腔在由小变大时,能通过另一卸荷槽与吸油腔相通。两卸荷槽之间的距离 a 必须保证在任何时候都不能使压油腔和吸油腔互通。在很多齿轮泵中,两槽并不对称于齿轮中心线分布,而是向吸油腔平移一段距离,实践证明,这样布置能取得更好的卸荷效果。

（2）径向不平衡力

齿轮泵工作时,作用在齿轮外圆的压力是不均匀的,在压油腔和吸油腔齿轮外圆分别承受着系统的工作压力和吸油压力;在齿轮齿顶圆与泵体内孔的径向间隙中,可以认为油液压力由高压腔压力逐级下降到吸油腔压力,如图3-23所示。因此,齿轮和轴受到径向不平衡力的作用。工作压力越高,径向不平衡力也越大。径向不平衡力很大时能使泵轴弯曲,导致齿顶接触泵体,产生摩擦;同时也加速轴承磨损,降低轴承使用寿命。

为了减小径向不平衡力的影响,常采取缩小压油口的办法,使高压油仅作用在一个到两个齿的范围内。

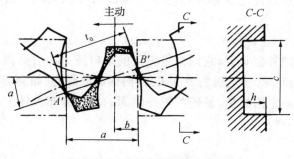

图3-22 齿轮泵的困油卸荷槽

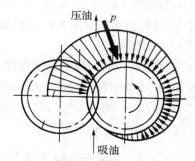

图3-23 齿轮泵的径向不平衡力

（3）泄漏

在液压泵中,运动件间是靠微小间隙密封的,这些微小间隙从运动学上形成摩擦副,而高压腔的油液通过间隙向低压腔泄漏是不可避免的。齿轮泵压油腔的压力油可通过三条途径泄漏到吸油腔去:一是通过齿轮啮合线处的间隙;二是通过泵体内表面和齿顶圆间的径向间隙;三是通过齿轮两端面和端盖间的间隙。在这三类间隙中,端面间隙的泄漏量最大,约占总泄漏量的70%～80%左右,压力越高,间隙泄漏就愈大。端面间隙是目前影响齿轮泵压力提高的主要原因。

3. 中高压齿轮泵端面间隙自动补偿装置

为了实现齿轮泵的高压化,提高齿轮泵的工作压力和容积效率,就需要从结构上采取措施,如尽量减小径向不平衡力和提高轴与轴承的刚度;对泄漏量最大处的端面间隙采用自动补偿装置等。下面对端面间隙的补偿装置作简单介绍。

（1）浮动轴套式

如图3-24(a)所示是浮动轴套式的间隙补偿装置。它利用特制的通道把泵内压油腔的压力油引到齿轮轴上的浮动轴套1的外侧A腔,产生液压作用力,使轴套紧贴齿轮3的侧面。因而可以消除间隙并可补偿齿轮侧面和轴套间的磨损量。在泵启动时,靠弹簧4来产生预紧力,保证了轴向间隙的密封。

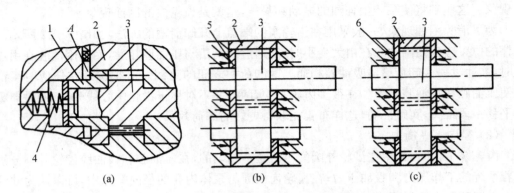

(a)　　　　　　　　(b)　　　　　　　　(c)

图 3-24　端面间隙补偿装置示意图

1-浮动轴套;2-泵体;3-齿轮;4-弹簧;5浮动侧板;6-挠性侧板

（2）浮动侧板式

浮动侧板式补偿装置的工作原理与浮动轴套式基本相似,它也是将泵的出口压力油引到浮动侧板 5 的背面(如图 3-24(b)所示),使之紧贴于齿轮 3 的端面来补偿间隙。启动时,浮动侧板靠密封圈来产生预紧力。

（3）挠性侧板式

如图 3-24(c)所示是挠性侧板式间隙补偿装置,它同样是将泵的出口压力油引到侧板的背面后,靠侧板自身的变形来补偿端面间隙的,侧板的厚度较薄,内侧面要耐磨(如烧结 $0.5 \sim 0.7$ mm 的磷青铜),这种结构采取一定措施后,易使侧板外侧面的压力分布大体上和齿轮侧面的压力分布相适应。

3.4.4　内啮合齿轮泵简介

内啮合齿轮泵主要有渐开线内啮合齿轮泵和摆线内啮合齿轮泵两种,其工作原理如图 3-25 所示,也是利用齿间密封容积变化实现吸、压油。

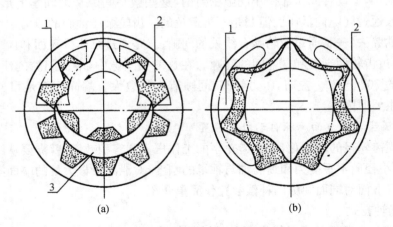

(a)　　　　　　　　(b)

图 3-25　内啮合齿轮泵结构示意图

1-吸油腔;2-压油腔;3-月牙形隔板

1. 渐开线内啮合齿轮泵

如图 3-25(a)所示。渐开线内啮合齿轮泵由小齿轮、内齿环、月牙形隔板等组成。当主动轮小齿轮带动内齿环绕各自的中心同方向旋转时,左半部轮齿退出啮合,容积增大,形成真空,进行吸油。进入齿槽的油液被带到压油腔,右半部轮齿进入啮合,容积减小,从压油口压油。在小齿轮和内齿环之间要装一块月形隔板,以便将吸、压油腔隔开。

2. 摆线内啮合齿轮泵

摆线内啮合齿轮泵又称摆线转子泵,它由配油盘(前、后泵盖)、外转子(从动轮)和偏心案置在泵体内的内转子(主动轮)等组成。内、外转子相差一齿,如图 3-25(b)所示内转子为六齿,外转子为七齿。泵工作时,内转子带动外转子同向旋转,所有内转子的齿都进入啮合,形成若干个密封腔。随着内外转子的啮合旋转,各密封腔容积发生变化,实现吸油压油。

与外啮合齿轮泵相比,内啮合齿轮泵内可做到无困油现象,流量脉动小。内啮合齿轮泵的结构紧凑,尺寸小,重量轻,运转平稳,噪声低,在高转速工作时有较高的容积效率。但在低速、高压下工作时,压力脉动大,容积效率低,所以一般用于中、低压系统。在闭式系统中,常用这种泵作为补油泵。内啮合齿轮泵的缺点是齿形复杂,加工困难,价格较贵,且不适合高速高压工况。

3.5 泵的选型、安装使用

前面我们介绍了齿轮泵、叶片泵和柱塞泵,它们在机械各行业都有应用,它们是每个液压系统不可缺少的核心元件,合理地选择液压泵对于降低液压系统的能耗、提高系统的效率、降低噪声、改善工作性能和保证系统的可靠工作都十分重要。

1. 液压泵的选择

选择液压泵的原则是:根据主机工况、功率大小和系统对工作性能的要求,首先确定液压泵的类型,然后按系统所要求的压力、流量大小确定其规格型号。

选择泵的形式时,要使泵具有一定的压力储备,一般泵的额定工作压力应比系统压力略高。

液压泵转速选择,必须根据主机的要求和泵允许的使用转速、寿命、可靠性等进行综合考虑。泵的使用转速不能超过泵高最转速。提高转速会使泵吸油不足,降低寿命,甚至会使泵先期破坏。

见表 3-1 所示为常用液压泵的一般性能比较,可供选择时参考。

表 3-1 液压系统中常用液压泵的性能比较

类型 性能	外啮合齿轮泵	双作用 叶片泵	限压式变量 叶片泵	轴向柱塞泵	径向柱塞泵
工作压力(MPa)	2~21	6.3~21	2.5~6.3	21~40	10~20
排量范围(ml/r)	0.3~650	0.5~480	1~320	0.2~3 600	20~720
转速(r/min)	300~7 000	500~4 000	500~2 000	600~6 000	700~1 800
容积效率	0.7~0.95	0.8~0.95	0.85~0.92	0.88~0.93	0.80~0.90
总效率	0.6~0.87	0.65~0.82	0.71~0.85	0.81~0.83	0.81~0.83

类型\性能	外啮合齿轮泵	双作用叶片泵	限压式变量叶片泵	轴向柱塞泵	径向柱塞泵
功率质量比	中等	中等	小	大	小
流量泳动性	大	小	中	中	中
自吸特性	好	较差	较差	较差	差
对油的污染敏感性	不敏感	较敏感	较敏感	很敏感	很敏感
噪声	大	小	较大	较小	较小
寿命	较短	较长	较短	长	长
单位功率价格	低	中	较高	高	高
应用范围	机床、小型工程机械（农机、航空、船舶）、一般机械	机床、注塑机、液压机、起重运输机械、工程机械、飞机	机床、注塑机	工程、锻压、起重运输、矿山、冶金机械、船舶、飞机	机床、液压机、船舶机械

　　一般负载小、功率小的液压设备，可用齿轮泵或双作用叶片泵；精度较高的中、小功率的液压设备，可用双作用叶片泵；负载较大并有快速和慢速工作行程的液压设备，可选用限压式变量叶片泵；负载大、功率大的液压设备，选用径向轴塞泵和轴向柱塞泵；机械设备辅助装置的液压设备的液压系统，如送料、定位、夹紧。转位等装置的液压系统，可选用价格较低的齿轮泵。

　　2. 液压泵的安装使用

　　要想使泵获得满意的使用效果，单靠产品本身的高质量是不能完全保证的。在实际使用中，泵往往由于安装、使用、维护以及油路设计不当，在未到设计寿命期限就先期损坏。对液压系统的维修、使用等问题，后面专门介绍，这里仅就与泵直接有关的问题简述如下：

　　泵安装时要充分考虑泵的正常工作要求：

　　（1）泵与其他机械连接时，要保证同心，或采用挠性连接；

　　（2）要了解泵承受径向力的能力，不能承受径向力的泵不得将皮带轮、齿轮等传动件直接装在输出轴上；

　　（3）泵泄漏油管要畅通，一般不接背压，若泄漏油管太长或因某种需要而接背压时，其大小也不得超过低压密封 0.5 MPa 所允许的数值；

　　（4）外接的泄油管应能保证壳体里充满油，防止停车时壳体里的油全部流回油箱。

　　目前，为了很好地解决油泵与电动机的连接对中，液压设备已出现了专用的配套电动机，如图 3 - 26 所示。

　　使用条件不能超过泵性能所允许范围：

图 3 - 36　油泵电机组

（1）转速、压力不能超过规定值；

（2）若泵旋转方向有规定，则不得反向旋转，特别是叶片泵和齿轮泵反向旋转可能会引起低压密封，甚至泵本身损坏；

（3）泵的自吸真空度应在规定范围内，否则，吸油不足会引起气蚀、噪声和振动；

（4）若泵入口规定有供油压力时，则应充分予以保证；

（5）停机时间较长的泵，不应满载启动，待空运转一段时间后，再行正常使用。

3.6　实验实训

3.6.1　实验项目——液压泵性能测试

1. 实验目的

通过对液压泵的测试，进一步了解泵的性能，掌握液压泵工作特性测的原理和基本方法。

2. 实验内容

（1）液压泵的流量——压力特性

（2）液压泵的容积效率——压力特性

（3）液压泵的总效率——压力特性

3. 实验器材

液压传动综合教学实验台	1台
节流阀	1个
流量传感器	1个
溢流阀	1个
压力表	1个
油管	若干

4. 实验装置与实验分析

（1）实验回路

实验回路原理图如图 3-28 所示：

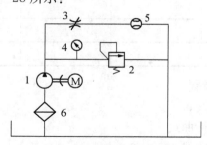

图 3-28　实验回路原理图

1-液压泵；2-溢流阀；3-节流阀；4-压力表；5-流量传感器；6-滤油器；7-油箱

（2）数据处理

容积效率：
$$\eta_{\mathrm{v}} = \frac{V_{\mathrm{e}}}{V_{\mathrm{t}}} = \frac{q_{\mathrm{e}}}{q_{\mathrm{t}}} \times \frac{n_{\mathrm{t}}}{n_{\mathrm{e}}} \times 100\%$$

输出液压功率：

$$P_{出} = \frac{p_e \times q_e}{60\ 000}\ \text{kW}$$

液压泵的总效率：

$$\eta = \frac{P_{出}}{P_{入}}$$

$P_{入}$——电机输入功率，其值从实验台功率表上直接读出。

式中，V_e——试验压力时的有效排量，mL/r；V_t——空载压力时的有效排量，mL/r；q_e——试验压力时的输出流量，L/min；q_t——空载压力时的输出流量，L/min；p_e——输出试验压力，kPa；n_e——试验压力时的转速，r/min；n_t——空载压力时的转速，r/min；

（3）实验步骤

① 依照原理图的要求，选择所需的液压元件；检验性能完好，连接回路。

② 待确认安装和连接无误后，进行以下步骤：

a. 先将节流阀 4 开得销大，溢流阀 1 完全放松，启动泵空载运行几分钟，排除系统内的空气；

b. 将节流阀完全关闭，启动叶片泵，慢慢调节溢流阀 2 使系统压力 P 上升至所需的压力值，例如：6 MPa，并用镇紧螺母将溢流阀锁住。

c. 全部打开节流阀 4，使泵的压力为 $P=0$（或者接近零），此时测出来的流量为空载流量。再逐渐关小节流流阀 4，作为泵的不同负载，对应测出并记录不同负载时的压力 P、流量 Q 和电机输入功率 W，填入下表。

③ 实验完备后，放松溢流阀，将电机关闭，待回路中压力为零时拆卸元件，清理好元件并放入规定抽屉内。

（4）数据处理

P 压力	Q	P 电机功率	P 输出功率	η	η_V

（5）绘制曲线并回答思考题

① 流量——压力特性曲线；

② 容积效率——压力特性曲线；

③ 总效率——压力特性曲线；

④ 分析实验所得到的流量——压力特性曲线，为什么是一条稍向右下方倾斜的直线？

3.6.2 实训内容——液压泵拆装

1. 实训目的

（1）熟悉常用液压泵的外形、铭牌和结构，进一步掌握其工作原理。

（2）通过亲手拆装，学会使用各种工具，掌握拆装常用液压泵的步骤和技巧。

（3）掌握常用液压泵各零件的装配关系。

（4）在拆装的同时，分析和理解常用液压泵易出现的故障及排除方法。

2. 实训器材

实物：齿轮泵（CB-B型）、叶片泵（YBX型）和斜盘式柱塞泵（SCY14型）。

工具：卡钳、内六角扳手、固定扳手、螺丝刀、游标卡尺、油盆、耐油橡胶板和清洗油。

3. 实训内容与步骤

（1）CB-B型齿轮泵拆装（结构如图3-20所示）

① 拆卸顺序

松开紧固螺钉9，拆除定位销17，分开泵盖8和4，从泵体7中取出主动齿轮6及轴12、从动齿轮及轴15，分解泵盖与轴承、齿轮与轴、端盖与油封。

② 装配顺序

装配前清洗、检验和分析各零件，然后按拆装时的反向顺序装配。

思考以下问题：

① 齿轮泵的卸荷槽在哪个位置？相对高低压腔，是否对称布置？

② 齿轮泵进出油口孔径是否相等？为什么？

（2）YBX型叶片泵拆装（结构如图3-18所示）

① 拆卸顺序

松开固定螺钉，拆下弹簧压盖，取出调压弹簧4和弹簧座5。松开固定螺钉，拆下活压盖，取出变量活塞11。松开固定螺钉，拆下滑块压盖，取出滑块8和滚针9。松开固定螺钉，拆下传动轴左右端盖，取出左配油盘、定子6、转子传动轴组件和右配油盘。最后分解以上各部件。

② 装配顺序

清洗、检验和分析各零件，然后按拆装时的反向顺序装配，先装部件后总装。

思考以下问题：

① 单作用叶片泵和双作用叶片泵的主要区别？

② 变量叶片泵是怎样实现变量的？

（3）CY型斜盘式柱塞泵拆装（结构如图3-7所示）

① 拆卸顺序

松开固定螺钉，分开左端手动变量机构、中间泵体和右端泵盖三部件，最后分解以上各部件。

② 装配顺序

清洗、检验和分析各零件，然后按拆装时的反向顺序装配，先装部件后总装。

思考以下问题：

① CY型轴向柱塞泵是何种配流方式？

② 轴向柱塞泵的变量形式主要有哪几种？

3-1 液压泵是一种能量转换装置,它将机械能转换为_____,是液压传动系统中的动力元件。

3-2 液压传动中所用的液压泵都是靠密封的工作容积发生变化而进行工作的,所以都属于_____。

3-3 泵每转一圈,由其几何尺寸计算得到的排出液体的体积,称为_____。

3-4 在不考虑泄漏的情况下,泵在单位时间内排出的液体体积,称为泵的_____。

3-5 泵在额定压力和额定转速下输出的实际流量,称为泵的_____。

3-6 变量泵是指_____可以改变的液压泵,常见的变量泵有_____、_____、_____其中_____,_____和_____是通过改变转子和定子的偏心距来实现变量,_____是通过改变斜盘倾角来实现变量。

3-7 液压泵的实际流量比理论流量_____。

3-8 外啮合齿轮泵位于轮齿逐渐脱开啮合的一侧是_____腔,位于轮齿逐渐进入啮合的一侧是_____腔。

3-9 为了消除齿轮泵的困油现象,通常在两侧端盖上开_____,使闭死容积由大变小时与_____腔相通,闭死容积由小变大时与_____腔相通。

3-10 齿轮泵产生泄漏的间隙为_____间隙和_____间隙,此外还存在_____间隙,其中_____泄漏占总泄漏量的 $70\% \sim 85\%$。

3-11 双作用叶片泵的定子曲线由两段_____、两段_____及四段_____组成,吸、压油窗口位于_____段。

3-12 已知液压泵的额定压力为 p_n,能过节流阀的压力损失为 Δp,若忽略管路压力损失,在题 3-12 图各工况下,泵的工作压力(压力表读数)分别为(a)_____、(b)_____、(c)_____、(d)_____.

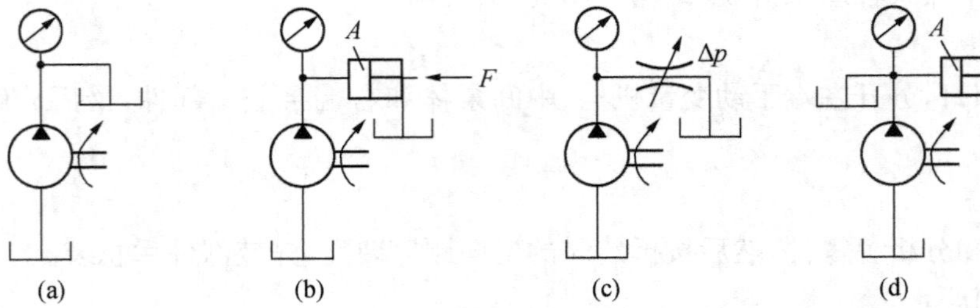

题 3-12 图

3-13 容积式液压泵必须满足什么条件?

3-14 什么是泵的工作压力、额定压力?

3-15 什么是泵的容积效率、机械效率?

3-16 齿轮泵的径向不平衡力如何消除?

3-17　什么是齿轮泵的困油现象？如何解决？

3-18　何为变量泵、何为定量泵？

3-19　为什么齿轮泵只能作为低压泵使用？

3-20　各种液压泵的特点如何？各适用什么场合？

3-21　某液压泵的输出压力 5 MPa，排量为 10 mL/r，机械效率为0.95，容积效率为0.9，当转速为 1 300 r/min 时，泵的输出功率和驱动泵的电机功率各为多少？

3-22　液压泵转速为 950 r/min，排量为 $V=168$ mL/r，在额定压力 29.5 MPa 和同样转速下，测得的实际流量为 150 L/min，额定工况下的总效率为 0.87，求：

（1）泵的理论流量；

（2）泵的容积效率和机械效率；

（3）在额定工况下所需驱动电机功率。

模块四　液压执行装置

液压执行元件是将流体的压力能转换为机械能的元件,它驱动机构作直线往复、摆动或旋转运动。液压执行元件分为两类:作直线运动或摆动的,称为液压缸或摆动液压缸;作旋转运动的,称为液压马达。其输出为力与速度或转矩与转速。

4.1　液压缸的类型及特点

液压缸是将液压泵提供工作介质的压力能转换为直线往复运动的机械能工作装置,液压缸按其作用方式,可分为单作用式和双作用式两种。按其结构特点分为:活塞缸、柱塞缸和摆动缸。

4.1.1　活塞式液压缸

在缸体内作相对往复运动的组件为活塞式液压缸,活塞式液压缸可分为双杆式和单杆式两种结构形式,其安装形式有缸筒固定和活塞杆固定两种形式。

1. 双杆活塞式液压缸

活塞两端都有一根直径相等的活塞杆伸出的液压缸,称为双杆式活塞缸。

(1) 工作过程与行程

如图 4-1(a)所示为缸筒固定式的双杆式活塞缸。缸筒固定形式,它的进、出油口位于缸筒两端,活塞通过活塞杆带动工作台移动,当活塞的有效行程为 L 时,整个工作台的运动范围为 $3L$,占地面积大,活塞杆一般采用实心杆,该液压缸适用于小型机床。如图 4-1(b)所示为活塞杆固定形式。它的进、出油口位于空心活塞杆的两端,缸筒与工作台相连,工作台的移动范围只等于液压缸有效行程 L 的 2 倍,占地面积小,活塞杆做成空心杆,常用于大中型设备中。

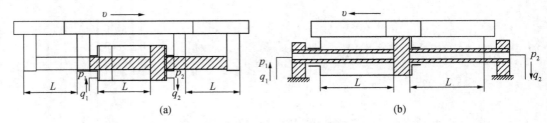

图 4-1　双杆活塞式液压缸

(2) 双杆活塞式液压缸特点

双杆活塞式液压缸两腔面积相等,当输入油液流量和压力不变时,其往返运动的速度和推力相等。

（3）双杆活塞式液压缸推力和速度

$$F = A(p_1 - p_2) = \frac{\pi}{4}(D^2 - d^2)(p_1 - p_2) \tag{4-1}$$

$$v = \frac{q}{A} = \frac{4Q}{\pi(D^2 - d^2)} \tag{4-2}$$

式中，p_1、p_2 分别为缸的进、回油压力；D、d 分别为活塞直径和活塞杆直径；q 为输入流量；A 为活塞有效工作面积。

2. 单杆活塞式液压缸。

如图 4-2 所示，活塞只有一端带活塞杆。其安装形式有缸筒固定和活塞杆固定两种形式，两种安装方式下，工作台的移动范围均为活塞有效行程 L 的 2 倍。

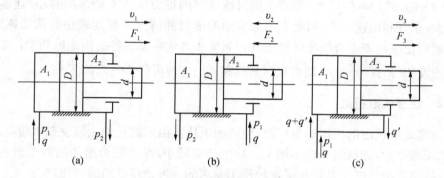

图 4-2 单杆活塞式液压缸及差动连接

由于单杆液压缸两腔的有效工作面积不等，因此，它在两个方向上的输出推力和速度也不等，单杆活塞式液压缸两腔同时进油其推力和速度也与前两者不同。

设液压缸无杆腔和有杆腔的活塞有效面积分别为 A_1 和 A_2；活塞的直径 D；活塞杆的直径 d；液压缸进油腔压 p_1；液压缸出油腔的压力 p_2；输入流量 q。

（1）当无杆腔进油时（如图 4-2(a)所示），活塞的运动速度 v_1 和推力 F_1 分别为：

$$v_1 = \frac{q}{A_1} = \frac{4q}{\pi D^2} \tag{4-3}$$

$$F_1 = A_1 p_1 - A_2 p_2 = \frac{\pi}{4}D^2(p_1 - p_2) + \frac{\pi}{4}d^2 p_2 \tag{4-4}$$

（2）当有杆腔进油时（如图 4-2(b)所示），活塞的运动速度 v_2 和推力 F_2 分别为：

$$v_2 = \frac{q}{A_2} = \frac{4q}{\pi(D^2 - d^2)} \tag{4-5}$$

$$F_2 = A_2 p_1 - A_1 p_2 = \frac{\pi}{4}D^2(p_1 - p_2) - \frac{\pi}{4}d^2 p_1 \tag{4-6}$$

由式(4-3)、(4-4)、(4-5)、(4-6)可知，由于 $A_1 > A_2$ 所以 $v_1 < v_2$，$F_1 > F_2$，活塞杆伸出时，推力较大，速度较小；活塞杆缩回时，推力较小，速度较大。因此，活塞杆伸出时，适用于重载慢速；活塞杆缩回时，适用于轻载快速。

工程应用时,将上列速度和的比值称为往返速比,以 λ_v 表示,于是得:

$$\lambda_v = \frac{v_2}{v_1} = \frac{D^2}{(D^2 - d^2)} \qquad (4-7)$$

(3) 当无杆腔和有杆腔同时通压力油,液压缸差动连接时(如图 4-2(c)所示),活塞的运动速度 v_3 和推力 F_3 分别为:

由于,
$$v_3 A_1 = Q + V_3 A_2$$

因此,
$$v_3 = \frac{q}{A_1 - A_2} = \frac{4q}{\pi d^2} \qquad (4-8)$$

$$F_3 = A_1 p_1 - A_2 p_1 = p_1(A_1 - A_2) = p_1 \frac{\pi}{4} d^2 \qquad (4-9)$$

由式(4-8)、式(4-9)可知,差动连接时液压缸的推力比非差动连接时小,速度比非差动连接时大,正好利用这一点,可使在不加大油源流量的情况下得到较快的运动速度,这种连接方式被广泛应用于组合机床的液压动力系统和其他机械设备的快速运动中。如果要求机床往返速度相等,即 $v_2 = v_3$,则由式(4-8)和式(4-9)可得 $D = \sqrt{2}d$。

4.1.2 柱塞式液压缸

虽然活塞式液压缸的应用非常广泛,但这种液压缸由于缸孔加工精度要求很高,当行程较长时,加工难度大,使得制造成本增加。在生产实际中,某些场合所用的液压缸并不要求双向控制,柱塞式液压缸正是满足了这种使用要求的一种价格低廉的液压缸。

如图 4-3(a)所示为柱塞缸结构简图,它只能实现一个方向的液压传动,反向运动要靠外力,若要实现双向运动,可将两柱塞液压缸成对使用。如图 4-3(b)所示,这种液压缸中的柱塞和缸筒不接触,运动时由缸盖上的导向套来导向,因此,缸筒的内壁不需精加工,它特别适用于行程较长的场合。

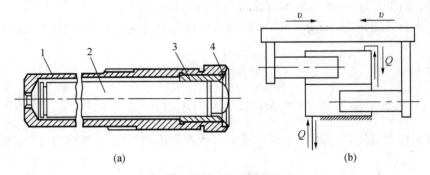

(a)   (b)

图 4-3 柱塞式液压缸

1-缸体;2-柱塞;3-导向套;4-铜丝圈

柱塞式液压缸速度和推力分别为:

$$v = \frac{q}{A} = \frac{4q}{\pi d^2} \qquad (4-10)$$

$$F = pA = p\frac{\pi}{4}d^2 \tag{4-11}$$

柱塞式液压缸特点：

（1）它是一种单作用式液压缸，靠液压力只能实现一个方向的运动，柱塞回程要靠其他外力或柱塞的自重；

（2）柱塞只靠缸套支承而不与缸套接触，这样缸套极易加工，故适于做长行程液压缸；

（3）工作时柱塞总受压，因此它必须有足够的刚度；

（4）柱塞重量往往较大，水平放置时容易因自重而下垂，造成密封件和导向单边磨损，故其垂直使用更有利。

4.1.3　其他形式的液压缸

1. 增压缸

增压缸也称增压器，它能将输入的低压油转变为高压油供液压系统中的高压支路使用，增压缸分单作用和双作用两种形式，如图 4-4 所示。

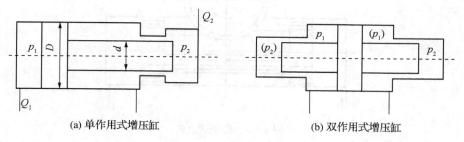

（a）单作用式增压缸　　　　　　　　　　　（b）双作用式增压缸

图 4-4　增压缸

它由有效面积为 A_1 的大液压缸和有效作用面积为 A_2 的小液压缸串联而成，大缸作为原动缸，输入压力为 p_1；小缸作为输出缸，输出压力为 p_2。若不计摩擦力，根据力平衡关系，可有如下等式：

$$p_1 A_1 = p_2 A_2$$

$$p_1 \frac{\pi}{4} D^2 = p_2 \frac{\pi}{4} d^2$$

$$p_2 = \frac{A_1}{A_2} p_1 = \frac{D^2}{d^2} p_1 = k p_1 \tag{4-12}$$

式中，$k = \dfrac{D^2}{d^2}$ 称为增压比，它表示增压缸的增压能力。

2. 伸缩缸

伸缩缸又称多级缸。它由两级或多级活塞缸套装而成，前一级活塞缸的活塞杆内孔是后一级活塞缸的缸筒，伸出时，可获得很长的工作行程；缩回时，可保持很小的结构尺寸，活塞伸出的顺序是从大到小，相应的推力也是从大到小，而伸出的速度则是由慢变快。

空载缩回的顺序一般是从小活塞到大活塞，收缩后液压缸总长度较短，占用空间较小，结构紧凑，伸缩缸特别适用于工程机械及自动步进式输送装置。

伸缩缸可以是如图 4-5(a)所示的单作用式,也可以是如图 4-5(b)所示的双作用式,前者靠外力回程,后者靠液压回程。

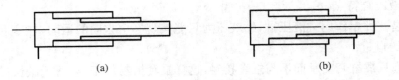

图 4-5 伸宿缸

3. 齿条活塞缸

齿条活塞缸由带有齿条杆的双活塞缸和齿轮齿条机构组成,如图 4-6 所示,齿条活塞往复移动带动齿轮,并驱动传动轴往复摆动,它多用于自动线、组合机床等转位或分度机构中。

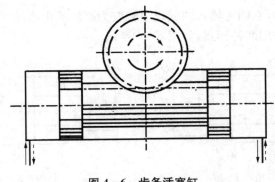

图 4-6 齿条活塞缸

4.1.4 摆动液压缸(摆动液压马达)

摆动式液压缸能够实现小于 360°的往复摆动运动,它可以直接输出转矩,又称为摆动马达,在结构上有单叶片式(如图 4-7(a)所示)和双叶片式(如图 4-7(b)所示)两种形式。

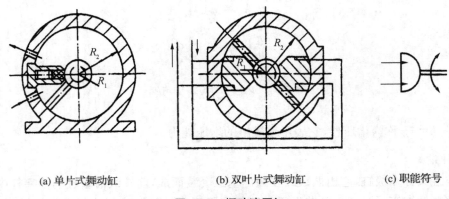

(a) 单片式舞动缸　　　　　(b) 双叶片式舞动缸　　　　　(c) 职能符号

图 4-7 摆动液压缸

如图 4-7(a)所示为单叶片式摆动液压缸。定子块固定在缸体上,叶片和摆动轴固连在一起,当两油口相继通以压力油时,叶片即带动摆动轴作往复摆动,单叶片缸的摆动轴输出转矩和角速度分别为：

$$T = \frac{b}{8}(D^2 - d^2)(p_1 - p_2) \tag{4-13}$$

$$\omega = \frac{8q}{b(D^2 - d^2)} \tag{4-14}$$

式中 p_1、p_2 为单叶片摆动液压缸进出口压力；q 为流入的流量；b 为叶片宽度；D 为缸体内孔直径；d 为摆动轴直径。

单叶片摆动液压缸的摆角一般不超过 300°，双叶片摆动液压缸的摆角一般不超过 150°当输入压力和流量不变时，双叶片摆动液压缸摆动轴输出转矩是相同参数单叶片摆动缸的两倍，而摆动角速度则是单叶片的一半，摆动缸结构紧凑，输出转矩大，但密封困难，一般只用于中、低压系统中往复摆动、转位或间歇运动的地方。

4.2 典型结构和组成

4.2.1 典型结构

如图 4-8 所示是工程用的单杆活塞式液压缸结构图。它主要由缸底 1、缸筒 11、活塞 8、活塞杆 12、导向套 13 和缸盖 15 等主要零件组成。缸筒与缸底焊接成一体，缸盖与缸筒采用螺纹连接。为防止油液由高压腔向低压腔泄漏或向外泄漏，在缸筒与端盖、活塞与活塞杆、活塞与缸筒、活塞杆与前端盖之间均设置有密封装置，在前端盖外侧，还装有防尘装置。

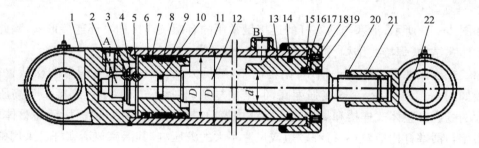

图 4-8 单杆活塞式液压缸

1-缸底；2-缓冲柱塞；3-弹簧卡圈；4-挡环；5-半环；6、10、14、16-密封圈
7-挡圈；8-活塞；9 支承环；11-缸筒；12-活塞杆；13-导向套；15-缸盖；
17-挡圈；18-锁紧螺钉；19-防尘圈；20-锁紧螺母；21-耳环；22-耳环衬套圈

4.2.2 组成

液压缸按结构组成分为缸体组件、活塞组件、密封装置、缓冲装置和排气装置。

1. 缸体组件

缸体组件包括缸筒、缸盖和一些连接零件。缸筒可以用铸铁（低压时）和无缝钢管（高压时）制成。缸筒和缸盖的常用连接方式如图 4-9 所示。从加工的工艺性、外形尺寸和拆卸是否方便可看出各种连接的特点。如图 4-9(a)所示是法兰连接，加工和拆卸很方便，只是外形尺寸大些,如图 4-9(b)所示是半环连接,要求缸筒有足够的厚度。如图 4-10(c)所示是螺纹连接,外形尺寸小,但拆卸不方便,要用专用工具。如图 4-9(d)所示是拉杆连接,拆卸容易,但外形尺寸大。如图 4-9(e)所示是焊接,结构简单,尺寸小,但可能会因焊接有一些变形。

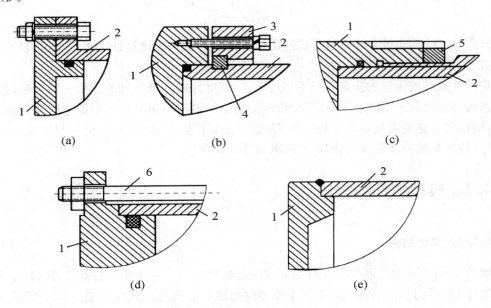

图 4-9 缸筒与缸盖的连接形式
1-缸盖;2-缸筒;3-压板;4-半环;5-放松螺帽;6-拉杆

2. 活塞组件

如图 4-10 所示,活塞与活塞杆的连接最常用的有螺纹连接和半环连接形式,除此之外还有整体式结构、焊接式结构、锥销式结构等。

螺纹式连接如图 4-10(a)所示,结构简单,装拆方便,但一般需备螺母防松装置;半环式连接如图 4-10(b)所示,连接强度高,但结构复杂,装拆不方便,半环连接多于高压和振动较大的场合。整体式连接和焊接式连接结构简单,轴向尺寸紧凑,但损坏后需整体更换,对于活塞与活塞杆比值较小、行程较短或尺寸不大的液压缸,其活塞与活塞杆可采用整体或焊接式连接。锥销式连接加工容易,装配简单,但承载能力小,且需要有必要的防止脱落措施,在轻载情况下可采用锥销式连接。

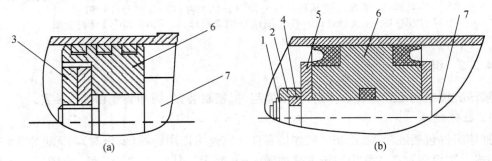

图 4-10 活塞与活塞杆的连接形式
1-弹簧卡圈;2-轴套;3-螺母;4-半环;5-压板;6-活塞;7-活塞杆

3. 密封装置

液压缸中的压力油可能通过固定部件的连接处和相对运动部件的配合处泄漏,泄漏会使液压缸的容积效率降低,油液发热,外泄漏污染工作环境。泄漏严重时会影响到液压缸的工作性能。因此,在液压缸中必须有密封装置来防止和减少泄漏。另外,为了防止空气和污染物侵入液压缸,也必须设置密封装置。

根据两个需要密封的耦合面间有无相对运动,可将密封分为动密封和静密封两大类。

液压缸中常见的密封装置如图 4-11 所示。如图 4-11(a)所示为间隙密封方式,它依靠运动间的微小间隙来防止泄漏。如图 4-11(b)所示为摩擦环密封方式,它依靠套在活塞上的摩擦环(尼龙或其他高分子材料制成)在 O 形密封圈弹力作用下贴紧缸壁而防止泄漏。如图 4-11(c)、图 4-11(d)所示为密封圈(O 形圈和 V 形圈等)密封方式,它利用橡胶或塑料的弹性使各种截面的环形圈贴紧在静、动配合面之间来防止泄漏。

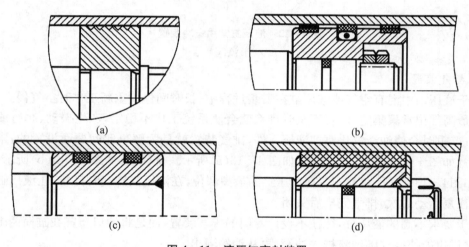

(a) (b)

(c) (d)

图 4-11　液压缸密封装置

4. 缓冲装置

当液压缸拖动负载的质量较大、速度较高时,一般应在液压缸中设缓冲装置,必要时还需在液压传动系统中设缓冲回路,以免在行程终端发生过大的机械碰撞,导致液压缸损坏。缓冲的原理是当活塞或缸筒接近行程终端时,在排油腔内增大回油阻力,从而降低液压缸的运动速度,避免活塞与缸盖相撞。液压缸中常用的缓冲装置如图 4-12 所示

如图 4-12(a)所示为圆柱形环隙式缓冲装置,当缓冲柱塞进入缸盖上的内孔时,缸盖和缓冲活塞间形成缓冲油腔,被封闭油液只能从环形间隙 δ 排出,产生缓冲压力,从而实现减速缓冲。这种缓冲装置在缓冲过程中,由于其节流面积不变,故缓冲开始时,产生的缓冲制动力很大,但很快就降低了。其缓冲效果较差,但这种装置结构简单,制造成本低,在系列化的成品液压缸中多采用这种缓冲装置。如图 4-12(b)所示为可调节流孔式缓冲装置,在缓冲过程中,缓冲腔油液经小孔节流排出,调节节流孔的大小,可控制缓冲腔内缓冲压力的大小,以适应液压缸不同的负载和速度工况对缓冲的要求。如图 4-12(c)所示为可变节流槽式缓冲装置,在圆柱形环隙式缓冲装置的缓冲柱塞上开有三角槽,随着柱塞逐渐进入配合孔中,其节流面积越来越小,有效解决了在行程最后阶段缓冲作用不足的问题。

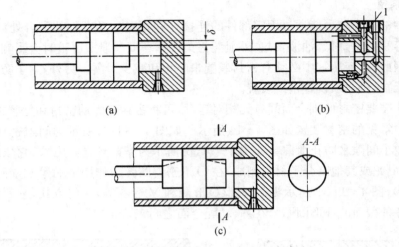

图 4 - 12　液压缸常用缓冲装置

1-节流阀

5. 排气装置

由于液压油中混有空气或液压缸在安装过程中、长时间停放重新工作时空气侵入,在液压缸的最高部位常聚集空气,若不及时排除就会使系统工作不稳定,产生振动、爬行或前冲等现象;严重时会使油液氧化腐蚀液压元件,排气装置就是为解决此问题而设置的,常用的排气装置如图 4 - 13 所示。排气孔(如图 4 - 13(a)所示)、排气阀(如图 4 - 13(b)所示)和排气塞(如图 4 - 13(c)所示)都安装在液压缸的最高部位,在液压缸排气时打开,让液压缸活塞全行程往复运动数次,排气完毕后关闭。

对于要求不高的液压缸,往往不设计专门的排气装置,而是将油口布置在缸筒两端的最高处,这样也能使空气随油液排往油箱,再从油箱溢出。

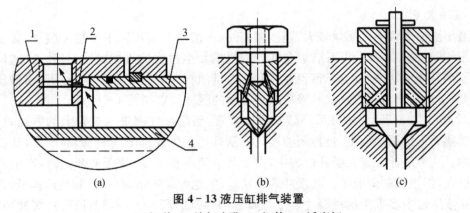

图 4 - 13 液压缸排气装置

1-缸盖;2-放气小孔;3-缸体;4-活塞杆

4.3　液压缸的设计和计算

液压缸设计依据主要是主机的用途和工作条件;工作机构的结构特点、负载情况、行程大小和动作要求;液压系统所选定的工作压力和流量;有关国家标准和技术规范等。

液压缸设计中应注意,活塞杆宜受拉不宜不受压,以免产生弯曲变形;根据液压缸的工作条件和具体情况,考虑缓冲、排气和防尘;正确确定液压缸的安装、固定方式;液压缸的结构要素应采用标准系列尺寸,尽量选择经常使用的标准件;尽量做到结构紧凑,制造容易,维修方便。

4.3.1　设计内容和步骤

(1) 根据主机的动作要求选择液压缸的类型和结构形式;

(2) 基本参数的确定,液压缸的工作负载、工作速度和速比、工作行程和导向长度、缸筒内径及活塞杆直径;

(3) 结构强度计算和稳定性校核,缸筒壁厚的强度计算、活塞杆强度和稳定性验算,以及缸盖处固定螺栓直径的强度校核;

(4) 必要时设计缓冲、排气和防尘等装置;

(5) 整理设计计算书,绘制装配图和零件图。

设液压缸无杆腔和有杆腔的活塞有效面积分别为 A_1 和 A_2;活塞的直径 D;活塞杆的直径 d;液压缸进油腔压 p_1;液压缸出油腔的压力 p_2;输入流量 q。

4.3.2　液压缸主要尺寸的计算

液压缸的结构尺寸主要有三个:液压缸内径 D、活塞杆直径 d、缸筒长度 l。

1. 液压缸内径 D

液压缸内径 D 根据最大总负载和选取的工作压力来确定。

以单杆缸为例,若选取回油压力 $p_2=0$。

无杆腔进油时:
$$D = \sqrt{\frac{4F_1}{\pi p_1}} \tag{4-15}$$

有杆腔进油时:
$$D = \sqrt{\frac{4F_2}{\pi p_1} + d^2} \tag{4-16}$$

液压缸内径 D 根据执行机构的速度要求和选定的液压泵流量来确定。

无杆腔进油时:
$$D = \sqrt{\frac{4q}{\pi v_1}} \tag{4-17}$$

有杆腔进油时:
$$D = \sqrt{\frac{4q}{\pi v_2} + d^2} \tag{4-18}$$

计算所得的液压缸内径 D 应圆整为标准系列值。

2. 活塞杆直径 d

活塞杆外径 d 通常先根据满足速度或速度比的要求来选择,然后再校核其结构强度和稳定性。若速度比为 λ_v,则活塞杆直径 d 为:

$$d = D\sqrt{\frac{\lambda_v - 1}{\lambda_v}} \qquad (4-19)$$

计算所得的活塞杆直径 d 亦应圆整为标准系列值。

3. 缸筒长度 L

缸筒长度 l 由最大工作行程长度加上各种结构需要来确定,即:

$$L = l + B + A + M + C \qquad (4-20)$$

式中 ,l 为活塞的最大工作行程;B 为活塞宽度,一般为 $(0.6\sim1)D$;A 为活塞杆导向长度,取 $(0.6\sim1.5)D$;M 为活塞杆密封长度,由密封方式决定;C 为特殊要求的其他长度。

4.3.3 液压缸的校核

1. 缸体壁厚 δ 的校核

对中低压系统,由于缸筒的壁厚 δ 往往根据结构工艺性的要求来确定,它的强度足够,通常不校核。但在高压系统且缸筒内径 D 较大时,必须对壁厚进行校核。

当 $\frac{D}{\delta} \geqslant 10$ 时,可按薄壁筒公式来校核:

$$\delta \geqslant \frac{p_y D}{2[\sigma]} \qquad (4-21)$$

当 $\frac{D}{\delta} < 10$ 时,可按厚壁筒公式来校核:

$$\delta \geqslant \frac{D}{2}\sqrt{\frac{[\sigma] + 0.4p_y}{[\sigma] - 1.3p_y}} - 1 \qquad (4-22)$$

式中,D 为缸筒内径;p_y 为缸筒试验压力,当缸的额定压力 $p_n \leqslant 16$ Pa 时,取 $p_y = 1.5p_n$,当 $p_s p_n > 16$ Pa 时,取 $p_y = 1.25 p_n$;$[\sigma]$ 为缸筒材料的许用应力 ;$[\sigma] = \sigma_b/n$ σ_b 为材料的抗拉强度,n 为安全系数,一般取 $n=5$。

2. 活塞杆直径的校核

$$d \geqslant \sqrt{\frac{4F}{\pi[\sigma]}} \qquad (4-23)$$

式中,F 为活塞杆上作用力;为实心杆直径;$[\sigma]$ 为活塞杆材料的许用应力,$[\sigma] = \sigma_b/n$;通常取 $n = 1.4$。

3. 液压缸缸盖固定螺栓直径 ds 的校核

$$d_s = \sqrt{\frac{5.2kF}{\pi z[\sigma]}} \qquad (4-24)$$

式中,F 为液压缸负载;z 为固定螺栓个数;k 螺栓拧紧系数,$[\sigma]$ 为螺栓材料的许用应力,$[\sigma] = \sigma_s/(1.2-1.5)$;$\sigma_s$ 为材料的屈服极限。

4.4 液压马达

4.4.1 液压马达概述

从工作原理上,液压传动中的泵和马达都是靠工作腔密闭容器的容积变化而工作的,所以,泵可以作马达用,反之也一样,即泵与马达有可逆性。实际上由于二者工作状况不一样,为了更好发挥各自工作性能,在结构上存在某些差别,使之不能通用。

1. 液压马达的分类

液压马达按其额定转速分为高速和低速两大类,额定转速高于 500 r/min 的属于高速液压马达;额定转速低于 500 r/min 的属于低速液压马达。

液压马达按其结构类型来分,可以分为齿轮式、叶片式、柱塞式和螺杆式。

高速液压马达的基本形式有齿轮式、螺杆式、叶片式和轴向柱塞式等。它们的主要特点是转速较高、转动惯量小,便于启动和制动,调速和换向的灵敏度高。通常高速液压马达的输出转矩不大(仅几十牛米到几百牛米),所以又称为高速小转矩液压马达。

低速液压马达的基本形式是径向柱塞式,如单作用曲轴连杆式、液压平衡式和多作用内曲线式等。低速液压马达的主要特点是排量大、体积大、转速低(有时可达每分钟几转甚至零点几转)。因此,低速液压马达可直接与工作机构连接,不需要减速装置,从而使传动机构大为简化。通常,低速液压马达输出转矩较大(可达几千牛米到几万牛米),所以又称为低速大转矩液压马达。

液压马达图形符号如图 4-14 所示。

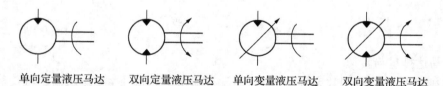

单向定量液压马达 双向定量液压马达 单向变量液压马达 双向变量液压马达

图 4-14 液压马达图形符号

2. 液压马达的特性参数

(1) 功率与总效率

马达输入功率 P_1 为:

$$P_1 = \Delta p q \tag{4-25}$$

马达输出功率 P_0 为:

$$p_0 = 2\pi n T \tag{4-26}$$

马达的总效率 η 等于马达的输出功率 P_0 与马达的输入功率 P_1 之比,即:

$$\eta = \frac{p_0}{p_1} = \frac{2\pi n T}{\Delta p q} = \eta_v \eta_m \tag{4-27}$$

式中,Δp 为液压马达进出口之间的压力差;q 为输入液压马达的流量;$q = V n$,V 为液压马达的排量；n 为液压马达的转速；T 为液压马达的输出转矩；η_{m} 为液压马达的机械效率；η_{v} 为液压马达的容积效率。

（2）马达转矩与机械效率

如果不计损失，液压马达输入的液压功率应当全部转化为液压马达输出的机械功率，即从式（4－25）和式（4－26）可得出液压马达的理论转矩为：

$$\Delta p q = 2\pi n T_{\mathrm{t}} \tag{4-28}$$

$$T_{\mathrm{t}} = \frac{\Delta p q}{2\pi n} \tag{4-29}$$

液压马达实际输出转矩为：

$$T = T_{\mathrm{t}} - \Delta T \tag{4-30}$$

液压马达机械效率为：

$$\eta_{\mathrm{m}} = \frac{T}{T_{\mathrm{t}}} \tag{4-31}$$

（3）液压马达流量与容积效率

液压油以一定的压力流入液压马达入口的流量称为马达的实际流量 q。由于马达存在间隙，产生泄漏 Δq，为达到要求的转速，则输入马达的实际流量必须为：

$$q = q_{\mathrm{t}} + \Delta q \tag{4-32}$$

式中，q_{t} 为马达理论流量。

马达的理论流量 q_{t} 与实际流量 q 之比为马达的容积效率 η_{v}，即：

$$\eta_{\mathrm{v}} = \frac{q_{\mathrm{t}}}{q} = 1 - \frac{\Delta q}{q} \tag{4-33}$$

（4）马达排量与转速

马达排量 V 是在容积效率等于 1 时，即没有泄漏的情况下，使马达输出轴旋转一周所需油液体积。马达排量 V 不可变的称为定量马达；可变的称为变量马达。

马达转速 n 为：

$$n = \frac{q_{\mathrm{t}}}{V} = \frac{q\eta_{\mathrm{v}}}{V} \tag{4-34}$$

（5）工作压力与额定压力

马达输入油液的实际压力称为马达的工作压力，其大小取决于马达的负载。马达进出口压力的差值称为马达的压差。

按试验标准规定，能使马达连续正常运转的最高压力称为马达额定压力。

4.4.2 高速液压马达

1. 轴向柱塞马达

轴向柱塞马达的结构形式基本上与轴向柱塞泵一样，可分为直轴式轴向柱塞马达和斜轴式轴向柱塞马达两类。

轴向柱塞马达工作原理如图 4-15 所示,斜盘固定不动,马达轴与缸体相连一起旋转。当压力油进入液压马达的高压腔之后,工作柱塞便受到油压作用力 pA(p 为油压力,A 为柱塞面积),通过滑靴压向斜盘,其反作用力为 N。N 力分解成两个分力,沿柱塞轴向分力 P,与柱塞所受液压力平衡。另一分力 F,则使柱塞对缸体中心产生一个转矩,带动马达逆时针方向旋转。轴向柱塞马达产生的瞬时总转矩是脉动的,若改变马达压力油的输入方向,马达轴按顺时针方向旋转。改变斜盘倾角,不仅影响马达的转矩,而且影响它的转速和转向。斜盘倾角越大,产生的转矩越大,转速越低。

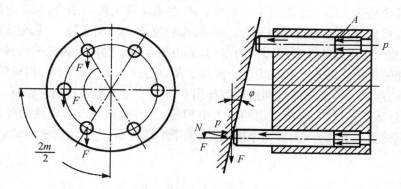

图 4-15 斜盘式轴向柱塞液压马达的工作原理图

轴向柱塞马达的排量与轴向柱塞泵的排量公式完全相同。

2. 叶片马达

常用叶片液压马达为双作用式,下面以双作用式叶片液压马达来说明其工作原理。

叶片液压马达的工作原理图如图 4-16 所示,当压力为 P 的油液从进油口进入叶片 1 和 3 之间时,叶片 2 因两面均受液压油的作用,所以不产生转矩。叶片 1,3 上,一面作用有压力油,另一面作用有低压油。由于叶片 3 伸出的面积大于叶片 1 伸出的面积,使作用于叶片 3 上的总液压力大于作用于叶片 1 上的总液压力。于是,压力差使转子产生顺时针的转矩;同样道理,压力油进入叶片 5 和 7 之间时,叶片 7 伸出的面积大于叶片 5 伸出的面积,也产生顺时针转矩。由图可知,当改变进油方向时,即高压油进入叶片 3 和 5 之间时,液压马达逆时针转动。

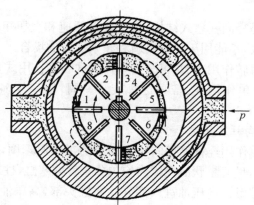

图 4-16 叶片液压马达的工作原理

叶片液压马达的排量与双作用叶片液压泵的排量公式完全相同。

结构特点：为了适应马达正反转要求，液压马达的叶片径向放置。为了使叶片底部始终通入高压油，在高、低压油腔通入叶片底部的通路上装有梭阀。为了保证叶片马达的压力油通入后，高、低压腔不至串通能正常启动，在叶片底部设置有燕式弹簧。叶片马达转动惯量小，反应灵敏，能适应较高频率的换向，但泄漏大，低速时不够稳定。适用于转矩小、转速高、机械性能要求不严格的场合。

3. 齿轮马达

外啮合齿轮马达工作原理如图 4-17 所示，C 为 AB 两齿轮的啮合点，h 为齿轮的全齿轮高。啮合点 C 到两齿轮的齿根距离为 a 和 b，齿轮宽 B。当高压油 p 进入马达的高压腔时，处于高压腔所有齿轮均受到压力油的作用，其中相互啮合的两个齿轮的齿面只有一部分齿面受高压油的作用。由于 a 和 b 均小于齿高 h 所以在这两个力作用下，齿轮输出转矩，随着齿轮按图示方向旋转，油液被带到低压腔排出。齿轮马达排量公式同齿轮泵。

结构特点：适应正反转要求，进出油口大小相等，具有对称性。有单独的外泄油口将轴承部分的泄漏油引入壳体外；为减少摩擦力矩，采用滚动轴承；为减少转矩脉动，齿数较泵的齿数多。

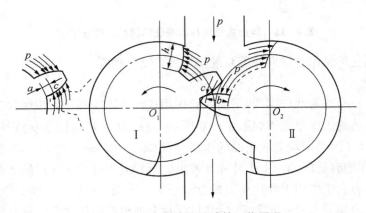

图 4-17　齿轮液压马达的工作原理

4.4.3　低速液压马达

低速液压马达通常是径向柱塞式结构，为了获得低速和大扭矩，采用高压和大排量，但它的体积和转动惯量很大，不能用于反应灵敏和频繁换向的场合。

低速液压马达按其每转作用次数，可分为单作用式和多作用式。若马达每旋转一周，柱塞作一次往复运动，称为单作用式；若马达每旋转一周，柱塞作多次往复运动，称为多作用式。

1. 单作用连杆型径向柱塞马达

如图 4-18 所示是单作用连杆型径向柱塞马达的工作原理图，马达由壳体、连杆、活塞组件、曲轴及配流轴组成，呈五星状的壳体内均匀分布着柱塞缸，柱塞与连杆铰接，连杆的另一端与曲轴偏心轮外圆接触。高压油进入部分柱塞缸头部，高压油作用在柱塞上的作用力对曲轴旋转中心形成转矩。另外部分柱塞缸与回油口相通，曲轴为输出轴，配流轴随曲轴同步旋转，各柱塞缸依次与高压进油和低压回油相通（配流套不转），保证曲轴连续旋转。

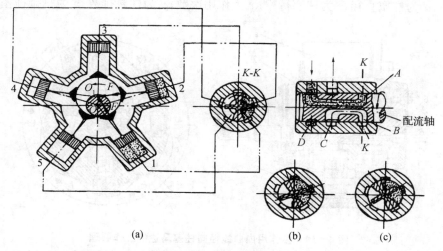

图 4-18 单作用连杆型径向柱塞马达的工作原理

单作用连杆型径向柱塞马达的排量 V 为:

$$V = \frac{\pi d^2 ez}{2} \tag{4-35}$$

式中, d 为柱塞直径; e 为曲轴偏心距; z 为柱塞数。

结构特点:结构简单,工作可靠,可以是壳体固定曲轴旋转,也可以是曲轴固定壳体旋转(可驱动车轮或卷筒),但体积重量较大,转矩脉动,低速稳定性较差。近几年来主要摩擦副大多采用静压支承或静压平衡结构,其低速稳定性有很大的改善,最低转速可达 3 r/min。

2. 多作用内曲线径向柱塞马达

多作用内曲线径向柱塞马达的典型结构如图 4-19 所示。它由定子(壳体 1)、转子(缸体 2)、柱塞 3 和配流轴 6 等组成。壳体内环由 x 个导轨曲面组成,每个曲面分为 a、b 两个区段;缸体径向均布有 z 个柱塞孔,柱塞球面头部顶在滚轮组横梁上,使之在缸体径向槽内滑动;配流轴圆周均布 $2x$ 个配流窗口,其中 x 个窗口对应于 a 段,通高压油,x 个窗口对应于 b 段,通回油($x \neq z$)。

当压力油输入马达后,通过配流轴上的进油窗口分别配到处于进油区段的各柱塞底部油腔,液压油使柱塞顶出,滚轮顶紧在定子内表面上。定子表面给滚轮一个法向反力 N,这个法向反力 N 可分解为两个方向的分力,其中径向分力 F_r 与作用在柱塞后端的液压力相平衡,切向分力 F_t 对转子产生转矩。同时,处于回油区的柱塞受压缩进,低压油通过回油窗口排出。转子每转一周,每个柱塞往复运动六次。由于曲面数目和柱塞数不等,所以任一瞬时总有一部分柱塞处于进油区段,使缸体转动。

总之,有 x 个导轨曲面,缸体旋转一转,每个柱塞往复运动 x 次,马达作用系数为 x 次。马达的进、回油口互换时,马达将反转。内曲线马达多为定量马达。

多作用内曲线径向柱塞马达的排量为:

$$V = \frac{\pi d^2}{4} sxyz \tag{4-36}$$

式中，d 为柱塞直径；s 为柱塞行程；x 为作用次数；y 为柱塞排数；z 为每排柱塞数。

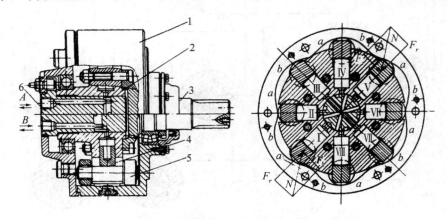

图 4－19　多作用内曲线径向柱塞马达的工作原理

1-壳体；2-缸体；3-输出轴；4-柱塞；5-滚轮组；6-配流轴

多作用内曲线径向柱塞马达转矩脉动小，径向力平衡，启动转矩大，能在低速下稳定运转，普遍用于工程、建筑、起重运输、煤矿、船舶、农业等机械中。

4.5　实验实训

4.5.1　实验项目——液压缸的拆装

以单杆活塞式双作用液压缸为例，讲解液压缸的拆装，参考教材图 4－8 所示。由于此液压缸的结构较为典型，所以要重点掌握其工作原理、各部分结构的关系、主要零件的结构和技术要求以及拆装要点等，达到触类旁通的效果。

1. 实训要求

（1）认识单杆活塞式双作用液压缸的组成。

（2）弄清所拆卸液压缸的工作原理及各部分的结构关系。

（3）根据技术要求，正确拆卸液压缸。

（4）根据技术要求，正确组装液压缸。

（5）掌握拆装液压缸的方法和修理要点。

2. 实训器材

单杆活塞式双作用液压缸，专用扳手、活动扳手、螺丝刀、铜棒等其他相关工具。

3. 实训步骤（方法）

（1）观察所拆卸的液压缸，掌握它的工作原理及各部分的结构关系。

（2）学生分组拆卸液压缸，在拆卸缸时，要注意拆卸顺序，最好按零件的拆卸顺序编号，在指定位置摆放好零件，不要乱扔乱放，弄清主要零件的结构和技术要求。

（3）对于防尘圈、密封圈、半环和卡圈等标准件，要检查是否损坏，如有损坏必须更换。

（4）使用清洗剂把零件表面的油污、锈迹和黏附的机械杂质等清洗掉，干燥后用不起毛的布擦干净，保持零件的清洁。

（5）按技术要求组装液压缸，注意一般组装的顺序和拆卸的顺序相反。

（6）组装好后，请指导教师检查是否合格，如果不合格，分析其原因，并重新组装。

（7）组装好后，向液压缸内注入机油。

4.注意事项

（1）在拆装液压缸时，要保持场地和元件的清洁。

（2）在拆装液压缸时，要用专用或指导教师指定的工具。

（3）拆卸下来的零件，尤其缸筒内的零件要做到不落地、不碰损。

（4）组装时，不要将元件装反（尤其是密封元件），注意元件的安装位置、配合表面以及密封元件，不要拉伤配合表面和损坏密封元件以及防尘圈。

（5）在拆装液压缸时，如果某些原件出现卡死现象，不要用锤子敲打，在教师指导下，请用铜棒轻轻敲打或加润滑油等方法解除卡死现象。

（6）安装完毕要检查现场有无漏装原件。

5.复习思考

（1）液压缸组成及工作原理。

（2）液压缸的活塞与活塞杆、缸筒与缸盖是怎么连接的？

（3）说明实训所用液压缸的拆卸和安装顺序。

（4）为了避免活塞在行程端撞击缸盖，采取什么措施？结构是怎样的？

（5）液压缸中的"Y"型密封圈装反会发生什么现象？防尘圈的作用是什么？

思考题与习题

4-1　液压执行元件的作用和分类？

4-2　液压马达的工作原理及正常工作的基本条件分别是什么？

4-3　液压马达有哪些主要工作参数？

4-4　液压缸是怎样分类的？其作用是什么？

4-5　什么是差动式液压缸？应用在什么场合？

4-6　液压缸的缸筒和缸盖及活塞和活塞杆分别有哪些链接方式？

4-7　液压缸的缓冲装置起什么作用？有哪些形式？

4-8　液压缸的排气装置起什么作用？有哪些形式？

4-9　简述轴向柱塞马达的工作原理。

4-10　简述内曲线马达的结构和工作原理。

4-11　已知单杆活塞式液压缸内径 $D=50\ mm$，活塞杆直径 $d=35\ mm$，液压泵供油流量为 $q=10\ L/min$，试求：（1）液压缸差动连接时的运动速度；（2）若缸在差动阶段所能克服的外负载 $F=1\ 000\ N$，缸内油液压力有多大（不计管内压力损失）？

4-12　一柱塞缸的柱塞固定，缸筒运动，压力油从空心柱塞中通入，压力为 $p=10\ MPa$，流量为 $q=25\ L/min$，缸筒直径为 $D=100\ mm$，柱塞外径为 $d=80\ mm$，柱塞内孔直径为 $d_0=30\ mm$，试求柱塞缸所产生的推力和运动速度。

4-13 设计一单杆活塞液压缸,要求快进时为差动连接,快进和快退(有杆腔进油)时的速度均为 6 m/min。工进时(无杆腔进油,非差动连接)可驱动的负载为 $F=25\ 000$ N,回油背压为 0.25 MPa,采用额定压力为 6.3 MPa、额定流量为 25 L/min 的液压泵,试确定:

(1) 缸筒内径和活塞杆直径各是多少?

(2) 缸筒壁厚最小值(缸筒材料选用无缝钢管)是多少?

模块五　液压控制装置

5.1　引言

让我们先来观察一下 M7140 平面磨床的工作过程。如图 5-1 所示是 M7140 平面磨床的外形图,我们可以看出,磨头由电机牵引可作上下和横向移动,工作台上有电磁吸盘,工件安放在电磁吸盘上,由电磁铁吸引固定。加工时,工作台作左右的纵向进给运动。由于磨床的进给力很大,常采用双杆活塞缸驱动。工作台进给的基本要求是能够作左右往复运动,能够停止,能够移动得快些或移动得慢些,在磨头垂直进给过大或工件材料有误等非正常情况下能够自动停止进给。这些基本要求也是工作台对双杆活塞缸的要求,活塞缸必须满足这些要求,工作台才能正常工作。那么活塞缸如何来满足这些要求呢?显然仅靠前面所介绍的动力装置和执行装置是无法完成的。要能够左右往复运动,就必须改变油流的方向,这一任务可由方向控制阀来完成。要能够动快点或动慢点,就必须改变液压油的流量大小,这一任务可由流量控制阀或变量泵来完成。在非正常情况下停止进给运动,就必须限制一个最高工作压力,这一任务可由压力控制阀来完成。从以上分析可知,要想让油缸按控制要求工作,除了需要供油的动力装置外,还需要可以改变油流方向、可以改变流量大小以及可以稳定和限制最高工作压力的控制装置。这些液压控制装置习惯上常称作液压控制阀。

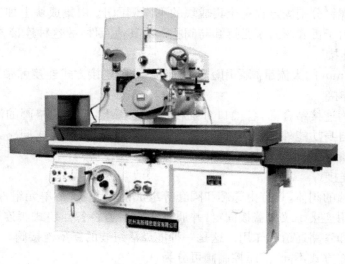

图 5-1　M7140 平面磨床

5.1.1　液压控制阀的共同点

液压控制阀虽种类繁多,但是它们之间有一些基本共同点,如:

(1) 在结构上,所有的阀都是由阀体、阀芯和驱动阀芯动作的装置(如弹簧、电磁铁)三部分组成;

(2) 所有的阀都是利用阀芯和阀体的相对位移来改变通流面积,从而控制压力、流向和流速,因此,都符合小孔流量公式:$q=KA\Delta p^m$;

(3) 各种阀都可以看成一个液阻,只要有液体流过就会产生压力降(压力损失)和温度升高现象。

5.1.2　液压控制阀的分类

根据用途和工作特点的不同,液压控制阀可分为以下三大类:

(1) 方向控制阀——单向阀、换向阀等;

(2) 压力控制阀——溢流阀、减压阀、顺序阀等;

(3) 流量控制阀——节流阀、调速阀等。

为减少液压系统中元件的数目和缩短管道尺寸,有时常将两个或两个以上的阀类元件安装在一个阀体内,制成结构紧凑的独立单元,如单向顺序阀、单向节流阀等。这些阀称为组合阀。组合阀结构紧凑,使用方便。

按照阀在液压系统中的安装连接方式不同,液压控制阀可分为:

(1) 螺纹式(管式)连接

阀的油口为螺纹孔,可用螺纹管接头和油管同其他元件连接,并由此固定在管路上。这种连接方式简单,但刚性差,拆卸不方便,仅用于简单液压系统。

(2) 板式连接

板式连接的阀各油口均布置在同一安装面上,且为光孔。它用螺钉固定在与阀各油口有对应螺纹孔的连接板上,再通过板上的孔道或与板连接的管接头和管道同其他元件连接。还可将几个阀用螺钉分别固定在一个集成块的不同侧面上,由集成块上加工出的孔道连接各阀组成回路。由于拆卸阀时不必拆卸与阀相连的其他元件,故这种连接方式应用最广泛。

(3) 法兰式连接

通径大于 32 mm 的大流量阀采用法兰式连接,这种连接方式连接可靠、强度高。

(4) 叠加式连接

阀的上下面为连接结合面,各油口分别在这两个面上,且同规格阀的油口连接尺寸相同。每个阀除其自身功能外,还起油路通道的作用,阀相互叠装组成回路,不需油管连接。这种连接结构紧凑,损失小。

(5) 插装式连接

这类阀无单独的阀体,只有由阀芯和阀套等组成的单元组件,单元组件插装块体(可通用)的预制孔中,用连接螺纹或盖板固定,并通过块内通道将各插装式阀连通组成回路。插装块体起到阀体和管路通道的作用。这是一种能灵活组装的新型连接阀。

按照阀的操作方式不同,液压控制阀可分为:

(1) 手动控制阀

操作方式为手把、手轮、踏板、丝杆等。

（2）机动控制阀

操作方式为挡块或碰块、弹簧、液压、气动等。

（3）电动控制阀

操作方式为电磁铁控制、电—液联合控制等。

5.2 方向控制阀

方向控制阀分为单向阀和换向阀两类。

5.2.1 单向阀

1. 普通单向阀

普通单向阀的作用是控制油液只能按一个方向流动，而反向截止，故又称止回阀，也简称单向阀。如图 5-2(a)所示为直通式单向阀实物图，如图 5-2(b)所示为直角式单向阀实物图，如图 5-2(c)所示为直通式单向阀结构原理图，如图 5-2(d)所示为直角式单向阀结构原理图。由图 5-2(c)可知，普通单向阀由阀体 1、阀芯 2、弹簧 3 等零件组成。当压力油从下端油口 P_1 流入时，油液在阀芯下端面上产生的压力克服弹簧 3 作用在阀芯上的力，使阀芯向上移动，打开阀口，并通过阀芯上的径向孔 a、轴向孔 b，从阀体上端油口 P_2 流出。当油液从上端油口 P_2 流入时，液压力和弹簧力方向相同，使阀芯压紧在阀座上，油液无法通过。如图 5-2(e)所示为普通单向阀图形符号。

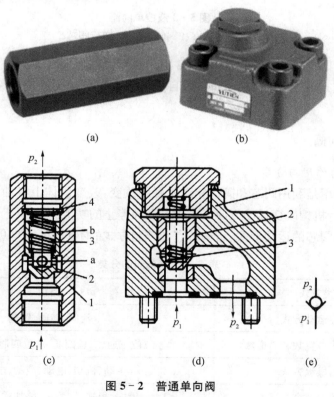

图 5-2 普通单向阀

1-阀体；2-阀芯；3-弹簧

单向阀的主要性能要求是:油液通过时压力损失小、反向截止时密封性能好。单向阀中的弹簧主要用来克服阀芯运动时的摩擦力和惯性力的,为了使单向阀工作灵敏可靠,应采用刚度较小的弹簧,以免液流产生过大的压力降。一般单向阀的开启压力约在 $0.035\sim0.1$ MPa之间;若将弹簧换为硬弹簧,使其开启压力达到 $0.2\sim0.6$ MMa,则可将其作为背压阀用。

2. 液控单向阀

如图 5-3(a)所示为液控单向阀实物图,如图 5-3(b)所示为液控单向阀结构原理图。液控单向阀由普通单向阀和液控装置两部分组成。当控制油口 K 不通入压力油时,其作用与普通单向阀相同,当控制油口 K 通入压力油时,推动活塞1、顶杆2、将阀芯3顶开,使用 P_1 和 P_2 连通,液流在两个方向可以自由流动。为了减小活塞1的移动阻力,设有一外泄油口 L。如图 5-3(c)所示为液控单向阀图形符号。

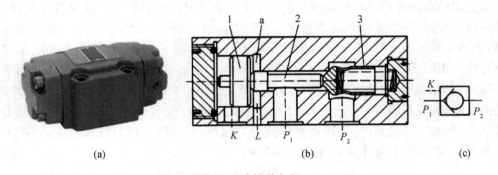

(a)　　　　　　　　　　　(b)　　　　　　　　　(c)

图 5-3 液控单向阀

1-控制活塞;2-锥阀芯;3-卸荷阀芯

液控单向阀具有良好的反向密封性,常用于执行元件需要长时间保压、锁紧的情况下,也常用于防止立式液压缸停止运动时,因自重而下滑以及速度换接回路中,这种阀也称液压锁。

5.2.2　换向阀

1. 换向阀的作用与分类

换向阀的作用是利用阀芯和阀体相对位置的改变,改变阀体上各油口间连通或断开状态,从而控制执行机构改变运动方向或实现启动和停止的功能。

根据换向阀阀芯的运动形式、结构特点和控制方式的不同,其分类见表 5-1 所示。

表 5-1　换向阀的分类

分类方式	类别
按阀芯运动方式	滑阀、转阀、锥阀
按阀芯的工作位置数和通道数	二位三通、二位四通、三位四通、三位五通
按阀的操纵方式	手动、机动、电动、液动、电液动
按阀的安装方式	管式、板式、发兰式、叠加式、插装式

换向阀的主要性能要求是：换向动作灵敏、可靠、平稳、无冲击；能获得准确的终止位置；内部泄漏和压力损失要小。

2. 换向阀的工作原理及图形符号

滑阀式换向阀是液压传动中最主要的换向阀形式，下面就滑阀式换向阀的工作原理及图形符号进行介绍。

（1）工作原理

换向阀的工作原理如图5-4所示，在图示位置，液压缸两腔都不进压力油，液压缸停止运动。当阀芯1左移时，阀体2上的油口 P 和 A 连通，B 和 T 连通，压力油经 P、A 进入液压缸左腔，其活塞右移，右腔油液经 B、T 回油箱。反之，若阀芯右移，则 P 和 B 连通，A 和 T 连通，油缸的活塞左移。

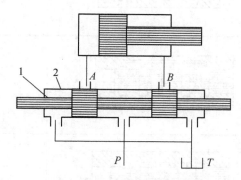

图5-4 换向阀的工作原理
1-阀芯；2-阀体

（2）图形符号

一个换向阀完整的图形符号包括工作位置数、通路数、在各个位置上油口连通关系、操作方式、复位方式和定位方式等。

换向阀图形符号的含义如下：

① 用方框表示阀的工作位置，有几个方框就表示阀芯相对于阀体有几个工作位置，简称为"几"位：两个方框即二位，三个方框即三位。

② 阀体上与外部连接的主油口，称为"通"。具有两个、三个、四个或五个主油口的换向阀，分别称为"二通阀"、"三通阀"、"四通阀"或"五通阀"。通常用 P 表示压力油进口，T 表示与油箱相连的回油口，A 和 B 表示与执行元件连接工作油口，若要表示泄漏油口，用字母 L 表示。

③ 方框内的箭头表示在这一位置上两油口连通，但不表示流向，符号"┳"和"┻"表示该通路被阀芯封闭，即该油路不通。

④ 三位阀的中间位置和二位阀靠近弹簧的方框为阀的常态位置。在哪边推阀芯，通断情况就画在哪边的方框中。在液压系统图中，换向阀与油路的连接一般应画在常态位置上。

见表5-2所示列出了几种常用滑阀式换向阀的结构原理图和图形符号。

表 5－2　换向阀的结构原理图和图形符号

名称	结构原理图	图形符号
二位二通	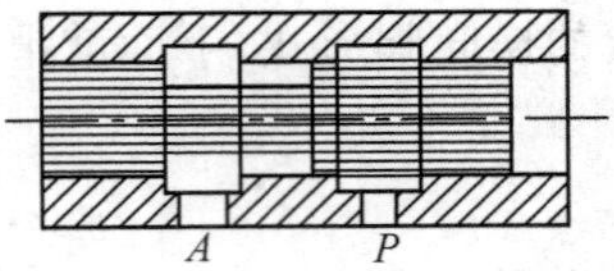	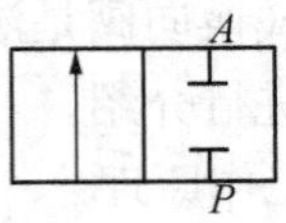
二位三通	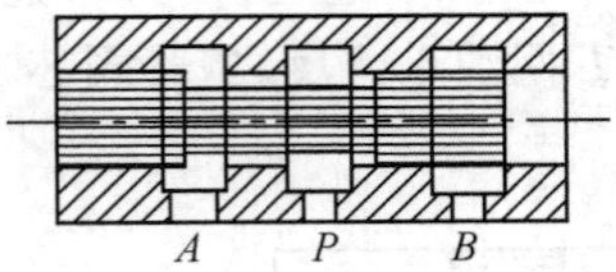	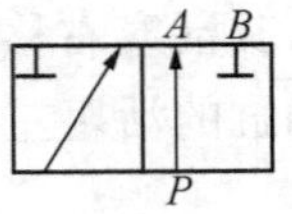
二位四通	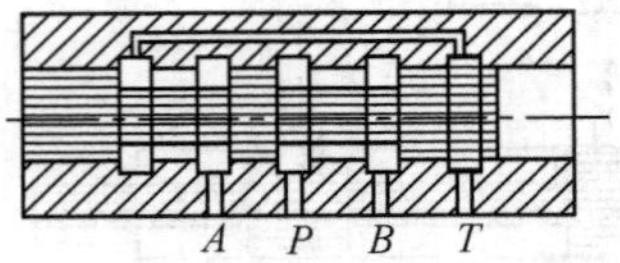	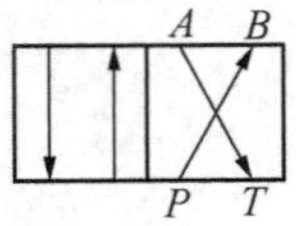
二位五通	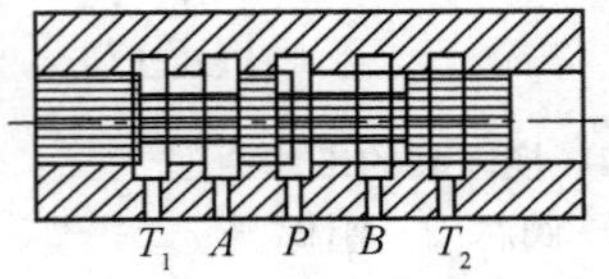	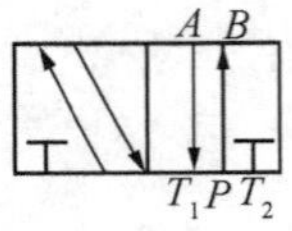
三位四通	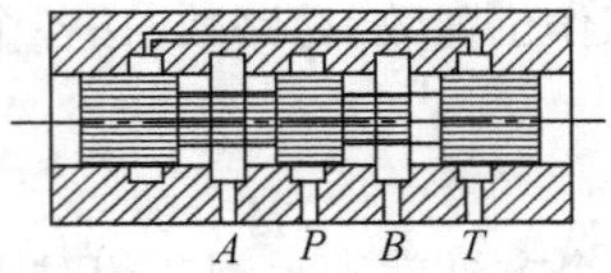	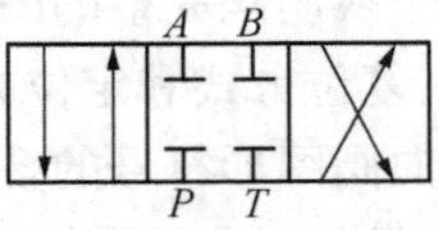
三位五通	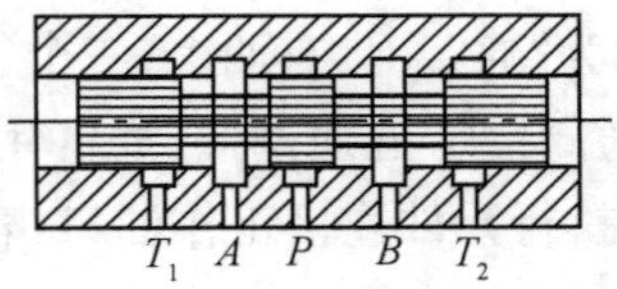	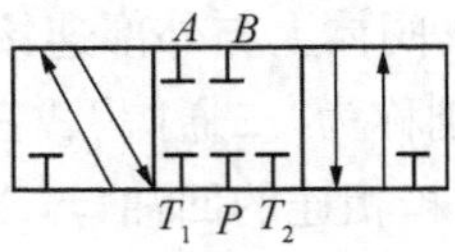

3. 滑阀式换向阀的中位机能

三位换向阀的阀芯在中间位置时,各通口间有不同的连通方式,可满足不同的使用要求,这种连通方式称为换向阀的中位机能。三位四通换向阀常见的中位机能、型号、符号及其特点见表 5－3 所示,三位五通换向阀的情况与此相仿,不同的中位机能是通过改变阀芯的形状和尺寸得到的。

表5－3　三位四通换向阀的中位机能

代号	结构简图	中位符号	中位油口状态和特点
O	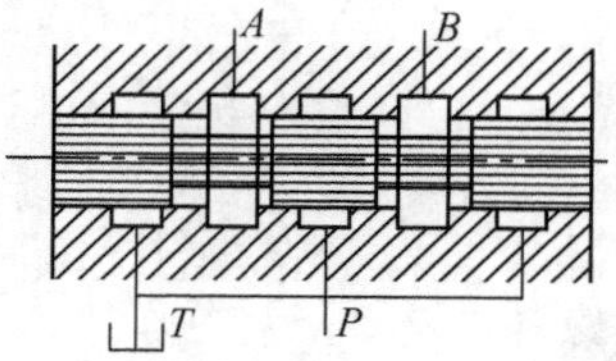	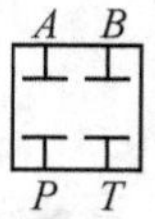	各油口全封闭,换向精度高,但有冲击,缸被锁紧,泵不卸荷,并联泵可运动。
H	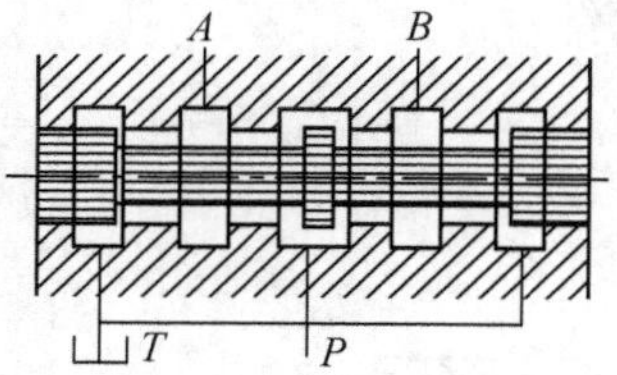		各油口全通,换向平稳,缸浮动,泵卸荷,其他缸不能并联使用。
Y	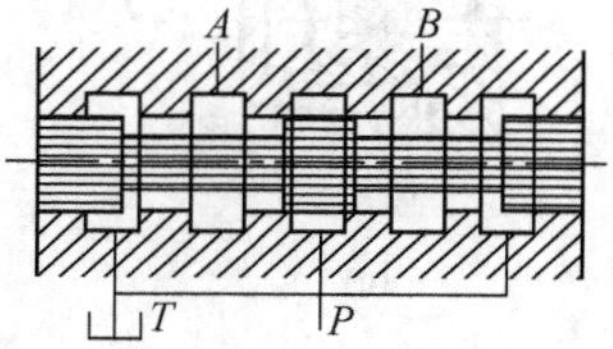		P口封闭,A、B、T口相通,换向较平稳,泵不卸荷,关联缸可运动。
P	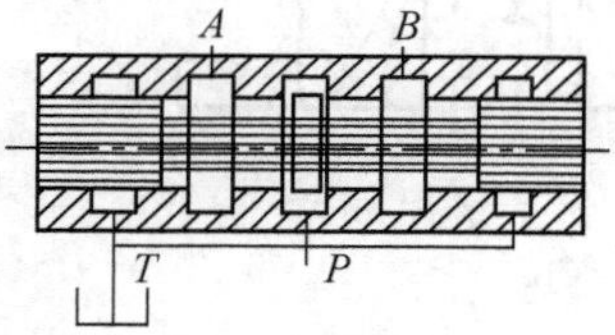	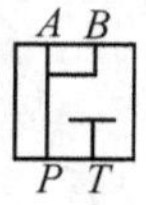	T口封闭,P、A、B口相通,换向最平稳,双杆缸浮动,单杆缸差动,泵不卸荷,关联缸可运动。
M	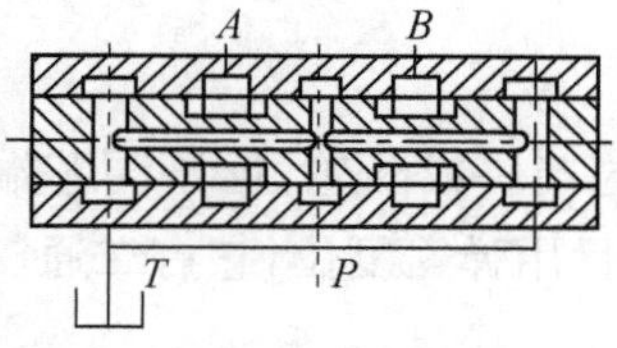	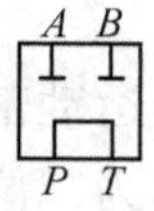	P、T口相通,A、B口封闭,换向精度高,但有冲击,缸被锁紧,泵卸荷,其他缸不能并联使用。

4. 几种常用换向阀

（1）手动换向阀

手动换向阀是用手动杠杆操纵阀芯换位的方向控制阀,手动换向阀有弹簧复位式和钢球定位式两种。如图5－5(a)所示为三位四通手动换向阀实物图,如图5－5(b)所示为三位四通自动复位手动换向阀结构原理图,如图5－5(c)所示为三位四通钢球定位手动换向阀结构原理图图。从图5－5(b)可以看出,在图示位置,P、A、B、T口互不相通;当扳动手柄使阀芯3右移时,P口与A口连通,B口与T口连通。当扳动手柄使阀芯3左移时,P口与B口连通,A口与T口连通。当松开手柄1时,阀芯2在弹簧3的作用下,恢复其原来的位置(中间位置)。如果将这个阀的阀芯右端弹簧3的部位改为如图5－5(c)所示的形式,即可成为钢球定位式,当用手柄扳动阀芯移动时,阀芯右边的两个定位钢球在弹簧的作用下,可定位在左、中、右任何一个位置上。如图 5-5(d)和图 5-5(e)所示分别为自动复位手动换向阀和钢球定位手动换向阀图形符号。手动换向阀结构简单、动作可靠,常用于持续时间较短且要求人工控制的场合。

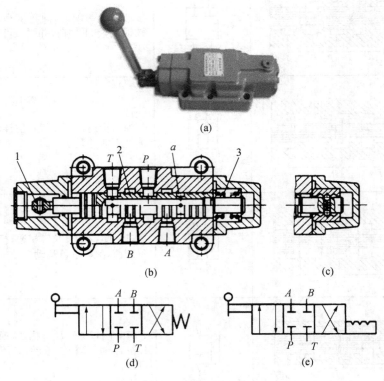

图 5-5 手动换向阀

1-手柄;2-阀芯;3-弹簧

(2) 机动换向阀

机动换向阀又称行程阀。它利用安装在运动部件上的挡块或凸轮,推压阀芯端部的滚轮使阀芯移动,从而使油路换向,这种阀通常为二位阀,并且用弹簧复位,它有二通、三通、四通等几种。

如图 5-6(a)所示为机动换向阀实物图,如图 5-6(b)所示为二位三通机动换向阀结构原理图。在图示位置,阀芯 2 在弹簧 1 的作用下处在最上端位置,这时 P 口与 A 口相通,油口 B 被堵死。当挡铁 5 压迫滚轮 4 使阀芯 2 下移到最下端位置时,使油口 P 和 B 相通,油口 A 被堵死。如图 5-6(c)所示为二位三通机动换向阀的图形符号。

机动换向阀结构简单,换向时阀口逐渐关闭或打开,故换向平稳、可靠、位置精度高,常用于控制运动部件的行程,或快、慢速度的转换。其缺点是它必须安装在运动部件的附近,一般油管较长。

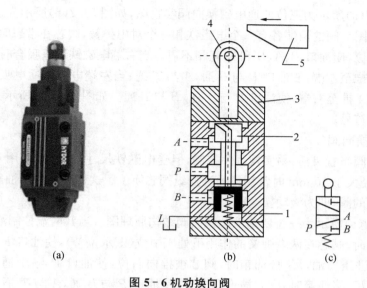

(a)　　　　　　　(b)　　　　　　　(c)

图 5-6 机动换向阀

1-弹簧；2-阀芯；3-压盖；4-滚轮；5-挡块

（3）电磁换向阀

电磁换向阀是利用电磁铁的吸力使阀芯移动来控制液流方向的。它操作方便，布局灵活，有利于提高设备的自动化程度。电磁换向阀由液压设备上的按钮开关，限位开关、行程开关或其他电器元件发出的电信号，用来控制电磁铁的通电与断电，从而方便地实现各种操作及自动顺序动作。由于电磁换向阀受到电磁铁尺寸和推力的限制，因此，电磁换向阀只适用于小流量的场合。

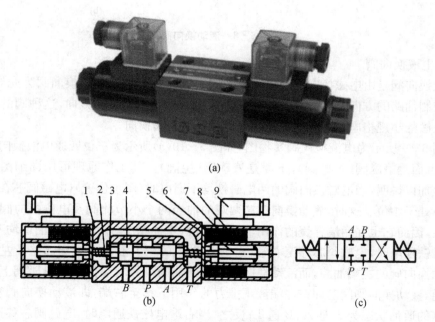

(a)

(b)　　　　　　　　　　　(c)

图 5-7　三位四通电磁换向阀

1-阀体；2-弹簧；3-弹簧座；4-阀芯；5-线圈；6-衔铁；7-隔套；8-壳体；9-插头组件

如图 5-7(a)所示为三位四通电磁换向阀实物图,如图 5-7(b)所示为三位四通电磁换向阀结构原理图。阀的两端各有一个电磁铁和一个对中弹簧,阀芯在常态时,即两端电磁铁均断电处于中位,使油口 P、A、B 和 T 互相不通。当右端电磁铁通电吸合时,右衔铁 6 通过推杆将阀芯 4 推至左端,使油口 P 与 B 通,A 与 T 通;当左端电磁铁通电吸合时,左衔铁通过推杆将阀芯 4 推至右端,使油口 P 与 A 通,B 与 T 通。如图 5-7(c)所示为三位四通电磁换向阀的图形符号。

（4）液动换向阀

电磁换向阀布置灵活,易实现程序控制,但受电磁铁尺寸限制,难以用于切换大流量油路,当阀的通径大于 10 mm 时常用压力油操纵阀芯换位。这种利用控制油路的压力油推动阀芯改变位置的阀,即为液动换向阀。

如图 5-8(a)所示为三位四通液动换向阀结构原理图。当其两端控制油口 K_1 和 K_2 均不通入压力油时,阀芯在两端弹簧的作用下处于中位(图示位置),使油口 P、A、B 和 T 互相不通。当 K_1 进压力油,K_2 接油箱时,阀芯被推向右位,使油口 P 与 A 通,B 与 T 通。当 K_2 进压力油,K_1 接油箱时,阀芯被推向左位,使油口 P 与 B 通,A 与 T 通。如图 5-8(b)所示为三位四通液动换向阀的图形符号。

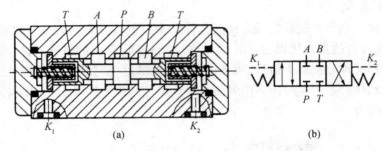

图 5-8　液动换向阀

（5）电液换向阀

电液换向阀是由电磁换向阀和液动换向阀组成的复合阀。电磁换向阀为先导阀,它用以改变控制油路的方向;液动换向阀为主阀,它用以改变主油路的方向,这种阀的优点是可用反应灵敏的小规格电磁阀方便地控制大流量的液动阀换向。

如图 5-9 所示为电液换向阀实物图,如图 5-10(a)所示为三位四通电液换向阀的结构原理图,上面是电磁阀(先导阀),下面是液动阀(主阀)。其工作原理可用详细图形符号图 5-10(b)加以说明,当电磁换向阀的两电磁铁均不通电时(图示位置),电磁阀芯在两端弹簧力作用下处于中位。这时,液动换向阀芯两端的油经两个小节流阀及电磁换向阀的通路与油箱连通,因而它也在两端弹簧的作用下处于中位,主油路中,A、B、P、T 油口均不相通,当左端电磁铁通电时,电磁阀芯移至右端,由 P 口进入的压力油经电磁阀油路及左端单向进入液动换向阀的左端油腔,而液动换向阀右端的油则可经右节流阀及电磁阀上的通道与油箱连通,液动换向阀阀芯即在左端液压推力的作用下移至右端,即液动换向阀左位工作。其主油路的通油状态为 P 通 A,B 通 T;反之,当右端电磁铁通电时,电磁阀芯移至左端时,液动换向阀右位工作,其主油路通油状态为 P 通 B,A 通 T,实现了油液换向。如图 5-10(c)所示为三位四通电液换向阀的简化图形符号。

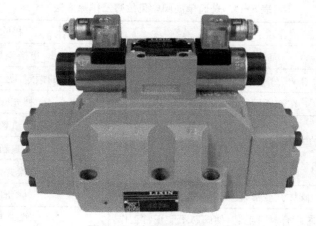

图 5-9　电液换向阀实物图

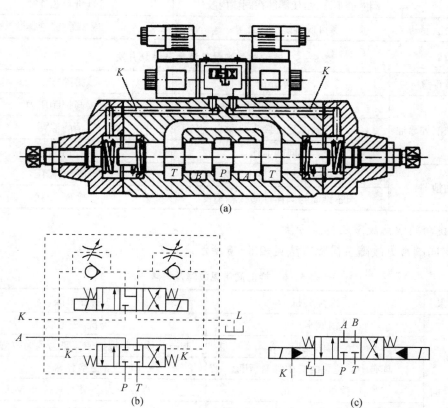

图 5-10　电液换向阀

若在液动换向阀的两端盖处加调节螺钉,则可调节液动换向阀移动的行程和各主阀口的开度,从而改变通过主阀的流量,对执行元件起粗略的速度调节作用。

5.2.3　方向控制阀常见故障及排除方法

1. 单向阀常见故障及排除方法

普通单向阀、液压单向阀常见故障及排除方法见表 5-4、表 5-5 所示。

表 5－4　普通单向阀常见故障及排除方法

故障现象	故障分析	排除方法
发生异常声音	油的流量超过允许值	更换流量大的阀
	与其他共振	改变阀的额定压力或调试弹簧的强弱
	在卸压回路中,没有卸压装置	补充卸压装置
阀芯与阀体有严重泄漏	阀体锥面密封不好	重新研配
	阀芯或阀体拉毛	重新研配
	阀体裂纹	更换并研配阀座
不起单向阀作用	阀体孔变形,使阀芯在阀体内咬住	修研阀体孔
	阀芯配合时有毛刺,使阀芯不能正常工作	修理,去毛刺
	阀芯变形胀大,使阀芯在阀体内咬住	修研阀芯外径
结合处泄漏	螺钉或管螺纹没拧紧	拧紧螺钉或管螺纹

表 5－5　液控单向阀常见故障及排除方法

故障现象	故障分析	排除方法
反向无法液控导通	控制压力过低	提高控制压力
	控制油管管接头泄漏	消除泄漏
	单向阀卡死	清洗
反向泄漏	单向阀全开位置上卡死	清洗、修配
	阀芯锥面与阀体锥面接触不良	检查、更换

2. 换向阀常见故障及排除方法

换向向阀常见故障及排除方法见表 5－6 所示。

表 5－6　换向阀常见故障及排除方法

故障现象	故障分析	排除方法
滑阀不换向	滑阀卡死	清洗、去毛刺
	阀体变形	调节阀体安装螺钉使压紧力均匀或修研阀体
	具有中间位置的对中弹簧折断	更换弹簧
	操纵压力不够	操纵压力必须大于 0.35 MPa
	电磁铁线圈烧坏或电磁铁推力不足	检查、修理、更换
	电气线路出故障	检查、消除故障
	液控换向阀控制油路无油或堵塞	检查、消除
电磁铁控制的方向阀作用时有响声	滑阀卡住或摩擦力过大	修研或调配滑阀
	电磁铁不能压到底	调整电磁铁高度
	电磁铁铁心接触面不平或接触不良	消除污物、修正铁心
	电磁铁磁力过大	选用电磁力适当的电磁铁

（续表）

故障现象	故障分析	排除方法
换向不灵	油液混入污物,卡住滑阀	清洗滑阀
	弹簧力太小或太大	更换合适的弹簧
	电磁铁的铁心接触部位有污物	磨光清理
	滑阀与阀体间隙过大或过小	研配滑阀使间隙合适
电磁铁过热或烧毁	电磁铁铁心与滑阀轴线不同心	拆卸重新装配
	电磁铁线圈绝缘不良	更换电磁铁
	电磁铁铁心吸不紧	修理电磁铁
	电压不对	改正电压
	电线焊接不好	重新焊接

5.3　压力控制阀

在液压系统中,压力控制阀主要用来控制系统或回路的压力、或利用压力作为信号来控制其他元件的动作。压力控制阀的共同特点是利用作用于阀芯上的液体压力和弹簧力相平衡的原理来进行工作的。压力控制阀按用途不同,可分为溢流阀、减压阀、顺序阀和压力继电器等。

5.3.1　溢流阀

1. 溢流阀的结构及工作原理

常用的溢流阀有直动式和先导式两种。直动式用于低压系统,先导式用于中、高压系统。

（1）直动式溢流阀

如图 5-11(a)所示为锥阀式(还有球阀式和滑阀式)直动式溢流阀的工作原理图。当进油口 P 从系统接入的油液压力不高时,锥阀芯 2 被弹簧 3 紧压在阀体 1 的孔口上,阀口关闭。当进口油压升高到能克服弹簧阻力时,便推开锥阀芯使阀口打开,油液就由进油口 P 流入,再从回油口 T 流回油箱(溢流),进油压力也就不会继续升高。当通过溢流阀的流量变化时,阀口开度即弹簧压缩量也随之改变。但在弹簧压缩量变化甚小的情况下,可以认为阀芯在液压力和弹簧力作用下保持平衡,溢流阀进口处的压力基本保持为定值。拧动调压螺钉 4 改变弹簧预压缩量,便可调整溢流阀的溢流压力。

这种溢流阀因压力油直接作用于阀芯,故称直动式溢流阀。直动式溢流阀一般只能用于低压小流量处,因控制较高压力或较大流量时,需要装刚度较大的硬弹簧或阀芯开启的距离较大,不但手动调节困难,而且阀口开度(弹簧压缩量)略有变化,便会引起较大的压力波动,压力不稳定。系统压力较高时宜采用先导式溢流阀。

如图 5-11(b)所示为德国力士乐公司的 DBD 型直动式溢流阀的结构图,图中锥阀下部为减震阻尼活塞,见图 5-11(c)的局部放大图。这种阀是一种性能优异的直动型溢流阀,其静态特性曲线较为理想,接近直线,其最大调节压力为 40 MPa。这种阀的溢流特性好,通流能力也较强,既可作为安全阀,又可作为溢流稳压阀使用。该阀阀芯 7 由阻尼活塞12、阀锥 11 和偏流盘 10 三部分组成(见图 5-11(c)阀芯局部放大)。在阻尼活塞的一侧铣有小平面,以便压力油进入并作用于底端。阻尼活塞作用有两个:导向和阻尼。保证阀芯开始和关闭时,既不歪斜,又不偏摆振动,提高了稳定性。阻尼活塞与阀锥之间有一与阀锥对称的锥面,故阀芯开启时,流入和流出油液对两锥面的稳态液动力相互平衡,不会产生影响。此外,在偏流盘的上侧支撑着弹簧,下侧表面开有一圈环形槽,用以改变阀口开启后回油射流的方向。对这股射流运用动量方程可知,射流对偏流盘轴向冲击力的方向正与弹簧力相反,当溢流量及阀口开度增大时,弹簧力虽增大,但与之反向的冲击力亦增大,相互抵消,反之亦然。因此,该阀能自行消除阀口开度变化对压力的影响。故该阀所控制的压力基本不受溢流量变化的影响,锥阀和球阀式阀芯结构简单,密封性好,但阀芯和阀座的接触应力大。实际中滑阀式阀芯用得较多,但泄漏量较大。

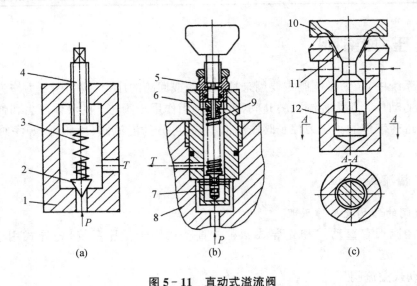

图 5-11　直动式溢流阀

1-调整螺母;2-弹簧;3-阀芯;4-调整螺栓;5-螺母;6-弹簧腔;
7-阀芯;8-阀体;9-弹簧;10-偏流盘;11-阀锥;12-阻尼活塞

如图 5-12(a)所示是直动式溢流阀的外形图,如图 5-12(b)所示是直动式溢流阀的职能符号。

(a) 直动式溢流阀的外形图　　　(b) 直动式溢流阀的职能符号

图 5-12　直动式溢流阀外形图及符号

（2）先导式溢流阀

先导式溢流阀是由先导阀和主阀组成。先导阀用以控制主阀芯两端的压差,主阀芯用于控制主油路的溢流。如图 5 - 13(a)所示为一种板式连接的先导型溢流阀的结构原理图。由图可见,先导型溢流阀由先导阀 1 和主阀 2 两部分组成。先导阀就是一个小规格的直动型溢流阀,而主阀阀芯是一个具有锥形端部、上面开有阻尼小孔的圆柱筒。

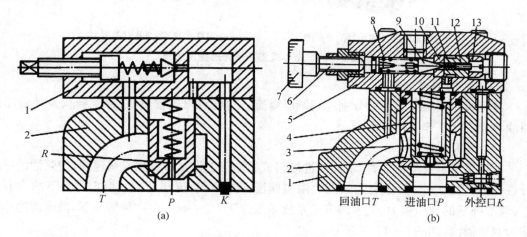

图 5 - 13　先导式溢流阀

(a)1-导阀;2-主阀　(b)1-主阀体;2-主阀镶套;3-主阀弹簧;4-主阀芯;
5-导阀体;6-导阀调整螺栓;7-导阀调整手轮;8-导阀弹簧;9-导阀锥阀;
10-导阀阀座;11-导阀阻尼孔;12-导阀引流孔;13-导阀挡圈

如图 5 - 13(a)所示,油液从进油口 P 进入,经阻尼孔 R 到达主阀弹簧腔,并作用在先导阀锥阀阀芯上(一般情况下,外控口 K 是堵塞的)。当进油压力不高时,液压力不能克服先导阀的弹簧阻力,先导阀口关闭,阀内无油液流动。这时,主阀芯因前后腔油压相同,故被主阀弹簧压在阀座上,主阀口亦关闭。当进油压力升高到先导阀弹簧的预调压力时,先导阀口打开,主阀弹簧腔的油液流过先导阀口并经阀体上的通道和回油口 T 流回油箱。这时,油液流过阻尼小孔 R,产生压力损失,使主阀芯两端形成了压力差,主阀芯在此压差作用下克服弹簧阻力向上移动,使进、回油口连通,达到溢流稳压的目的。调节先导阀的调压螺钉,便能调整溢流压力。更换不同刚度的调压弹簧,便能得到不同的调压范围。

先导式溢流阀的阀体上有一个远程控制口 K,当将此口通过二位二通阀接通油箱时,主阀芯上端的弹簧腔压力接近于零,主阀芯在很小的压力下便可移动到上端,阀口开至最大,这时,系统的油液在很低的压力下通过阀口流回油箱,实现卸荷作用。如果将 K 口接到另一个远程调压阀上(其结构和溢流阀的先导阀一样),并使打开远程调压阀的压力小于先导阀的调定压力,则主阀芯上端的压力就由远程调压阀来决定。使用远程调压阀后,便可对系统的溢流压力实行远程调节。

如图 5 - 13(b)所示为先导式溢流阀的一种典型结构。先导型溢流阀的稳压性能优于直动型溢流阀,但先导型溢流阀是二级阀,其灵敏度低于直动型阀。

如图 5 - 14(a)所示是先导式溢流阀的外形图,如图 5 - 14(b)所示是先导式溢流阀的职能符号。

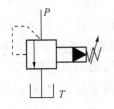

(a) 先导式溢流阀的外形图　　　(b) 先导式溢流阀的职能符号

图 5 - 14　先导式溢流阀外形图及符号

2. 溢流阀的应用

溢流阀在液压系统中能分别起到调压溢流、安全保护、远程调压、使泵卸荷及使液压缸回油腔形成背压等多种作用。

（1）调压溢流

系统采用定量泵供油时，常在其进油路或回油路上设置节流阀或调速阀，使泵油的一部分进入液压缸工作，而多余的油需经溢流阀流回油箱，溢流阀处于其调定压力下的常开状态，调节弹簧的预压缩力，也就调节了系统的工作压力。因此，在这种情况下，溢流阀的作用即为调压溢流，如图 5 - 15(a)所示。

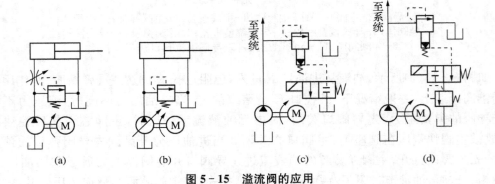

(a)　　　　　(b)　　　　　(c)　　　　　(d)

图 5 - 15　溢流阀的应用

（2）安全保护

系统采用变量泵供油时，系统内没有多余的油需溢流，其工作压力由负载决定。这时与泵并联的溢流阀只有在过载时才需打开，以保障系统的安全。因此，这种系统中的溢流阀又称作安全阀，它是常闭的，如图 5 - 15(b)所示。

（3）使泵卸荷

采用先导式溢流阀调压的定量泵系统，当阀的外控口 K 与油箱连通时，其主阀芯在进口压力很低时，即可迅速抬起，使泵卸荷，以减少能量损耗，如图 5 - 15(c)所示，当电磁铁通电时，溢流阀外控口通油箱，因而能使泵卸荷。

（4）远程调控

当先导式溢流阀外控口（远程控制口）与调压较低的溢流阀（或远程调压阀）连通时，其主阀芯上腔的油压只要达到调压阀的调整压力，主阀芯即可抬起溢流（其先导阀不再起调压作用），即实现远程调压，如图 5 - 15(d)所示，当电磁阀不通电右位工作时，将先导式溢流阀的外控口与低压调压阀连通,实现远程调压。

5.3.2 减压阀

减压阀是利用油液流过缝隙时产生压降的原理,使系统某一支油路获得比系统压力低且平稳的压力油的液压控制阀。减压阀也有直动式和先导式两种,先导式减压阀应用较多。

1. 减压阀的结构及工作原理

如图 5-16(a)所示为先导式减压阀实物图,如图 5-16(b)所示为先导式减压阀的结构原理图。它由先导阀与主阀组成,压力油从阀的进油口(图中未示出)进入进油腔 P_1,经减压阀口 x 减压后,再从出油腔 P_2 和出油口流出。出油腔的压力油经小孔 f 进入主阀芯 5 的下端,同时经阻尼小孔 e 流入主阀芯上端,再经孔 c 和 b 作用于先导阀锥阀芯 3 上,当出油油口压力较低时,先导阀关闭,主阀芯两端压力相等,主阀芯被主阀弹簧 4 压在最下端(图示位置),减压阀口开度为最大,压降为最小,减压阀不起减压作用。当出油口压力达到先导阀的调定压力时,先导阀开启,此时,P_2 腔的部分压力油经孔 e、孔 c、孔 b、先导阀口、孔 a 和泄漏口 L 流回油箱。由于阻尼孔 e 的作用,主阀芯两端产生压力差,主阀芯便在此压力差作用下克服主阀弹簧力作用上移,减压阀口减小,使出油口压力降至调定压力。若由于外界干扰(如负载变化)使出油口压力变化,减压阀将会自动调整减压阀口的开度以保持出油压力稳定。因此,它也被称为定值减压阀。转动手轮 1 即可调节调压弹簧 2 的预压缩量,从而调定减压阀出油口压力。如图 5-16(c)所示为直动式减压阀的图形符号,也是减压阀的一般符号;如图 5-16(d)所示为先导式减压阀的图形符号。

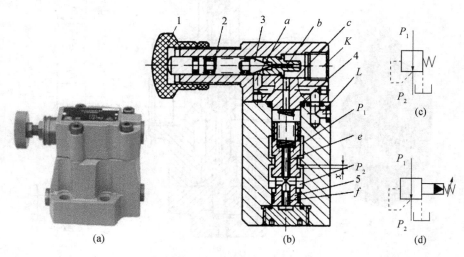

图 5-16 先导式减压阀

1-调节手轮;2-调压弹簧;3-先导阀芯;4-主阀弹簧;5-主阀芯

减压阀的阀口为常开型,由于阀出油口接压力油路,其泄油口必须由单独设置的油管通往油箱,且泄油管不能插入油箱液面以下,以免造成背压,使泄油不畅,影响阀的正常工作。

与先导式溢流阀相同,先导式减压阀也有一个远控口 K,当远控口 K 接一远程调压阀,且远程调压阀的调定压力低于减压阀的调定压力时,可以实现二级减压。

2. 减压阀的应用

如图 5-17 所示是夹紧机构中常用的减压回路,回路中串联一个减压阀,使夹紧缸能获得较低而又稳定的夹紧力。减压阀出口压力可以从 0.5 MPa 至溢流阀的调定压力范围内调节,当系统压力有波动时,减压阀的出口压力可稳定不变。图中单向阀的作用是当主系统压力下降到低于减压阀调定压力时(如主油路中液压缸快速运动),防止油倒流,起到短时保压作用,使夹紧缸的夹紧力在短时间内保持不变。为了确保安全,夹紧回路中常采用带定位的二位四通电磁换向阀,或采用失电夹紧的二位四通电磁换向阀换向,防止在电路出现故障时松开工件出事故。

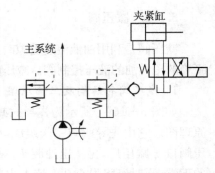

图 5-17　减压阀的应用

5.3.3　顺序阀

1. 顺序阀的结构及工作原理

顺序阀是利用油路中压力的变化控制阀口启闭,以实现执行元件顺序动作的液压元件,其结构与溢流阀相似,也分为直动式和先导式两种,一般先导式用于压力较高的场合。

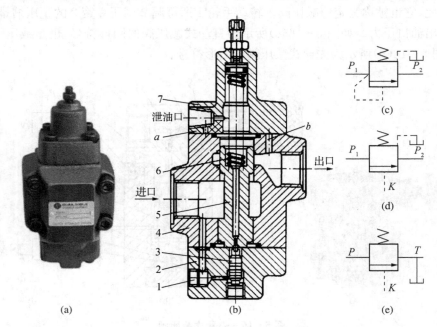

图 5-18　直动式顺序阀

1-螺堵;2-下阀盖;3-控制活塞;4-阀体;5-阀芯;6-弹簧;7-上阀盖

如图 5-18(a)所示为直动式顺序阀实物图,如图 5-18(b)所示为直动式顺序阀的结构原理图。当其进油口的油压低于弹簧 6 的调定压力时,控制活塞 3 下端油液向上的推力小,阀芯 5 处于最下端位置,阀口关闭,油液不能通过顺序阀流出。当进油口油压达到弹簧调定压力时,阀芯 5 抬起,阀口开启,压力油即可从顺序阀的出口流出,使阀后面油路工作。这种顺序阀利用其进油口压力控制,称为普通顺序阀(也称为内控式顺序阀),其图形符号如图

5-18(c)所示。由于阀出油口接压力油路,因此,其上端弹簧处的泄油口必须另接一油管通油箱,这种连接方式称为外泄。

若将下阀盖 2 相对于阀体转过 90°或 180°,将螺堵 1 拆下,在该处接控制油管并通入控制油,则阀的启闭便可由外供控制油控制。这时即成为液控顺序阀,其图形符号如图 5-18(d)所示,若再将上阀盖 7 转过 180°,使泄油口处的小孔 a 与阀体上的小孔 b 连通,将泄油口用螺堵封住,并使顺序阀的出油口与油箱连通,则顺序阀就成为卸荷阀。其泄漏油可由阀的出油口流回油箱,这种连接方式称为内泄。卸荷阀的图形符号如图 5-18(e)所示。

2. 顺序阀的应用

如图 5-19 所示为机床夹具上用顺序阀实现工件先定位后夹紧的顺序动作回路。当电磁阀由通电状态断电时,压力油先进入定位缸的下腔,缸上腔回油,活塞向上抬起,使定位销进入工件定位孔实现定位。这时,由于压力低于顺序阀的调定压力,因而压力油不能进入夹紧缸下腔,工件不能夹紧。当定位缸活塞停止运动时,油路压力升高至顺序阀的调定压力时,顺序阀开启,压力油进入夹紧缸下腔,缸上腔回油,夹紧缸活塞抬起,将工件夹紧。实现了先定位后夹紧的顺序要求。当电磁阀再通电时,压力油同时进入定位缸、夹紧缸上腔,两缸下腔回油(夹紧缸经单向阀回油),使工件松开并拔出定位销。顺序阀的调整压力应高于先动作缸的最高工作压力,以保证动作顺序可靠。中压系统一般要高 0.5～0.8 MPa。

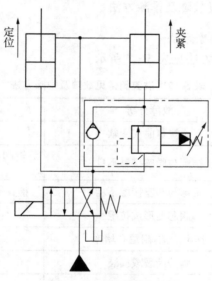

图 5-19 顺序阀的应用

5.3.4 压力继电器

压力继电器是使油液压力达到预定值时发出电信号的液-电信号转换元件。当其进油口压力达到弹簧的调定值时,能自动接通或断开电路,使电磁铁、继电器、电动机等电气元件通电运转或断电停止工作,以实现对液压系统工作程序的控制、安全保护或动作的联动等。

如图 5-20(a)所示为常用柱塞式压力继电器的结构原理图。当从压力继电器下端进油口通入的油液压力达到弹簧 2 的调定压力值时,推动柱塞 4 上移,通过杠杆 3 推动开关 1

动作。改变弹簧 2 的压缩量即可以调节压力继电器的动作压力。如图 5 - 20(b)所示为压力继电器实物图,如图 5 - 20(c)所示为压力继电器图形符号。

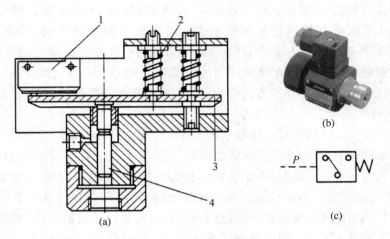

图 5 - 20 压力继电器

1-开关;2-弹簧;3-杠杆;4-柱塞

5.3.5 压力控制阀常见故障及排除方法

1. 溢流阀常见故障及排除方法

溢流阀常见故障及排除方法见表 5 - 7 所示。

表 5 - 7 溢流阀常见故障及排除方法

故障现象	故障分析	排除方法
压力波动不稳定	弹簧弯曲或变软	更换弹簧
	锥阀与阀座接触不良	新锥阀,卸下调整螺母,推动导杆,使其接触良好;或更换锥阀
	钢球与阀座接触不良	检查钢球圆度,更换钢球,研磨阀座
	阀芯变形或拉毛	更换或修研阀芯
	油不清洁,阻尼孔堵塞	疏通阻尼孔,更换清洁油液
调整无效	弹簧断裂或漏装	检查、更换或补装弹簧
	阻尼孔堵塞	疏通阻尼孔
	阀芯卡住	拆除、检查、修整
	进出油口装反	检查油源方向
	锥阀漏装	检查、补装
泄漏严重	锥阀或钢球与阀座接触不良	检查、更换磨损的锥阀或钢球
	阀芯与阀体配合间隙过大	检查阀芯与阀体间隙或更换阀芯
	管接头没拧紧	检查、拧紧螺钉
	密封破坏	检查并更换密封

（续表）

故障现象	故障分析	排除方法
噪声及振动	螺母松动	检查、紧固螺母
	弹簧变形、不复原	检查并更换弹簧
	阀芯配合过紧	修磨阀芯
	阀芯动作不良	检查阀芯与阀体的同轴度
	锥阀磨损	更换锥阀
	出油路中有空气	排除空气
	流量超过允许值	更换阀
	和其他阀产生共振	改变阀的调整压力值

2. 减压阀常见故障及排除方法

减压阀常见故障及排除方法见表5－8所示。

表5－8 减压阀常见故障及排除方法

故障现象	故障分析	排除方法
压力波动不稳定	油液中混入空气	排除油中空气
	阻尼孔堵塞	疏通阻尼孔
	阀芯与阀体内孔圆度超过规定值造成卡死	更换或修研阀芯
	弹簧弯曲或变软	更换弹簧
	钢球不圆,钢球与阀座配合不好或锥阀安装不正确	更换钢球或调整锥阀
输入压力失调	外泄漏	更换密封件,紧固螺钉
	锥阀与阀座配合不良	修研或更换锥阀
不起减压作用	泄油口不用或泄油口与回油管道相连,并有回有压力	泄油管必须与回油管分开,单回油箱
	主阀芯在全开位置卡死	修理、更换阀芯,检查油质
	阻尼孔堵塞	清理阻尼孔,过滤或换油

5.4 流量控制阀

流量控制阀是通过改变阀口通流面积来调节阀口流量,从而控制执行元件运动速度的控制元件。流量控制阀主要有节流阀、调速阀、温度补偿调速阀、溢流节流阀等多种,其中节流阀、调速阀应用较多。

5.4.1 流量控制阀的特性

1. 节流口的流量特性公式

通过节流口的流量与其结构有关,实际应用的节流口都介于薄壁小孔和细长孔之间,故其流量特性可用公式 $q=KA\Delta p^{m}$ 来描述。当 K、Δp 和 m 一定时,只要改变节流口的通流面积 A,就可调节节流口的流量 q。

2. 节流口流量稳定性的影响因素

(1) 节流口的堵塞。节流口由于开度较小,易被油液中的杂质影响发生局部堵塞。这样就使节流口的面积变小,流量也就随之发生改变;

(2) 温度的影响。液压油的温度影响到油液的黏度,黏度增大,流量变小;黏度减小,流量变大;

(3) 由节流口流量特性公式可知,当节流口两端压差改变时,通过它的流量要发生变化。压差越大,流量越大;压差越小,流量越小。通过薄壁小孔的流量受压差的变化影响比细长孔要小,因此,节流口应尽量采用薄壁小孔。

3. 节流口的形式

节流口的形式很多,如图 5－21 所示为常用的几种,如图 5－21(a)所示为针阀式节流口,针阀芯做轴向移动时,改变环形节流口通流截面积的大小调节流量。其结构简单,但流量稳定性差,一般用于要求不高的场合。如图 5－21(b)所示为偏心式节流口,带有截面为三角形偏心槽的阀芯转动时,调节通流截面积调节流量。其阀芯受到径向不平衡力,适用于压力较低的场合。如图 5－21(c)所示为轴向三角槽式节流口,端部带有斜三角槽的阀芯轴向移动时,改变通流截面积从而改变流量。其结构简单,可获得较小的稳定流量,应用广泛。如图 5－21(d)所示为径向缝隙式节流口,旋转带有狭缝的阀芯改变通流截面积从而改变流量。其流量稳定性好,但阀芯受径向不平衡力作用,结构复杂,故只适用于低压场合。如图 5－21(e)所示为轴向缝隙式节流口,轴向移动开有轴向缝隙的阀芯即可改变缝隙的通流截面积,从而改变流量。其流量稳定性较好,不易堵塞,可用于性能要求较高的场合。

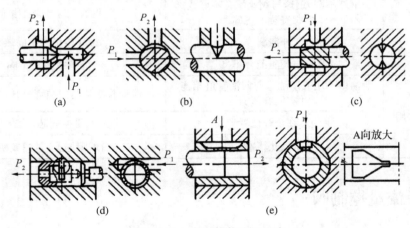

(a)　　　　　　(b)　　　　　　(c)

(d)　　　　　　(e)

图 5－21　常见的节流口形式

5.4.2　节流阀

如图 5－22(a)所示为普通节流阀结构原理图。它的节流油口为轴向三角槽式。压力油从进油口 P_1 流入,经阀芯左端的轴向三角槽后由出油口 P_2 流出。阀芯 1 在弹簧力的作用下始终紧贴在推杆 2 的端部。旋转手轮 3,可使推杆沿轴向移动,改变节流口的通流截面积,从而调节通过阀的流量。

节流阀结构简单,制造容易,体积小,使用方便,造价低。但负载和温度的变化对流量稳定性的影响较大,因此,只适用于负载和温度变化不大或速度稳定性要求不高的液压系统。如图 5-22(b)所示为普通节流阀实物图,如图 5-22(c)所示为普通节流阀图形符号。

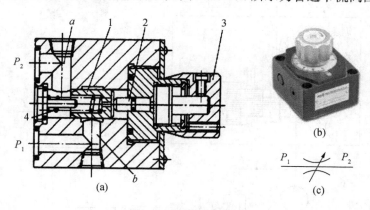

图 5-22 普通节流阀
1-阀芯;2-推杆;3-手轮;4-弹簧

5.4.3 调速阀

调速阀是由定差减压阀与节流阀串联而成的组合阀。节流阀用来调节通过的流量,定差减压阀则自动补偿负载变化的影响,使节流阀前后的压差为定值,消除了负载变化对流量的影响。

1. 调速阀的工作原理

如图 5-23(a)所示为调速阀的工作原理图。图中定差减压阀 1 与节流阀 2 串联。若减压阀进口压力为 p_1,出口压力为 p_2,节流阀出口压力为 p_3,则减压阀 a 腔、b 腔油压为 p_2,c 腔油压为 p_3。若减压阀 a、b、c 腔有效工作面积分别为 A_1、A_2、A,则 $A = A_1 + A_2$。节流阀出口的压力 p_3 由液压缸的负载决定。

当减压阀阀芯在其弹簧力 F_S、油液压力 p_2 和 p_3 的作用下处于某一平衡位置时,则有:

$$p_2 A_1 + p_2 A_2 = p_3 A + F_S$$

即:

$$p_2 - p_3 = F_S / A$$

由于弹簧刚度较低,且工作过程中减压阀阀芯位移很小,可以认为 F_S 基本不变。故节流阀两端的压差 $\Delta p = p_2 - p_3$ 也基本保持不变。因此,当节流阀通流面积 A_T 不变时,通过它的流量度 $q (q = K A_T \Delta p^m)$ 为定值。也就是说,无论负载如何变化,只要节流阀通流面积不变,液压缸的速度亦会保持恒定值。例如,当负载增加,使 p_3 增大的瞬间,减压阀右腔推力增大,其阀芯左移,阀口开度 x 加大,阀口液阻减小,使 p_2 也增大,p_2 与 p_3 的差值 $\Delta p = F_S / A$ 却不变。当负载减小 p_3 减小时,减压阀芯右移,p_2 也减小,其差值亦不变。因此调速阀适用于负载变化较大,速度平稳性要求较高的液压系统,例如,各类组合机床、车床、铣床等设备的液压系统常用调速阀调速。如图 5-23(b)所示为调速阀的实物图,如图 5-23(c)所示为调速阀的详细图形符号,如图 5-23(d)所示为调速阀的简化图形符号。

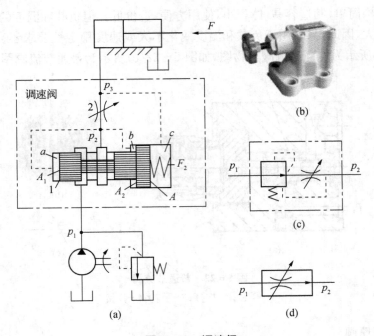

图 5 - 23　调速阀
1-减压阀芯；2-节流阀

2. 调速阀的流量特性曲线

如图 5 - 24 所示为节流阀和调速阀的流量特性曲线，曲线 1 表示的是节流阀的流量与进出油口压差 Δp 的变化规律。根据小孔流量通用公式 $q = KA_T\Delta p^m$ 可知，节流阀的流量随压差变化而变化；曲线 2 表示的是调速阀的流量与进出油口压差 Δp 的变化规律。调速阀在压差大于一定值后，流量基本稳定。调速阀在压差很小时，定差减压阀阀口全开，减压阀不起作用，这时，调速阀的特性和节流阀相同。可见要使调速阀正常工作，应保证其最小压差（一般为 0.5 MPa 左右）。

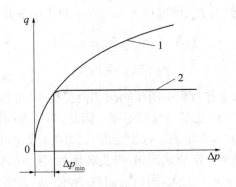

图 5 - 24　节流阀和调速阀的流量特性曲线
1-节流阀；2-调速阀

3. 温度补偿调速阀的工作原理

调速阀消除了负载变化对流量的影响，但温度变货摊影响依然存在。因此，为解决温度变化对流量的影响，在对速度稳定性要求较高的系统中，需采用温度补偿调速阀。温度补偿调速阀与普通调速阀的结构基本相似,所不同的是:温度补偿调速阀在节流阀的阀芯上连接一根温度补偿杆,如图 5-25(a)所示。温度变化时,流量原本应当有变化,但由于温度补偿杆的材料为温度膨胀系数大的聚氯乙烯塑料,温度升高时,长度增加,使阀口减小;反之,则开大,故能维持流量基本不变(在 20~60 ℃范围内流量变化不超过 10%)。如图 5-25(b)所示为温度补偿调速阀的图形符号。

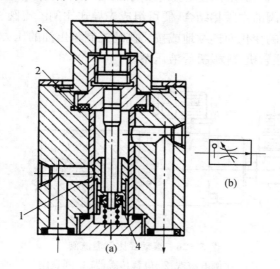

图 5-25 温度补偿调速阀
1-节流口 ;2-温度补偿杆;3-调节手轮 ;4-节流阀芯

5.5 其他液压控制阀

随着液压技术的不断进步,在 20 世纪 60 年代、70 年代初和 80 年代,相继出现了比例阀、插装阀和叠加阀,与普通液压控制阀相比,它们具有许多显著的优点。这些新型液压元件正以较快的速度发展,并广泛应用于各类设备的液压系统中。

5.5.1 电液比例控制阀

普通液压阀只能对液流的压力、流量进行定值控制,对液流的方向进行开关控制。而当工作机构的动作要求对其液压系统的压力、流量参数进行连续控制,或控制精度要求较高时,则不能满足要求。这时,就需要用电液比例控制阀(简称比例阀)进行控制。大多数比例阀具有类似普通液压阀的结构特征。它与普通液压阀的主要区别在于,其阀芯的运动是采用比例电磁铁控制,使输出的压力或流量与输入的电流成正比。所以,可用改变输入电信号的方法对压力、流量进行连续控制。有的阀还兼有控制流量大小和方向的功能。这种阀在加工制造方面的要求接近于普通阀,但其性能却大为提高。比例阀的采用能使液压系统简化,所用液压元件数大为减少,且使其可用计算机控制,自动化程度可明显提高。

比例阀常用直流比例电磁铁控制,电磁铁的前端都附有位移传感器(或称差动变压器)。它的作用是检测比例电磁铁的行程,并向放大器发出反馈信号。电放大器将输入信号与反馈信号比较后,再向电磁铁发出纠正信号,以补偿误差,保证阀有准确的输出参数,因此,它的输出压力和流量可以不受负载变化的影响。

比例阀也分为压力阀、流量阀和方向阀三大类：

1. 比例压力阀

用比例电磁铁取代直动式溢流阀的手动调压装置，便可以成为直动式比例溢流阀，如图 5－26(a)所示，如图 5－26(b)所示是直动式比例溢流阀的图形符号。将直动式比例溢流阀作为先导阀与普通压力阀的主阀相结合，便可组成先导式比例溢流阀、比例顺序阀和比例减压阀。这些阀能随电流的变化而连续地或按比例地控制输出油的压力。目前电液比例溢流阀多用于液压压力机、注射机、轧板机等液压系统。

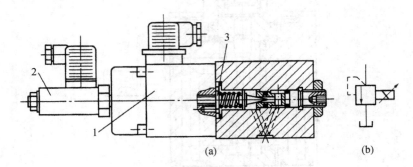

图 5－26　直动式比例溢流阀
1-比例电磁铁；2-位移传感器；3-弹簧座

2. 比例方向阀

用比例电磁铁取代电磁换向阀中的普通电磁铁，便构成直动式比例方向阀，如图 5－27(a)所示，如图 5－27(b)所示是直动式比例换向阀的图形符号。由于使用了比例电磁铁，阀芯不仅可以换位，而且换位的行程可以连续地或按比例变化，因而，连通油口间的通流截面也可以连续地按比例地变化，所以比例换向阀不仅能控制执行元件的运动方向，而且能控制其速度。

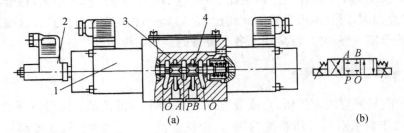

图 5－27　直动式比例换向阀
1-比例电磁铁；2-位移传感器；3-阀体；4-阀芯

3. 比例流量阀

用比例电磁铁取代节流阀或调速阀的手动调速装置，便成为比例节流阀或比例调速阀。如图 5－28(a)所示为电液比例调速阀的结构原理图，如图 5－28(b)所示为电液比例调速阀的图形符号。图中的节流阀的阀芯由比例电磁铁的推杆操纵，输入的电信号不同，则电磁力不同，推杆受力不同，与阀芯左端弹簧力平衡后，便有不同的节流口开度。由于定差减压阀已保证了节流口前压差为定值勤，所以，一定的输入电流就对应一定的输出流量，不同的输入信号变化，就对应着不同的输出流量变化。

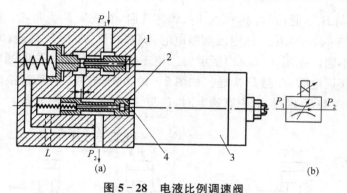

图 5-28 电液比例调速阀
1-定差减压阀；2-节流阀阀芯；3-比例电磁铁；4-推杆

5.5.2 插装阀

二通插装阀又简称插装阀，也称为插装式锥阀或逻辑阀。它是一种结构简单，标准化、通用化程度高，通油能力大，液阻小，密封性能和动态特性好的新型液压控制阀。目前在液压压力机、塑料成型机械、压铸机等高压大流量系统中应用很广泛。

1. 插装阀的结构和工作原理

如图 5-29(a)所示为插装阀的结构与工作原理图。它由插装块体 1、插装单元(由阀套 2、阀芯 3、弹簧 4 及密封件组成)、控制盖板 5 和先导控制阀 6 组成。插装阀的工作原理相当于一个液控单向阀。图中 A 和 B 为主油路的两个工作油口，K 为控制油(与先导阀相接)。当 K 口无液压力作用时，阀芯受到的向上的液压力大于弹簧力，阀芯开启，A 与 B 相通，至于液流的方向视 A、B 口的压力大小而定。反之，当 K 口有液压力作用时，且 K 口的油液压力大于 A 口和 B 口的油液压力，才能保证 A 与 B 之间关闭。插装阀的图形符号如图 5-29(b)所示。

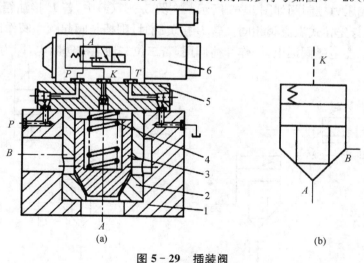

图 5-29 插装阀
1-插装块体；2-阀套；3-阀芯；4-弹簧；5-控制盖板；6-先导控制阀

2. 插装阀的应用

(1) 方向控制插装阀

插装阀可组成各种方向阀，如图 5-30 所示。如图 5-30(a)所示为单向阀，当 $p_A > p_B$

时，阀芯关闭，A 与 B 不通；而当 $p_A < p_B$ 时，阀芯开启，油液从 B 流向 A。如图 5-30(b)所示为二位二通换向阀，当二位二通电磁阀断电时，阀芯开启，A 与 B 接通；电磁阀通电时，阀芯关闭，A 与 B 不通。如图 5-30(c)所示为二位三通换向阀，当二位四通电磁阀断电时，A 与 T 接通；电磁阀通电时，A 与 P 接通。如图 5-30(d)所示为二位四通换向阀，电磁阀断电时，P 与 B 接通，A 与 T 接通，电磁阀通电时，P 与 A 接通，B 与 T 接通。

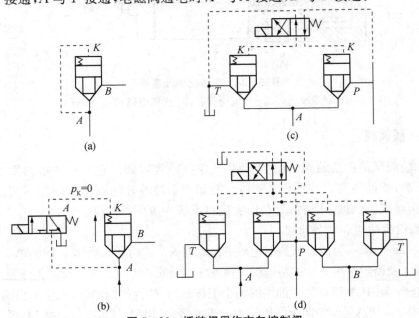

图 5-30　插装阀用作方向控制阀

（2）压力控制插装阀

插装阀组成压力控制阀如图 5-3 所示。在图 5-31(a)中，若 B 接油箱，则插装阀用作溢流阀，基原理与先导式溢流阀相同。若 B 接负载时，则插装阀起顺序阀作用。在图 5-31(b)中，若二位二能电磁阀通电，则作卸荷阀用，若二位二通电磁阀断电，即为溢流阀。

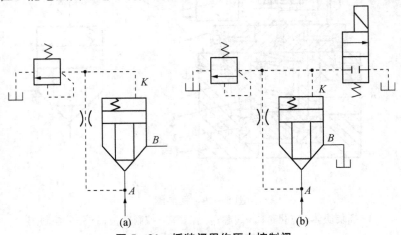

图 5-31　插装阀用作压力控制阀

（3）流量控制插装阀

在插装阀的控制盖板上增加阀芯调节器，用以调节阀芯的开度，即构成插装节流阀，如

图5-32(a)所示,如图5-32(b)所示为插装节流阀图形符号。若在插装节流阀前串联一个定差减压阀,就可组成插装调速阀。若用直流比例电磁铁取代节流阀的手调装置,则可组成插装电液比例节流阀。

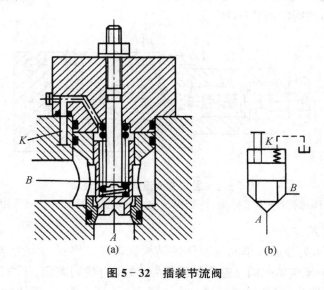

(a)　　　　(b)

图5-32　插装节流阀

5.5.3　叠加阀

叠加式液压阀简称叠加阀,它是近十年内在板式阀集成化基础上发展起来的新型液压元件。这种阀既具有板式液压阀的工作功能,其阀体本身又同时具有通道体的作用,从而能用其上、下安装面呈叠加式无管连接,组成集成化液压系统。

叠加阀自成体系,每系一种通径系列的叠加阀,其主油路通道和螺钉孔的大小、位置、数量都与相应通径的板式换向阀相同。因此,同一通径系列的叠加阀可按需要组合叠加起来组成不同的系统。通常用于控制同一个执行件的各个叠加阀与板式换向阀及底板纵向叠加成一叠,组成一个子系统。其换向阀(不属于叠加阀)安装在最上面,与执行件连接的底板块放在最下面。控制液流压力、流量,或单向流动的叠加阀安装在换向阀与底板块之间,其顺序应按子系统动作要求安排。由不同执行件

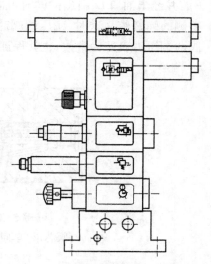

图5-33　叠加阀叠积示意图

构成的各子系统之间可以通过底板块横向叠加成为一个完整的液压系统。如图5-33所示为叠加阀叠积示意图。

叠加阀的分类与一般液压阀相同,同样可分为压控制阀、流量控制阀和方向控制阀三大类。

1.叠加式溢流阀

如图5-34所示为叠加式溢流阀结构原理图,叠加式溢流阀由主阀和先导阀组成。叠

加式溢流阀的工作原理与一般的先导式溢流阀相同,它是利用主芯两端的压力差来移动阀芯,以改变阀口开度,油腔 e 和进油口相通,孔 c 和回油口相通,压力油作用于主阀芯 6 的右端,同时经阻尼小孔 d 流入阀的左端,并经小孔 a 作用于锥阀 3 上。调节弹簧 2 的预压缩量,便可以改变该溢流阀的调整压力。

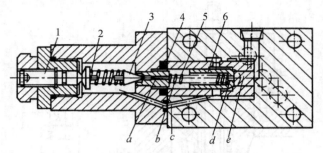

图 5-34 叠加式溢流阀结构原理图

1-调压螺钉;2-调节弹簧;3-锥阀;4-先导阀芯;5-主阀弹簧;6-主阀芯

2. 叠加式流量阀

如图 5-35 所示为叠加式单向调速阀的结构原理图。当压力表为 p 的油液经 B 口进入阀体后,经小孔 f 流至单向阀 1 左侧的弹簧腔,液压力使阀关闭,压力油经另一孔道进入减压阀 5(分离式阀芯),油液经控制口后,压力降为 p_1,压力为 p_1 的油液经阀芯中心小孔 a 流入阀芯左侧弹簧腔,同时作用于大阀芯左侧的环形面积上,当油液经节流阀 3 的阀口流入 e 腔并经出油口 B' 引出的同时,油液又经油槽 d 进入油腔 c,再经孔道 b 进入减压阀大阀芯右侧的弹簧腔。这时,减压阀芯受到 p_1、p_2 和弹簧的作用力处于平衡,从而保证了节流阀两端压力表差为常数,也就保证了通过节流阀的流量基本不变。

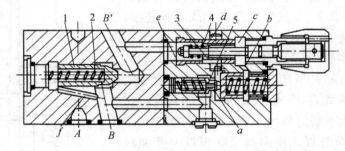

图 5-35 叠加式单向调速阀结构原理图

1-单向阀阀芯;2-单向阀弹簧;节流阀阀体;4-节流阀弹簧;5-减压阀阀芯

5.6 实验实训

5.6.1 实验项目——液压控制阀性能测试

实验一 溢流阀的特性测试

1. 实验目的

加强理解溢流阀稳定工作的静态特性。主要包括:调压范围、启闭特性等指标。进一步理解溢流阀工作参数突然变化瞬间的动态特性。掌握溢流阀静、动态性能的测试方法。

2. 实验装置与实验条件

（1）实验回路（如下所示）

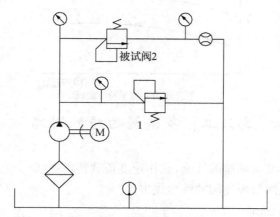

注：油源的流量应大于被试阀的试验流量；允许在给定的基本回路中增设调节压力、流量的元件，或保证试验系统安全工作的元件。

（2）测量点的位置

测量压力点的位置：进口测压点应设置被试阀的上游，距被试阀的距离为 $5d$（d 为管道通径）；出口测压点应设置在被试阀的 $10d$ 处。

注：测量仪表连接时要排除连接管道内的空气。

测温点的位置：设置在油箱的一侧，直接浸泡在液压油中。

3. 实验内容及步骤

（1）调压范围的测定

先导式溢流阀的调定压力是由导阀弹簧的压紧力决定的，改变弹簧的压缩量就可以改变溢流阀的调定压力。

具体步骤：如上图所示将被试阀 2 关闭，溢流阀 1 完全打开。启动泵，运行半分钟后，调节溢流阀 1，使泵出口压力升至 6 MPa。将被试阀 2 完全打开，泵的压力降至最低值。调节被试阀 2 的手柄，从全开至全关，再全关至全开，观察压力的变化是否平稳，并测量压力的变化范围是否符合规定的调节范围。

（2）稳态压力—流量特性试验

溢流阀的稳态特性包括开启和闭合两个过程。本实验中用数据采集系统进行数据采集，若没有数据采集系统，则用记录描点法。

开启过程：关闭溢流阀 1，将被试阀 2 调定在所需压力值（如 5 MPa），打开溢流阀 1，使通过被试阀 2 的流量为零，逐渐关闭溢流阀 1 并记录相对应的压力，流量。并通过对压力和溢流量的比值的分析，可以绘制特性曲线图（如下图所示）。开启实验作完后，再将溢流阀 1 逐渐打开，分别记录下各压力处的流量。即得到闭合数据。

4. 特性曲线(如下图所示)

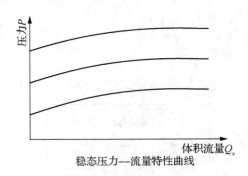

稳态压力——流量特性曲线

实验二　节流阀的特性测试

1. 实验目的

(1) 学会测试各种节流调速的性能,并作速度负载特性曲线

(2) 分析比较节流阀与调速阀的性能优劣。

2. 实验装置和实验条件

(1) 实验回路(如下图所示)

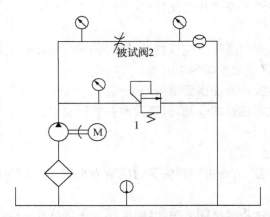

注:油源的流量要大于被试阀的试验流量,允许回路中增设调节压力、流量或保证试验系统安全工作的元件。

(2) 测量点的位置

测量压力点的位置:进口测压点应设置被试阀的上游,距被试阀的距离为 $5d$(d 为管道通径);出口测压点应设置在被试阀的 $10d$ 处。

注:测量仪表连接时,要排除连接管道内的空气。

测温点的位置:设置在油箱的一侧,直接浸泡在液压油中。

(3) 实验用液压油的清洁度等级

固体颗粒污染等级代号不得高于 19/16。

(4) 实验内容

稳态压力—流量特性试验:

① 先将关闭节流阀 2,将溢流阀 1 全部打开,启动泵半分钟,排除管内的空气。

② 关闭溢流阀 1,调节节流阀 2,到需要的压力值(如 5 MPa)。

③ 调定好后,完全打开溢流阀 2,使通过节流阀 2 的流量为零,逐渐关闭溢流阀 1,同时记录相信对应的压力,流量的等各表值,据压差与流量的数值绘制曲线图。若有数据采集系统,则由数据采集系统直接来完成。

（5）特性曲线（如下图所示）

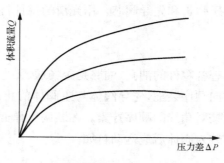

稳态特性曲线

5.6.2 实训项目——液压控制阀的拆装

1. 实训目的

（1）了解各类阀的不同用途、控制方式、结构形式、连接方式及性能特点。

（2）掌握各类阀的工作原理及调节方法。

（3）在拆装的同时,分析和理解常用液压控制阀易出现的故障及排除方法。

（4）培养学生的实际动手能力和分析问题解决问题的能力。

2. 实训器材

（1）实物:三位四通手动换向阀、先导式溢流阀、普通节流阀。

（2）工具:内六角扳手、固定扳手、螺丝刀、卡钳、挑针、记号笔、油盆、耐油橡胶板和清洗油。

3. 实训内容与步骤

（1）手动换向阀的拆装（结构见图 5-5 所示）

① 拆卸顺序

拆卸前,转动手柄,体会左右换向手感,并用记号笔在阀体左右端上做上标记;抽掉手柄连接板上的开口销,取下手柄;拧下右端盖上螺钉,卸下右端盖,取出弹簧;松脱左端盖与阀体的连接,然后从阀体内取出阀芯。

② 装配顺序

装配前清选各零件,在阀芯、定位件等零件的配合面上涂润滑液,然后按拆卸时的反向顺序装配,拧紧左、右端盖的螺钉时,应分两次并按对角线顺序时进行。

③ 主要零件分析

阀体:其内孔有四个环形槽,分别对应于 P、T、A、B 四个通油口,纵向小孔的作用是将内部泄漏的油液导致泄油口,使其流回油箱。

手柄:操纵手柄,阀芯将移动,并起杠杆作用。

弹簧:保证在没操纵手柄时,阀芯移至中位。

（2）先导式溢流阀的拆装（结构见图 5-13 所示）

① 拆卸顺序

拆卸前，清洗阀的外表，观察阀的外形，转动调节手柄，体会手感；拧下螺钉，拆开主阀和先导阀的连接，取出主阀弹簧和主阀芯；拧下先导阀的调节螺母和远控口螺塞；旋下阀盖，从先导阀体内取出弹簧座、调压弹簧和先导阀芯。用光滑的挑针将密封圈撬出，并检查其弹性和尺寸精度。

② 装配顺序

装配前清洗各零件；检查各零件的油孔、油路是否畅通、无尘屑；在配合零件表面上涂上润滑油，然后按拆卸时的反向顺序装配，先导阀体与主阀体的止口、平面应完全贴合后才能用螺钉连接，螺钉应分两次按对角线的顺序拧紧。在装调压弹簧时，要注意弹簧和先导阀芯一同推入先导阀体，主阀芯装入阀体后应运动自如。

③ 主要零件分析

主阀体：其上开有进油口 P，出油口 T 和安装主阀芯用的中心圆孔。

先导阀体：其上开有远控口和安装先导阀芯用中心圆孔。

主阀芯：为阶梯轴，其中三个圆柱面与阀体有配合要求，分别开有阻尼孔和泄油孔。

调压弹簧：它主要起调压作用，它的弹簧刚度比主阀弹簧大。

主阀弹簧：它的作用是克服主阀芯的摩擦力，所以刚度很小。

（3）普通节流阀的拆装（结构见图 5-22 所示）

① 拆卸顺序

旋下手轮上的止动螺钉，取下手轮，用孔用卡钳卸下卡簧；取下面板，旋出推杆和推杆座；旋下弹簧座，取出弹簧和节流阀芯并将阀芯放在清洁的软布上；用光滑的挑针将密封圈从槽内撬出，并检查其弹性和尺寸精度。

② 装配顺序

装配前，清洗各零件，在节流阀芯、推杆及配合零件的表面上涂上润滑油，然后按拆卸的反向顺序装配。装配节流阀芯要注意它在阀体的方向，切忌不可装反。

③ 主要零件分析

节流阀芯：为圆柱形，其上开有三角沟槽节流口和中心小孔，转动手轮，节流阀便做轴向运动，即可调节通过节流阀的流量。

思考题与习题

5-1　溢流阀为 _____ 压力控制，阀口常 _____ ，先导阀弹簧腔的泄漏油与阀的出口相通。

5-2　调速阀是由 _____ 和 _____ 串联而成。

5-3　滑阀机能为 _____ 型的换向阀，在换向阀处于中间位置时油泵卸荷。而 _____ 型的换向阀处于中间位置时可使油泵保持压力（有多个答案，只要求写出一个）。

5-4　溢流阀有_____型和_____型两种。

5-5　顺序阀按控制方式的不同分为_____和_____。

5-6　流量控制阀有_____型和_____型两种。

5-7　普通单向阀能否作背压阀使用？背压阀的开启压力是多少？

5-8　液控单向阀与普通单向阀有何区别？通常应用在什么场合？使用时应注意哪些问题？

5-9　试说明电液动换向阀的组成特点及各组成部分的功用。

5-10　试说明三位四通换向阀 O 型、M 型、H 型中位机能的特点和它们的应用场合。

5-11　为什么直动式溢流阀适用于低压系统，而先导式溢流阀适用于中、高压系统？

5-12　若先导式溢流阀主阀芯上的阻尼孔堵塞，会出现什么故障？若其先导阀锥阀座上的进油孔堵塞，又会出现什么故障？

5-13　先导式溢流阀的远控口 K 是否可接油箱？若如此，会出现什么现象？远控口的控制压力可否是任意的？它与先导阀的调定压力有何关系？

5-14　溢流阀、顺序阀、减压阀各有什么作用？它们在原理上和图形符号上有何异同？顺序阀能否当溢流阀用？

5-15　什么叫压力继电器的开启压力和闭合压力？压力继电器的返回区间如何调整？

5-16　调速阀与节流阀在结构和性能上有何异同？各适用于什么场合下？

5-17　试说明电液比例溢流阀和电液比例调速阀的工作原理，与一般溢流阀和调速阀相比，它们有何优点？

5-18　试说明插装式锥阀的工作原理及特点。

5-19　如题 5-19 图所示，油路中各溢流阀的调定压力分别为 $pA=5$ MPa，$pB=4$ MPa，$pC=2$ MPa。在外负载趋于无限大时，图（a）和图（b）所示油路的供油压力各为多大？

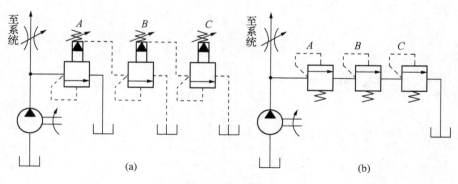

题 5-19 图

5-20　如题 5-20 图所示液压回路中,溢流阀的调定压力为 5 MPa,减压阀的调定压力为 2.5 MPa。试分析活塞运动时和碰到挡铁后 A、B 处的压力值(主油路截止,运动时液压缸的负载为零)。

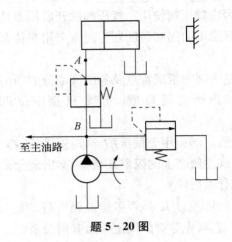

至主油路

题 5-20 图

模块六　液压辅助装置

6.1　引言

液压辅助组件包括：管道、管接头、油箱、热交换器、滤油器、蓄能器、密封装置、仪表等。从液压传动工作原理来看，它们是起辅助作用，但是对于保证液压系统正常工作是必不可少的，因此必须给予足够重视。其中，油箱需根据系统要求自行设计，其他辅助装置则做成标准件，供设计时选用。

6.2　油箱

油箱的作用主要是储油，油箱必须能够盛放系统中的全部油液。液压泵从油箱里吸取油液送入系统，油液在系统中完成传递动力的任务后返回油箱。此外，因为油箱有一定的表面积，能够散发油液工作中产生的热量；同时还具有沉淀油液中的污物，使渗入油液中的空气逸出，起到分离水分的作用；有时，它还兼作液压元件的阀块的安装台等多种功能。

油箱可分为开式油箱和闭式油箱两种。开式油箱，箱中液面与大气相通，在油箱盖上装有空气滤油器，开式油箱结构简单，安装维护方便，液压系统普遍采用这种形式。闭式油箱一般用于压力油箱，内充一定压力的惰性气体。

1. 开式油箱（如图 6-1、6-2 所示）

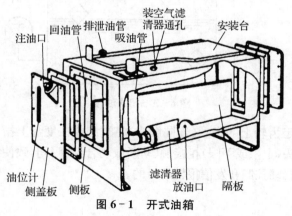

图 6-1　开式油箱

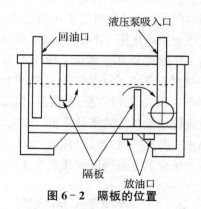

图 6-2　隔板的位置

油箱主要应具有以下结构特点：

（1）油箱应有足够的容量。液压系统工作时，油箱油面应保持一定的高度，以防液压泵吸空。为了防止系统中的油液全部流回油箱时,油液溢出油箱,所以油箱中的油面不能太高,一般不应超过油箱高度的80%。我们将油面高度为油箱高度80%时的容积,称为油箱的有效容积。

(2)油箱上部设置空气滤清器(有时兼有加油和通气的作用),规格按泵的流量选用。箱体侧壁应设置油位指示装置,滤油器的安装位置应便于装拆,油箱内部应便于清洗。

(3)为使漏到上盖板上的油液不至于流到地面上,油箱侧壁应高出上盖板10～15 mm。

(4)油箱应有足够的刚度和强度。特别是上盖板上如果要安装电动机、液压泵等装置时,应适当加厚,而且要采取局部加固措施。

(5)为排净存油和清洗油箱,油箱底板应有适当斜度,并在最底部安装放油阀或放油塞。

(6)油箱内部应喷涂耐油防锈清漆或与工作油液相容的塑料薄膜,以防生锈。

(7)油箱底部应设底脚,便于通风散热和排除箱底油液。

(8)吸管道和回管道之间的距离应尽量远。油箱中的吸管道和回管道应分别安装在油箱的两端,以增加油液的循环距离,使其有充分的时间进行冷却和沉淀污物,排出气泡。为此,一般在油箱中都设置隔板,使油液迂回流动。

(9)为防止吸油时吸入空气和回油时油液冲入油箱搅动液面形成气泡,吸管道和回管道均应保证在油面最低时仍没入油中。为避免将油箱底部沉淀的杂质吸入泵内和回油对沉淀的杂质造成冲击,管道端距箱底应大于两倍管径,距箱壁应大于三倍管径。

(10)吸管道与回管道端口应制成45°斜断面,以增大流通截面,降低流速。一方面可以减小吸油阻力,避免吸油时流速过快产生气蚀和吸空;另一方面还可以降低回油时引起的冲溅,有利于油液中杂质的沉淀和空气的分离。

2. 闭式油箱

闭式油箱用于粉尘多的场合。如图6-3所示,大气压经气囊作用在液面上,气囊使油箱液面与外界隔离。该类型油箱容积比液压泵每分钟流量大25%以上。充气压力通常为0.05～0.07 MPa,改善了泵的吸油条件,但回管道和卸管道需承受背压(安全阀防止压力过高,电接点压力表防止压力不足)。电接点压力表的工作原理是基于测量系统中的弹簧管在被测介质的压力作用下,迫使弹簧管末端产生相应的弹性变形和位移,借助拉杆

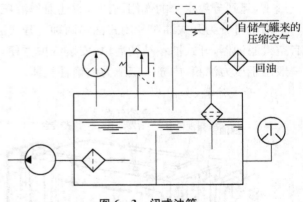

图6-3 闭式油箱

经齿轮传动机构的传动并予以放大,由固定齿轮上的指示(连同触头)将被测值在度盘上指示出来。与此同时,当其与设定指针上的触头(上限或下限)相接触(动断或动合)的瞬间,致使控制系统中的电路得以断开或接通,以达到自动控制和发信报警的目的。

6.3 散热器、加热器

油液在液压系统中具有密封、润滑和传递动力等多重作用,为保证液压系统正常工作,

应将油液温度控制在一定范围内。

　　一般系统工作时,油液的温度应在 30～60 ℃为宜,最低时不应低于 15 ℃。如果液压油温度过高,则油液黏度下降,会使润滑部位的油膜破坏,油液泄漏增加,密封材料提前老化,气蚀现象加剧等。长时间在较高温度下工作,还会加快油液氧化,析出沉淀物,并引起液压泵及液压阀的故障。所以,当依靠自然散热无法使系统油温降低到正常温度时,就应采用散热器进行强制性冷却。相反,油温过低,则油液黏度过大,会造成设备启动困难,压力损失加大,并使振动加剧等不良后果,这时就要通过设置加热器来提高油液温度。

　　根据冷却介质不同,散热器可分为风冷式和水冷式两种。

　　液压系统中的散热器,最简单的是蛇形管散热器(如图 6-4 所示),它直接装在油箱内,冷却水从蛇形管内部通过,带走油液中热量。该散热器结构简单,但冷却效率低,耗水量大。

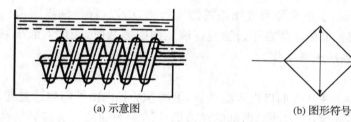

(a) 示意图　　　　　　　　　　(b) 图形符号

图 6-4　蛇形管散热器

　　液压系统中用得较多的散热器是强制对流式多管散热器(如图 6-5 所示)。油液从进油口 5 流入,从出油口 3 流出;冷却水从进水口 6 流入,通过多根水管后由出水口 1 流出。油液在水管外部流动时,它的行进路线因散热器内设置了隔板而加长,因而增加了热交换效果。目前有一种翅片管式散热器,水管外面增加了许多横向或纵向的散热翅片,大大扩大了散热面积和热交换效果。如图 6-6 所示为翅片管式散热器的一种形式,它是在圆管或椭圆管外嵌套上许多径向翅片,其散热面积可达光滑管的 8～10 倍。椭圆管的散热效果一般比圆管更好。

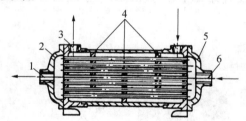
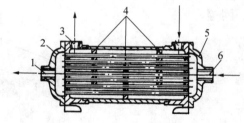

图 6-5　多管式散热器　　　　　图 6-6　翅片管式散热器

1-出水口;2-端盖;3-出油口;4-隔板;5-端盖;6-进水口

　　液压系统也可以用汽车上的风冷式散热器来进行冷却。这种用风扇鼓风带走流入散热器内油液热量的装置不需要另设通水管路,结构简单,价格低廉,但冷却效果较水冷式差。

　　散热器所造成的压力损失一般为 0.01～0.1 MPa。

　　液压系统的加热一般常采用结构简单、能按需要自动调节最高和最低温度的电加热器。这种加热器的安装方式是用法兰盘横装在箱壁上,发热部分全部浸入油液内。加热器应安装在箱内油液流动处,以有利于热量的交换。由于油液是热的不良导体,单个加热器的功率容量不能太大,以免其周围油液过度受热后发生变质现象。

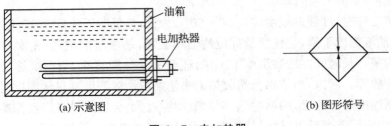

(a) 示意图　　　　　　　　　　　　(b) 图形符号

图 6-7　电加热器

6.4　滤油器

液压系统中 75% 以上的故障与液压油的污染有关,所以,保持油液的清洁是液压系统可靠工作的关键。滤油器的功用在于过滤混在液压油中的杂质,使进入液压系统中的油液的污染度降低,保证系统正常工作。

1. 工作原理

如图 6-8 所示,油液从进油口进入滤油器,沿滤芯的径向由外向内通过滤芯,油液中颗粒被滤芯中的过滤层滤除,进入滤芯内部的油液即为洁净的油液。过滤后的油液从滤油器的出油口排出。

随着滤油器使用工作时间增加,滤芯上积累的杂质颗粒越来越多,滤油器进、出油口压差也会越来越大。进、出油口压差的高低通过压差指示器指示,它是用户了解滤芯堵塞情况的重要依据。若滤芯在达到极限压差却未及时更换,旁通阀会开启,防止滤芯破裂。

由于滤油器过滤下来的污染物积聚于进油腔一侧,所以,通过滤油器的液流方向不得反向流动,否则会将污染物再次带入油液,造成油液污染。

滤芯是滤油器的关键部件,滤芯的结构形式有线隙式、片式、烧结式和圆筒折叠式等多种。滤芯的材料主要有玻璃纤维纸、合成纤维纸、植物纤维纸、金属纤维毡和金属网等。

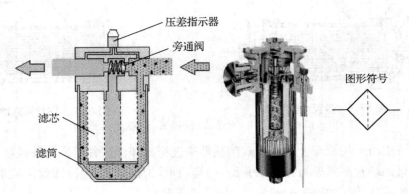

图 6-8　滤油器工作原理及剖面结构图

2. 滤油器的分类

按过滤机理,滤油器可分为机械滤油器和磁性滤油器两类。前者是使液压油通过滤芯的孔隙时,将污物的颗粒阻挡在滤芯的一侧;后者用磁性滤芯将所通过的液压油内铁磁颗粒吸附在滤芯上。在一般液压系统中，常用机械滤油器；在要求较高的系统，可将上述两类滤油器联合使用。在此着重介绍机械滤油器。

（1）网式滤油器

如图6-9所示为网式滤油器，它是由上端盖、下端盖之间连接开有若干孔的筒形塑料骨架（或金属骨架）组成，在骨架外包裹一层或几层过滤网。滤油器工作时，液压油从滤油器外通过过滤网进入滤油器内部，再从上盖管口处进入系统。此滤油器属于粗滤油器，其过滤精度为0.13~0.04 mm，压力损失不超过0.025 MPa，这种过滤器的过滤精度与铜丝网的网孔大小、铜网的层数有关。网式滤油器的特点为：结构简单，通油能力强，压力损失小，清洗方便，但是过滤精度低。网式滤油器一般安装在液压泵的吸油管口上用以保护液压泵。

图6-9　网式滤油器

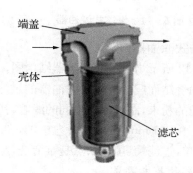

端盖

壳体

滤芯

图6-10　线隙式滤油器

（2）线隙式滤油器

如图6-10所示为线隙式滤油器，它是由端盖、壳体、带孔眼的筒形骨架，绕在骨架外部的金属绕线组成。工作时，油液从孔 a 进入滤油器内，经线间的间隙、骨架上的孔眼进入滤芯中再由孔 b 流出。这种滤油器利用金属绕线间的间隙过滤，其过滤精度取决于间隙的大小。过滤精度有30 mm、50 mm、和80 mm 三种精度等级，其额定流量为6~25 L/min，在额定流量下，压力损失为0.03~0.06 MPa。线隙式滤油器分为吸管道用和压管道用两种，前者安装在液压泵的吸管道路上，其过滤精度为0.05~0.1 mm，通过额定流量时，压力损失小于0.02 MPa；后者用于液压系统的压力管道上，过滤精度为0.03~0.08 mm，压力损失小于0.06 MPa。这种滤油器的特点是：结构简单，通油性能好，过滤精度较高，应用较普遍。缺点是不易清洗，滤芯强度低，多用于中、低压系统。

（3）纸芯式滤油器

纸芯式滤油器以滤纸为过滤材料，将厚度为0.35~0.7 mm 的平纹或波纹的酚醛树脂或木浆的微孔滤纸，环绕在带孔的镀锡铁皮骨架上，制成滤纸芯，如图6-11所示。油液从滤芯外面经滤纸进入滤芯内，然后从孔道流出。为了增加滤纸的过滤面积，纸芯一般都做成折叠式。这种滤油器过滤精度有0.01 mm 和0.02 mm 两种规格，压力损失为0.01~0.04 MPa，其特点是过滤精度高；缺点是堵塞后无法清洗，需定期更换纸芯，强度低，一般用于精过滤系统。

纸芯

图 6-11　纸芯式滤油器

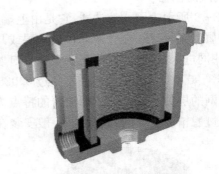

图 6-12　烧结式滤油器

（4）烧结式滤油器

如图 6-12 所示为烧结式滤油器结构图。此滤油器是由端盖、壳体、滤芯组成，其滤芯是由颗粒状铜粉烧结而成。烧结式滤油器的过滤精度与滤芯上铜颗粒之间的微孔的尺寸有关，选择不同颗粒的粉末，制成厚度不同的滤芯，就可获得不同的过滤精度。烧结式滤油器的过滤精度为 0.01～0.001 mm，压力损失为 0.03～0.2 MPa。该滤油器的特点是强度大，可制成各种形状，制造简单，过滤精度高；缺点是难清洗，金属颗粒易脱落，用于需要精过滤的场合。

3. 滤油器的基本要求

（1）足够的过滤精度

过滤精度是指滤油器能够有效滤除的最小颗粒污染物的尺寸。它是滤油器的重要性能参数之一。过滤精度可分为粗（$d \geqslant 100\ \mu m$）、普通（$d \geqslant 10 \sim 100\ \mu m$）、精（$d \geqslant 5 \sim 10\ \mu m$）和特精（$d \geqslant 1 \sim 5\ \mu m$）四个等级。

（2）足够的过滤能力

过滤能力指一定压力降下允许通过滤油器的最大流量，一般用滤油器的有效过滤面积（滤芯上能通过油液的总面积）来表示。滤油器的过滤能力还应根据滤油器在液压系统中的安装位置来考虑，如滤油器安装在吸管道路上时，其过滤能力应为泵流量的两倍以上。

（3）滤芯要利于清洗和更换，便于拆装和维护

滤油器滤芯一般应按规程定期更换、清洗，因此，滤油器应尽量设置于便于操作的地方，避免在维护人员难以接近的地方设置滤油器。

（4）滤油器应有一定的机械强度，不能因液压力的作用而破坏。

（5）滤油器滤芯应有良好的抗腐蚀性，并能在规定的温度持久工作。

4. 滤油器的安装位置

滤油器主要有以下几种安装位置：

（1）安装在泵的吸管道上

安装在液压泵吸油路上的滤油器，主要是用来滤去较大的杂质微粒以保护液压泵。它有箱内吸油口滤油器、箱上吸油滤油器和管路吸油滤油器等几种。吸油滤油器的过滤精度一般不能太高，避免造成液压泵吸油困难。对于那些自吸能力差的液压泵，其吸油回路上不能安装滤油器。其实物图如图 6-13 所示。

（2）安装在泵出口的压力管道上

将滤油器安装在泵的出口油路上是为了滤去可能侵入控制阀、油缸等元件的杂质，一般采用过滤精度为 10～15 μm 的滤油器。它应有较高的机械强度，能承受油路上的最高工作压力和冲击压力。根据压力高低又为高压管路滤油器、中压管路滤油器和低压管路滤油器三种。其实物图如图 6-14 所示。

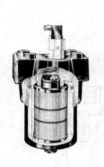

图 6-13　吸油滤油器

图 6-14　压力管路滤油器

（3）安装在系统的回油管道上

回油滤油器安装在回油管路上，由于承受压力低，所以不需要有很高的强度。其剖面结构及实物图如图 6-15 所示。

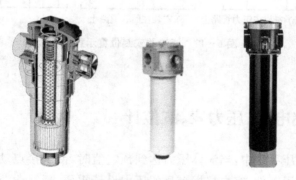

图 6-15　油滤油器剖面结构及实物图

（4）安装在重要元件前

对于一些对杂质敏感的重要元件，可以在它的进油口安装精度较高的滤油器，以保证其能正常工作。

（5）设置单独过滤系统（辅助过滤）

对于一些大型的液压系统，可以专门设置由一个液压泵和滤油器组成的独立过滤回路，用来清除中的杂质，还可与加热器、冷却器、排气器等配合使用。为降低成本，可以将这个相对独立的过滤系统安装成一个可移动的小车上，为多个液压系统的油液进行过滤（如图 6-16、图 6-17 所示）。

图 6-16　滤油小车实物图

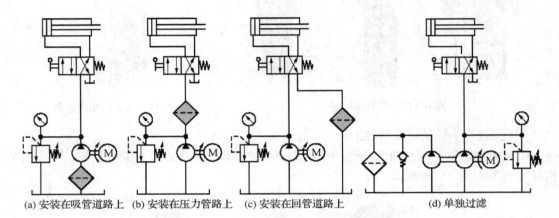

(a) 安装在吸管道路上　(b) 安装在压力管路上　(c) 安装在回管道路上　　　　(d) 单独过滤

图 6-17　滤油器安装位置示意图

6.5　压力继电器、压力表、液位计

压力继电器是液压系统中,当流体压力达到预定值时,使电接点动作的元件,是将压力转换成电信号的液压元器件,客户根据自身的压力设计需要,通过调节压力继电器,实现在某一设定的压力时,输出一个电信号的功能。

1. 压力继电器

压力继电器是利用液体的压力来启闭电气触点的液压电气转换元件。当系统压力达到压力继电器的调定值时,发出电信号,使电气元件(如电磁铁、电机、时间继电器、电磁离合器等)动作,使油路卸压、换向,执行元件实现顺序动作,或关闭电动机使系统停止工作,起安全保护作用等。

(1) 工作原理

压力继电器有柱塞式、膜片式、弹簧管式和波纹管式四种结构形式。下面对柱塞式压力继电器(如图 6-18 所示)的工作原理作介绍:

当从继电器下端进油口 3 进入的液体压力达到调定压力值时,推动柱塞 2 上移,此位移通过杠杆放大后,推动微动开关 4 动作。改变弹簧 1 的压缩量,可以调节继电器的动作压力。

应用场合:用于安全保护、控制执行元件的顺序动作、用于泵的启闭、用于泵的卸荷。

注意:压力继电器必须放在压力有明显变化的地方,才能输出电信号。若将压力继电器放在回油路上,由于回油路直接接回油箱,压力也没有变化,所以,压力继电器也不会工作。

(2)压力继电器和压力传感器的区别

压力继电器,是液压系统中,当流体压力达到预定值时,使电接点动作的元件。

传感器是一种检测装置,能感受到被测量的信息,并能将检测感受到的信息,按一定规律变换成为电信号或其他所需形式的信息输出,以满足信息的传输、处理、存储、显示、记录和控制等要求。压力传感器即输出电压(或电流)随压力值变化而变化。

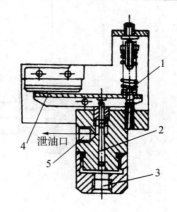

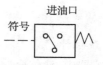

进油口

符号

图 6-18 柱塞式压力继电器
1-弹簧;2-柱塞;3-进油口;
4-微动开关;5-泄油口

2. **压力表**

压力表的作用是用于检测和显示液压系统工作压力的。液压系统使用的压力表,按功能划分为普通压力表、真空压力表和电接点压力表。

压力表用于观察液压系统中某一工作点的油液压力,以便调整系统的工作压力。在液压系统中最常用的是如图 6-19 所示的弹簧管式压力表。当压力油进入弹簧弯管 1 时,弹簧弯管的管端产生变形,变形的大小与油液的压力成比例。此变形通过杠杆 4 使扇形齿轮 5 摆动,刻度盘 3 读出油液的压力值。压力表的精度用精度等级来衡量。精度等级为压力表最大误差与量程的百分比。如精度等级为 1.5 级、量程为 10 MPa 的压力表,最大量程时的误差为 10 MPa×1.5％＝0.15 MPa。一般机械设备液压系统采用 1.5~4 级精度等级的压力表。压力表量程为系统最高工作压力的 1.5 倍左右。

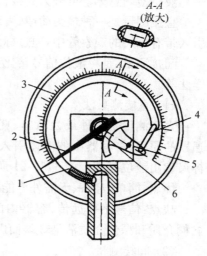

图 6-19 弹簧管式压力表
1-弹簧弯管;2-指针;3-刻度盘;
4-杠杆;5-扇形齿轮;6-小齿轮

压力表开关用于接通或断开压力表与测量点油路的通断。压力表开关有一点式、三点式、六点式等类型。多点压力表开关可按需要分别测量系统中多点处的压力。如图 6-20 所示为六点式压力表开关,图示位置为非测量位置,此时压力表油路经小孔 a、沟槽 b 与油箱接通;若将手柄向右推进去,沟槽 b 将把压力表与测量点接通,并把压力表通往油箱的油路切断,这时,便可测出该测量点的压力。若将手柄转到另一个位置,便可测出另一点的压力。

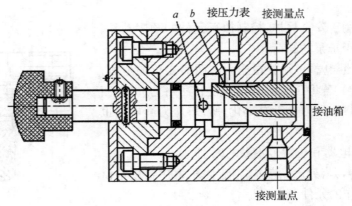

图 6 - 20　压力表开关结构

3. 液位计

在容器中,液体介质的高低叫液位,测量液位的仪表叫液位计。液位计是物位仪表的一种。液位测量主要基于相界面两侧物质的物性差异或液位改变时引起有关物理参数的变化。

液位检测总体上可分为直接检测和间接检测两种方法。

直接测量是一种最为简单、直观的测量方法,它是利用连通器的原理,将容器中的液体引入带有标尺的观察管中,通过标尺读出液位高度。

间接测量,是将液位信号转化为其他相关信号进行测量,如压力法、浮力法、电学法、热学法等。

（1）直接测量法

直接测量是一种最为简单、直观的测量方法,它是利用连通器的原理,将容器中的液体引入带有标尺的观察管中,通过标尺读出液位高度。如图 6 - 21 所示是玻璃管液位计。

优点:简单、经济、无需外界能源、防爆、安全。

缺点:信号不易远传、容器内的压力、温度不能太高;对于黏稠介质和深色介质沾染玻璃而影响读数。

（2）间接测量

① 压力法

压力法依据液体重量所产生的压力进行测量。由于液体对容器底面产生的静压力与液位高度成正比,因此,通过测容器中液体的压力即可测算出液位高度。

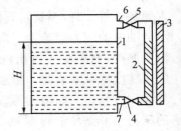

图 6 - 21　玻璃管液位计

1-被测容器;2-玻璃管;
3-指示标度尺;4、5-阀;
6、7-连通管

对常压开口容器,液位高度 H 与液体静压力 p 之间有如下关系:

$$H = \frac{p}{\rho g}$$

(6－1)

如图 6 - 23 所示是为用于测量开口容器液位高度的吹气式液位计。将一根导管插入敞开容器的下部,空气经节流元件和压力计后,由导管下部敞开逸出。当空气从导管下端以气泡形式流出时,管内压力与管口处的静压力相等,因此压力计指示值即可反映液位高度。当液位上升或下降时,管口处静压力变化,导致管口气体的流出量变化,因此管内压力变化。可用于腐蚀性较强或沉淀严重的液体。

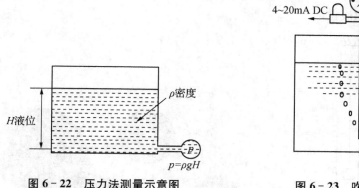

图 6 - 22　压力法测量示意图　　　　图 6 - 23　吹气式液位计

特点:可将压力检测点移至顶部,其使用和维修均很方便。适用于地下储罐、深井等场合。

精度影响:取决于测压仪表的精度,以及液体的温度对其密度的影响。

对于密闭容器中的液位测量,可用差压法进行测量,它可在测量过程中消除液面上部气压及气压波动对示值的影响,如图 6 - 24 所示为差压式液位计测量原理。压力差与液位的关系为:

$$\Delta p = p_2 - p_1 = \rho g H \tag{6-2}$$

式中,Δp 为变送器正、负压室压力差;p_2、p_1 为引压管压力;ρ 为被测介质密度;g 为重力加速度;H 为液位。差压变送器将压力差变换为 4~20 mA 的直流信号。

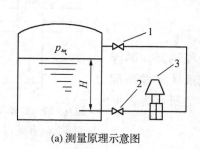

(a) 测量原理示意图　　　　　　　　(b) 实物图

图 6 - 24　差压式液位计测量
1、2-阀门;3-差压变送器

② 浮力法

浮力式液位检测分为恒浮力式检测与变浮力式检测。

恒浮力式检测的基本原理是通过测量漂浮于被测液面上的浮子(也称浮标)随液面变化而产生的位移。

变浮力式检测是利用沉浸在被测液体中的浮筒(也称沉筒)所受的浮力与液面位置的关系检测液位。

a. 浮子重锤液位计

如图 6-25 所示为浮子重锤液位计。浮子通过滑轮和绳带与平衡重锤连接,绳带的拉力与浮子的重量及浮力相平衡,以维持浮子处于平衡状态而漂在液面上,平衡重锤位置即反映浮子的位置,从而测知液位。

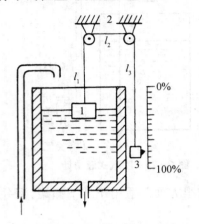

图 6-25 浮子重锤液位计

1-浮子;2-滑轮;3-平衡重锤

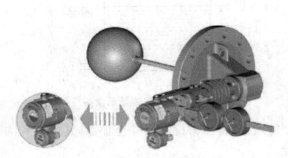

图 6-26 浮球液位计

b. 浮球液位计

电动浮球液位变送器的测量部分由浮球与平衡杆和平衡锤组成力矩平衡机构,因此,浮球可以自由地随液位的变化而升降。当液位改变时,浮球的位置发生相应的变化,通过球杆带动主轴转动,表头内角位移传感器与主轴通过齿轮啮合,将液位的变化转换成相应的电信号。如图 6-26 所示为浮球液位计。

c. 浮筒式液位计

浮筒式液位计属于变浮力液位计。作为检测元件的浮筒为圆柱形,部分沉浸于液体中,利用浮筒被液体浸没高度不同引起的浮力变化而检测液位。如图 6-27 所示为浮筒式液位计的原理示意图。

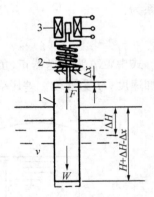

图 6-27 电动浮筒液位计

1-浮筒;2-弹簧;3-差动变压器

6.6 蓄能器

蓄能器是一种能将液压储存在耐压容器里,待需要时又将其释放出来的能量储存装置。蓄能器是液压系统中的重要辅件,对保证系统正常运行、改善其动态品质、保持工作稳定性、延长工作寿命、降低噪声等起着重要的作用。蓄能器给系统带来的经济、节能、安全、可靠、环保等效果非常明显。在现代大型液压系统,特别是具有间歇性工况要求的系统中,尤其值得推广使用。

1. 蓄能器的工作原理

液压油是不可压缩液体,因此,利用液压油是无法蓄积压力能的,必须依靠其他介质来转换、蓄积压力能。例如,利用气体(氮气)的可压缩性质研制的皮囊式充气蓄能器就是一种蓄积液压油的装置。皮囊式蓄能器由油液部分和带有气密封件的气体部分组成,位于皮囊周围的油液与油液回路接通。当压力升高时,油液进入蓄能器,气体被压缩,系统管路压力不再上升;当管路压力下降时压缩空气膨胀,将油液压入回路,从而减缓管路压力的下降。蓄能器类型多样、功用复杂,不同的液压系统对蓄能器功用要求不同,只有清楚了解并掌握蓄能器的类型、功用,才能根据不同工况正确选择蓄能器,使其充分发挥作用,达到改善系统性能的目的。

2. 蓄能器的类型

蓄能器按加载方式可分为弹簧式、重锤式和充气式。

(1)弹簧式蓄能器

弹簧式蓄能器如图 6-28 所示,它依靠压缩弹簧将液压系统中的过剩压力能转化为弹簧势能存储起来,需要时释放出去。其结构简单,成本较低。但因为弹簧伸缩量有限,而且弹簧的伸缩对压力变化不敏感,消振功能差,所以,只适合小容量、低压系统($P \leqslant 1.0 \sim 1.2\,\mathrm{MPa}$),或者用作缓冲装置。

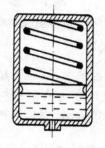

(a)弹簧式蓄能器结构图　　　(b)弹簧式蓄能器实物图

图 6-28　弹簧式蓄能器

(2)重锤式蓄能器

重锤式蓄能器如图 6-29 所示,它通过提升加载在密封活塞上的质量块将液压系统中的压力能转化为重力势能积蓄起来。其结构简单、压力稳定。缺点是安装局限性大,只能垂直安装;不易密封;质量块惯性大,不灵敏。这类蓄能器仅供暂存能量用。

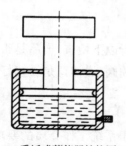

(a)重锤式蓄能器结构图　　　(b)重锤式蓄能器实物图

图 6-29　重锤式蓄能器

(3)充气式蓄能器

充气式蓄能器的工作原理以波义耳定律为基础,通过压缩气体完成能量转化,使用时首先向蓄能器充入预定压力的气体。当系统压力超过蓄能器内部压力时,油液压缩气体,将油液中的压力转化为气体内能;当系统压力低于蓄能器内部压力时,蓄能器中的油在高压气体的作用下流向外部系统,释放能量。选择适当的充气压力是这种蓄能器的关键。这类蓄能器按结构可分为气囊式、气液直接接触式、活塞式、隔膜式等。如图6-30(a)所示,皮囊式蓄能器由铸造或锻造而成的压力罐、皮囊、气体入口阀和油入口阀组成。皮囊材质按标准,通常采用丁腈橡胶(R)、丁基橡胶(IR)、氟化橡胶(FKM)、环氧乙烷-环氧化氯丙烷橡胶(CO)等材料。

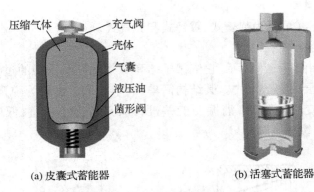

(a) 皮囊式蓄能器　　　　　　　　(b) 活塞式蓄能器

图6-30　充气式蓄能器

气液直接接触式蓄能器充入惰性气体。优点是容量大、反应灵敏,运动部分惯性小,没有机械磨损。但是因为气液直接接触,尺寸小,充气压力有限;密封困难,气液相混的可能性大。所以,这种蓄能器气体消耗量较大,元件易汽蚀,容积利用率低,附属设备多,投资大。

如图6-30(b)所示,活塞式蓄能器利用活塞将气体和液体隔开,活塞和筒状蓄能器内壁之间有密封,所以油不易氧化。这种蓄能器寿命长、重量轻、安装容易、结构简单、维护方便,但是反应灵敏性差,不适于低压吸收脉动。

隔膜式蓄能器是两个半球形壳体扣在一起,两个半球之间夹着一张橡胶薄膜,将油和气分开。其重量和容积比最小,反应灵敏,低压消除脉动效果显著。隔膜式蓄能器橡胶薄膜面积较小,气体膨胀受到限制,所以充气压力有限,容量小。

3. 蓄能器的安装

(1) 蓄能器安装前的检查

安装前的检查不可忽略。安装前应对蓄能器进行以下检查:产品是否与选择规格相同;充气阀是否紧固;有无运输造成影响使用的损伤;进油阀、进油口是否堵好。

(2) 蓄能器的安装的基本要求

蓄能器的安装的基本要求是:

蓄能器的工作介质的黏度和使用温度均应与液压系统工作介质的要求相同。

蓄能器应安装在检查、维修方便之处。

用于吸收冲击、脉动时,蓄能器要紧靠震源,应装在易发生冲击处。

蓄能器安装位置应远离热源,以防止因气体受热膨胀造成系统压力升高。

蓄能器固定要牢固,但不允许焊接在主机上,应牢固地支持在托架上或壁面上。径长比过大时,还应设置抱箍加固。如图6-31所示。

囊式蓄能器原则上应该油口向下垂直安装,倾斜或卧式安装时,皮囊因受浮力与壳体单边接触,妨碍正常伸缩运行,加快皮囊损坏,降低蓄能器机能的危险。因此,一般不采用倾斜或卧式安装的方法。对于隔膜式蓄能器,无特殊安装要求,可油口向下垂直安装、倾斜或卧式安装。

泵和蓄能器之间应安装单向阀,避免泵停止工作时,蓄能器中的油液倒灌入泵内流回油箱,发生事故。

蓄能器与系统之间应装设截止阀,此阀供充气、调整、检查、维修或者长期停机使用。

蓄能器装好后,应充填惰性气体(如 N_2),严禁充氧气、氢气、压缩空气或其他易燃性气体。

装拆和搬运时,必须放出气体。

图6-31 蓄能器的
安装示意图

4. 蓄能器的维护检查

蓄能器在使用过程中,需定期对气囊进行气密性检查。对于新使用的蓄能器,第一周检查一次,第一个月内还要检查一次,然后半年检查一次。对于作应急动力源的蓄能器,为了确保安全,更应经常检查与维护。

蓄能器充气后,各部分绝对不允许再拆开,也不能松动,以免发生危险。需要拆开时,应先放尽气体,确认无气体后,再拆卸。

在有高温辐射热源环境中使用的蓄能器,可在蓄能器的旁边装设两层铁板和一层石棉组成的隔热板,起隔热作用。

安装蓄能器后,系统的刚度降低,因此,对系统有刚度要求的装置中,必须充分考虑这一因素的影响程度。

在长期停止使用后,应关闭蓄能器与系统管路间的截止阀,保持蓄能器袖压在充气压力以上,使皮囊不靠底。

蓄能器在液压系统中属于危险部件,所以在操作当中要特别注意。当出现故障时,切记一定要先卸掉蓄能器的压力,然后用充气工具排尽胶囊中的气体,使系统处于无压力状态方可进行维修,才能拆卸蓄能器及各零件,以免发生意外事故。

6.7 管道

1. 管道

管道用来输送油液,并起到部分散热的作用。如图6-32所示是液压管道的实物图。

选用液压管道时,必须满足压力和流量要求,也就是说,管道也具有足够的通流能力,并且可承受系统工作的最高压力。

液压管道通常分为软管和硬管。其中,软管是用弹性材料、纤维织品和金属丝线编织而成的,它较硬管而言,有安装方便和吸振能力强的特点;硬管根据使用的压力级别及使用要求不同,可分为铝管、铜管和钢管。

油管材料：可用钢管、铜管、橡胶软管、塑料管和尼龙管，选用时由耐压、装配的难易来决定。

图 6 - 32　液压管道

选用：吸油管路和回油管路一般用低压的有缝钢管，也可使用橡胶和塑料软管；控制油路中流量小，多用小铜管；考虑配管和工艺方便，在中、低压油路中也常使用铜管；高压油路一般使用冷拔无缝钢管，必要时也采用价格较贵的高压软管（高压软管是由橡胶中间加一层或几层钢丝编织网制成，高压软管比硬管安装方便，可以吸收振动）。

装配：油管的弯曲半径不能太小，一般应为管道半径的 3～5 倍。应尽量避免小于 900 弯管，平行或交叉的油管之间应有适当的间隔，并用管夹固定，以防振动和碰撞。

管道的规格尺寸（管道内径和壁厚）可由式（6-3）、式（6-4）算出 d、δ 后，查阅有关的标准选定。

$$d = 2\sqrt{\frac{q}{\pi v}} \tag{6-3}$$

$$\delta = \frac{pdn}{2\delta_b} \tag{6-4}$$

上式中，d 为管道内径；q 为管内流量；δ 为管道壁厚；p 为管内工作压力；σb 为管道材料的抗拉强度；n 为安全系数，对钢管来说，$p<7$ MPa 时，取 $n=8$；7 MPa$<p<17.5$ MPa 时，取 $n=6$；$p>17.5$ MPa时，取 $n=4$。

v 为管中油液的流速，吸管道取 $0.5\sim1.5$ m/s，高压管取 $2.5\sim5$ m/s（压力高的取大值，低的取小值，例如：压力在 6 MPa 以上的取 5 m/s，在 3～6 MPa 之间的取 4 m/s，在 3 MPa 以下的取 $2.5\sim3$ m/s；管道较长的取小值，较短的取大值；油液黏度大时取小值），回管道取 $1.5\sim2.5$ m/s，短管及局部收缩处取 $5\sim7$ m/s；

管道的管径不宜选得过大，以免使液压装置的结构庞大；但也不能选得过小，以免使管内液体流速加大，系统压力损失增加或产生振动和噪声，影响正常工作。

在保证强度的情况下，管壁可尽量选得薄些。薄壁易于弯曲，规格较多，装接较易，采用它可减少管系接头数目，有助于解决系统泄漏问题。

2. 接头

管接头是管道与管道、管道与液压件之间的可拆式连接件，它必须具有装拆方便、连接牢固、密封可靠、外形尺寸小、通流能力大、压降小、工艺性好等各项条件。

　　常用的管接头种类很多，按接头的通路可分为：直通式、角通式、三通和四通式；按接头与阀体或阀板的连接方式分：螺纹式、法兰式等；按油管与接头的连接方式分：扩口式、焊接式、卡套式、扣压式橡胶软管接头和快速接头，如图 6-33 和图 6-36 所示。

　　（1）扩口式管接头

　　如图 6-33 所示为扩口式管接：结构简单，性能良好，加工和使用方便，适用于以油、气为介质的中、低压管路系统，其工作压力取决于管材的可用压力，一般为 3.5～16 MPa。

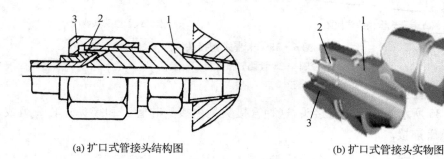

(a) 扩口式管接头结构图　　　　　　　(b) 扩口式管接头实物图

图 6-33　扩口式管接头

1-接头体　2-管套　3-螺母

　　（2）焊接管接头

　　如图 6-34 所示为焊接管接头：密封可靠，连接牢固，但装配需焊接，需采用厚壁钢管，且焊接工作量大。

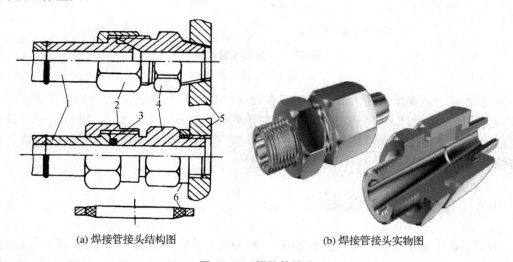

(a) 焊接管接头结构图　　　　　　　(b) 焊接管接头实物图

图 6-34　焊接管接头

1-接管；2-螺母；3-密封圈；4-接头体；5-本体；6-密封圈

　　（3）卡套式管接头

　　如图 6-35 所示为卡套式管接头：结构简单，性能良好，质量轻，体积小，使用方便，不用焊接，轴向尺寸要求不严等优点，在液压、气动中，是较为理想的连接件。

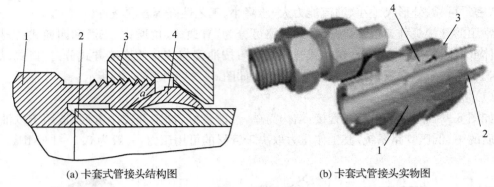

(a) 卡套式管接头结构图 (b) 卡套式管接头实物图

图 6 - 35   卡套式管接头

1-接头体；2-管路；3-螺母；4-卡套

（4）扣压式管接头

如图 6 - 36 所示为扣压式管接头，这种管接头是由接头芯管 1 和接头外套 2 组成。此接头适用于软管连接。

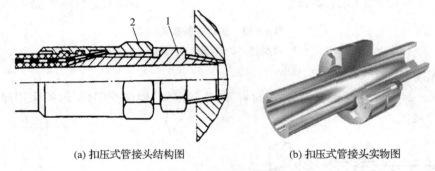

(a) 扣压式管接头结构图 (b) 扣压式管接头实物图

图 6 - 36   扣压式管接头

1-芯管；2-接头外套

液压系统中的泄漏问题大部分都出现在管系中的接头上，为此对管材的选用，接头形式的确定（包括接头设计、垫圈、密封、箍套、防漏涂料的选用等），管系的设计（包括弯管设计、管道支承点和支承形式的选取等）以及管道的安装（包括正确的运输、储存、清洗、组装等）都要慎重从事，以免影响整个液压系统的使用质量。

6.8   液压密封件及安装

密封装置主要用来防止液压元件和液压系统中液压油的内漏和外漏，保证建立起必要的工作压力。设计和选用密封装置的基本要求是：具有良好的密封性能，并随着压力的增加能自动提高密封性能；密封装置和运动件之间的摩擦力要小；密封件耐油性、耐磨性好，使用寿命长；结构简单，使用、维护方便，价格低廉。常见的密封方法有间隙密封和密封圈密封。

6.8.1   间隙密封

间隙密封如图 6 - 37 所示，它是利用运动件之间的配合间隙起密封作用的。图中活塞外缘上开有若干个环形槽，其目的主要是为了使活塞四周都有压力油的作用，这有利于活塞的对中以减小活塞移动时的摩擦力。为了减小泄露，相对运动部件间的配合间隙必须足够小，但不能妨碍相对运动的进行，故对配合面的加工精度和表面粗糙度提出了更高的要求。合理的配合间隙（0.02～0.05 mm）可使这种密封形式的摩擦力较小且泄露也不大。这种密封形式主要用于速度较高、压力较小、尺寸较小的液压缸与活塞配合处，此外，也广泛用于各种泵、阀的柱塞配合中。

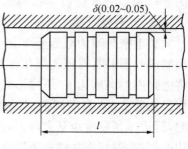

图 6-37　间隙密封

6.8.2　密封圈密封

密封圈密封是液压系统中应用最广泛的一种密封方法，它通过密封圈本身受压变形来实现密封。密封圈有 O 形、Y 形、V 形及组合形式等多种，其材料有耐油橡胶、尼龙等。

1．O 形密封圈

O 形密封圈一般用耐油橡胶制成，其横截面呈圆形，它具有良好的密封性能，内外侧和端面都能起密封作用，结构紧凑，运动件的摩擦阻力小，制造容易，装拆方便，成本低，且高低压均可以用，所以在液压系统中得到广泛的应用。

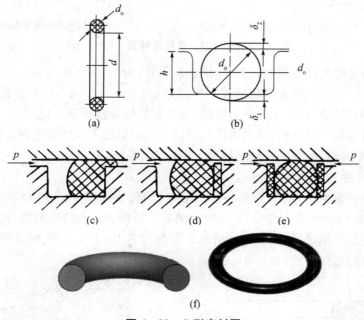

图 6-38　O 形密封圈

如图 6-38 所示为 O 形密封圈的结构和工作情况。图 6-38(a)为其外形圈；图 6-38(b)为装入密封沟槽的情况，δ_1、δ_2 为 O 形圈装配后的预压缩量，通常用压缩率 W 表示，即 $W=[(d_O-h)/d_O]\times100\%$，对于固定密封、往复运动密封和回转运动密封，应分别达到 15%～20%、10%～20% 和 5%～10%，才能取得满意的密封效果。当油液工作压力超过 10 MPa 时，O 形圈在往复运动中容易被油液压力挤入间隙而提早损坏，如图 6-38(c)所示，为此要在它的侧面安放 1.2～1.5 mm 厚的聚四氟乙烯挡圈，单向受力时，在受力侧的对面安放一个挡圈，如图 6-38(d)所示；双向受力时，则在两侧各放一个，如图 6-38(e)所示；如

图 6-38(f)所示是 O 形密封圈实物图。

2. Y 形密封圈

Y 型密封圈的截面呈 Y 形,是一种典型的唇形密封圈。唇形密封圈是指将密封圈受压面制成唇形并具有压力强化密封作用的一类密封件。其工作原理如图 6-39 所示。液压力将密封圈的两唇边 h_1 压向形成间隙的两个零件的表面。这种密封作用的特点是能随着工作压力的变化,自动调整密封性能,压力越高则唇边被压得越紧,密封性越好;当压力降低时,唇边压紧程度也随之降低,从而减少了摩擦阻力和功率消耗,除此之外,还能自动补偿唇边的磨损,保持密封性能不降低。而广泛应用于往复动密封装置中,其使用寿命高于 O 型密封圈。Y 型密封圈的适用工作压力不大于 40 MPa,工作温度为 $-30\sim80$ ℃。

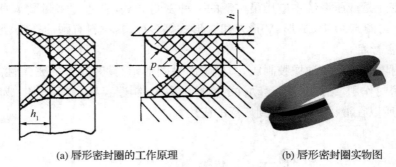

(a) 唇形密封圈的工作原理   (b) 唇形密封圈实物图

图 6-39　唇形密封圈

Y 型密封圈工作速度范围:采用丁腈橡胶制作时,为 $0.01\sim0.6$ m/s;采用氟橡胶制作时,为 $0.05\sim0.3$ m/s;采用聚氨酯橡胶制作时,则为 $0.01\sim1$ m/s。Y 型密封圈的密封性能、使用寿命及不同挡圈时的工作压力极限,都以聚氨酯橡胶材质为佳。

Y 形密封圈安装时,应使唇口对着压力高的一面。低压靠预压缩密封;高压靠油压使两唇口张开,贴紧密封面,能主动补偿磨损量。

3. V 形密封圈

V 形密封圈的截面呈 V 形,也是一种唇形密封圈。根据制作的材料不同,可分为纯橡胶 V 形密封圈和夹织物(夹布橡胶)V 形密封圈等。V 形密封圈的密封装置由压环、V 形密封圈和支承环三部分组成,如图 6-40 所示。安装 V 形密封圈时,同样必须将密封圈的凹口面向工作介质的高压一侧,如图 6-41 所示。

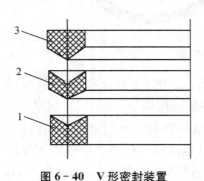

图 6-40　V 形密封装置

1-压环;2-V 形密封圈;3-支承环

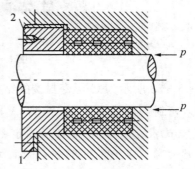

图 6-41　V 形密封圈的安装与调整

1-调整垫片;2-调节螺栓

4. 组合式密封装置

组合式密封装置由两个或两个以上的不同功能的、不同材料的密封件组合为一体,达到结构紧凑、低摩擦阻力、高效密封和长寿命的综合性能。组合式密封件分为:同轴型(斯特封和格来圈)密封圈、鼓形和山形密封圈等。

(1) 同轴型密封圈

同轴型密封圈由两个或两个以上的不同功能同轴型密封圈,一个润滑性能好、摩擦系数小的滑环和一个充当弹性体的橡胶密封圈组合而成。滑环多为聚四氟乙烯加填料制成,弹性体一般就是 O 形圈。它有两种结构形式:斯特圈和格来圈。同轴型密封圈的结构如图 6-42 所示。活塞用同轴密封圈由格来圈和弹性橡胶环构成,可实现双向密封;活塞杆用同轴密封圈由斯特圈和弹性橡胶环构成,密封具有方向性。活塞杆用密封圈为外泄露密封,对密封性能要求较高。

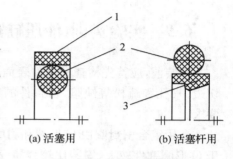

(a) 活塞用　　　　(b) 活塞杆用

图 6-42　同轴密封圈
1-格来圈;2-O 形密封圈;3-斯特圈

同轴型密封圈性能特点:

① O 形圈不与密封偶合面直接接触,不存在密封圈翻转,扭曲和挤入间隙的问题;

② 斯特圈和格来圈摩擦系数低,动、静摩擦系数变换小、运行平稳,无爬行;

③ 自润滑性能好,启动摩擦力小;

④ 密封性能较好;

⑤ 耐压性能好,很少发生挤出现象,温度特性好;

⑥ 结构紧凑,尺寸小,活塞用时可实现双向密封;

⑦ 与唇形密封件相比,在滑移或静止状态下的密封能稍差;

⑧ 安装较困难;

⑨ 塑料蠕变降低密封性能,热膨胀加快磨损,热变形影响运动性能。

(2) 鼓形和山形密封圈

鼓形和山形密封圈结构形式如图 6-43 所示。鼓形密封圈由三件组成:中间是一个鼓形弹性橡胶圈,两侧是夹织物层,夹织物层外侧是两个 L 形合成树脂支承环。

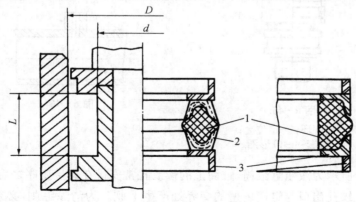

图 6-43　鼓形和山形密封圈结构形式
1-胶弹性体;2-夹织物层;3-支承环

山形密封圈由三件组成：中间是一个山形弹性橡胶圈，两侧是两个 J 形合成树脂支承环、两个塑料矩形环。

鼓形和山形密封圈密封压力高，解决了挤出和逆压等问题，使用寿命长，夹布橡胶具有良好的表面结构（能储油，改善润滑），结构尺寸紧凑。代表高压密封的发展方向。

6.9 实验实训：液压缸密封圈的安装

安装前，应首先检查密封件表面质量，不得有飞边、毛刺、裂痕、切边、气孔和疏松等缺陷，密封件的几何尺寸和精度都要符合标准要求。

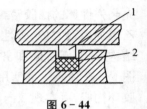

图 6 - 44
1-耐磨环；2-O 形圈

孔用组合密封圈由 O 形圈和耐磨环组成，如图 6 - 44 所示。由于 O 形圈弹性较大，安装比较容易；而耐磨环弹性较差，如果直接安装，则活塞的各台阶、沟槽容易划伤其密封表面，影响密封效果。为保证耐磨环安装时不被损坏，应采取一定的安装措施。耐磨环主要由填充聚四氟乙烯（PTFE）材料制成，具有耐腐蚀的特性，热膨胀系数较大，故安装前先将其在 100 ℃的油液中浸泡 20 min，使其逐渐变软，然后用如图 6 - 45 所示工装将其装入活塞的沟槽中。

如图 6 - 45 所示工装由定位套和胀套组成。定位套头部有 5°倒角，用于引导 O 形圈和耐磨环装入活塞端部沟槽。胀套由弹性较好的 65 Mn 钢经热处理制成，加工成均匀对称的 8 瓣结构。需要注意的是，加工各瓣底部的小孔时，分度要均匀，铣开各瓣时，应使锯口对准小孔的中心，以保证胀套各瓣能均匀涨开。同时，各部位都应进行（光滑）倒角，以免损坏密封圈。

每一种规格的密封圈都应有一套对应的工装来保证其装配要求。安装完成后，不允许密封圈有折皱、扭曲、划伤和装反的现象存在。

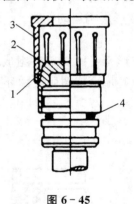

图 6 - 45
1-耐磨环；2-定位套；
3-胀套；4-O 形圈

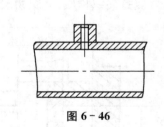

图 6 - 46

如图 6 - 46 所示为液压缸缸筒，缸筒上的螺纹孔常安排在焊接工序之后加工，这样就不可避免地要在螺纹孔出口与缸筒内壁的交界处产生毛刺。为清除毛刺，必须设计制作专用刀具对其进行加工，达到光滑过渡的目的。专用刀具的结构如图 6 - 47 所示。使用时，先将刀杆从螺纹孔中插入，然后从侧面将刀头安装在刀杆上，旋转刀杆即可将毛刺除掉，并加工出光滑完整的表面。

　　另一类密封件是聚氨酯材质的 Y 形密封圈,因其具有高硬度、高弹性、耐油、耐磨和耐低温等优点,广泛用于液压油缸中。它的内、外唇根据轴用或孔用,可制成不等高形状,以起到密封和自身保护的作用。不等高唇 Y 形圈,其短唇与密封面接触,滑动摩擦阻力小,耐磨性好,寿命长;长唇与非相对运动表面有较大的预压缩量,工作时不易窜动。

　　由于聚氨酯材质的 Y 形圈硬度高、预压缩量大,在安装、更换时常常会造成密封圈被挤破、翻卷和咬边等损坏现象,从而起不到应有的密封效果,甚至失效。装配时,我们曾用螺丝刀将密封唇沿缸径往里压;或用细铁丝将密封圈的外唇捆紧,使其外径小于缸的内径,然后将密封圈送入缸内,再将细铁丝抽出。但这两种装法都容易将密封圈划伤,导致密封失效,增加维修时间。针对这种情况,我们用 0.1 mm 厚的冷轧钢带或铜皮将其剪成长方形,其长度等于 Y 形圈外径的周长,然后用它将密封圈裹紧,再一点一点地送入液压缸缸筒中,待外唇口全部进入缸筒后,再将其抽出,安装效果较好。

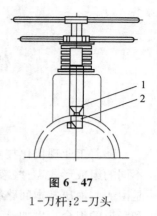

图 6-47
1-刀杆;2-刀头

思考题与习题

6-1　常用的液压辅助元件有_____、_____、_____、_____、_____等。

6-2　按过滤机理,滤油器可分为_____和_____两类。

6-3　压力继电器是将_____转换成_____的液压元器件。

6-4　液压系统中的泄漏问题大部分都出现在_____。

6-5　判断题

(1)烧结式过滤器的通油能力差,不能安装在泵的吸油口处。　　　　　　　(　　)

(2)为了防止外界灰尘杂质侵入液压系统,油箱易采用封闭式。　　　　　　(　　)

(3)液压系统中,一般安装多个压力表以测定多处压力值。　　　　　　　　(　　)

6-6　蓄能器按加载方式可分为哪几种?

6-7　液压缸为什么要密封? 哪些部位要密封? 常见的密封方法有哪几种?

模块七　液压基本回路

随着工业现代化技术的发展,机械设备的液压传动系统为完成各种不同的控制功能,有不同的组成形式,有些液压传动系统甚至很复杂。但无论何种机械设备的液压传动系统,都是由一些液压基本回路组成的。所谓基本回路就是能够完成某种特定控制功能的液压元件和管道的组合。例如,用来调节液压泵供油压力的调压回路,改变液压执行元件工作速度的调速回路等,都是常见的液压基本回路,所谓全局为局部之总和,只有熟悉和掌握液压基本回路的功能,才能更好地分析使用和设计各种液压传动系统。

基本回路按在液压系统中的功能可分为:

(1) 方向控制回路:控制执行元件运动方向的变换和锁停;

(2) 压力控制回路:控制整个系统或局部油路的工作压力;

(3) 速度控制回路:控制和调节执行元件的速度;

(4) 多缸动作控制回路:用来控制多缸的顺序、同步动作及防止多缸动作时发生干扰。

7.1　方向控制回路

液压系统中,执行元件的启动和停止,是通过控制进入执行元件的液流的通或断来实现的;执行元件运动方向的改变,是通过改变流入执行元件的液流方向来实现的。实现上述功能的回路称为方向控制回路。方向控制回路的作用是利用各种方向控制阀来控制液压系统中各油路油液的通、断及变向,实现执行元件的启动、停止或改变运动方向。常用的方向控制回路有启停(包括锁紧)、换向回路等。

1. 启停回路

当执行元件需要频繁地启动或停止的液压系统中,一般不采用启动或停止液压泵电动机的方法来使执行元件启、停,而是采用启、停回路来实现这一要求。

如图7-1所示为利用电磁阀切断压力油来执行元件启动、停止运动,在切断压力油源的同时,泵输出的油液经二位三通电磁阀回油箱,使泵在很低的压力工况下运转(称为卸荷)。这种回路,由于换向阀要通过全部流量,一般只适用于小流量系统。

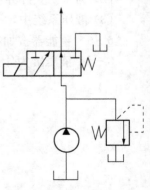

图7-1　启、停回路

2. 换向回路

换向回路的作用是变换执行元件的运动方向。系统对换向回路的基本要求是:换向可靠、灵敏、平稳、换向精度合适。执行元件的换向过程一般包括执行元件的制动,停留和启动三个阶段。

（1）利用二位四通阀控制的换向回路

如图 7-2 所示为利用二位四通换向阀控制液压缸的换向回路。回路中，液压泵输出油液，溢流阀控制工作压力。当换向阀处在图示位置时，液压缸活塞杆退回（后退）。换向阀工作在左位时，液压缸活塞杆伸出（前进）。这种回路具有启动和换向的控制功能，但不具有在任意时刻停止其运动的功能。

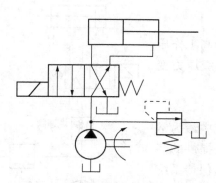

图 7-2　二位四通换向阀控制的换向回路

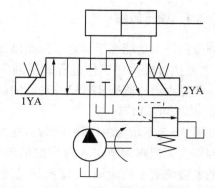

图 7-3　三位四通换向阀控制的换向回路

（2）利用三位四通换向阀控制的换向回路

如图 7-3 所示利用中位机能是 O 形的三位四通电磁换向阀（也可以用三位五通换向阀）控制的换向回路。在图示状态，换向阀的油口全封闭，液压缸停止不动。当 1YA 通电后，换向阀左位工作，液压缸前进。当 1YA 断电、2YA 得电时，液压缸后退。只要电磁铁断电，即可停止其运动。所以，该回路同时具有启动、停止和换向功能，适用于大多数液压系统。

3. 锁紧回路

锁紧回路的功能是通过切断执行元件的进油、出油通道来使它停在任意位置，并防止停止运动后因外界因素而发生窜动。使液压缸锁紧的最简单的方法是：利用三位换向阀的 O 型或 M 型中位机能来封闭缸的两腔，使活塞在行程范围内任意位置停止。但由于滑阀的泄漏，不能长时间保持停止位置不动，所以锁紧精度不高。最常用的方法是采用液控单向阀作锁紧元件。

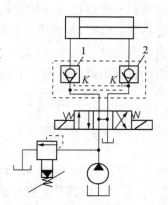

图 7-4　液控单向阀锁紧回路

如图 7-4 所示为用液控单向阀构成的锁紧回路。在液压缸的两油路上串接液控单向阀，它能在液压缸不工作时，使活塞在两个方向的任意位置上迅速、平稳、可靠且长时间锁紧。其锁紧精度主要取决于液压缸的泄漏，而液控单向阀本身的密封性很好。两个液控单向阀做成一体时，称为双向液压锁。

采用液控单向阀锁紧的回路，必须注意换向阀中位机能的选择。如图所示，采用 H 型机能，换向阀中位时，能使两控制油口 K 直接通油箱，液控单向阀立即关闭，活塞停止运动。若采用 O 型或 M 型中位机能，活塞运动途中换向阀中位时，由于液控单向阀控制腔的压力油被封住，液控单向阀不能立即关闭，直到控制腔的压力油卸压后，才能关闭，因而影响其锁紧的位置精度。

这种回路广泛应用于工程机械、起重运输机械等有较高锁紧要求的场合。

7.2 压力控制回路

压力控制回路是利用压力控制阀来控制系统中液体的压力,以满足执行元件对力或转矩的要求。这类回路包括调压、减压、卸荷、保压、平衡、增压等回路。

7.2.1 调压回路

调压回路的功能在于调定或限制液压系统的最高工作压力,或者使执行机构在工作过程的不同阶段实现多级压力变换。一般是由溢流阀来实现这一功能的。

1. 单级调压回路

如图 7-5 所示为单级调压回路,这是液压系统中最为常见的回路。调速阀调节进入液压缸的流量,定量泵提供的多余的油经溢流阀流回油箱,溢流阀起溢流恒压作用,保持系统压力稳定,且不受负载变化的影响。调节溢流阀可调整系统的工作压力。当取消系统中的调速阀时,系统压力随液压缸所受负载而变,溢流阀起安全阀作用,限定系统的最高工作压力。系统过载时,安全阀开启,定量泵泵出的压力油经安全阀流回油箱。

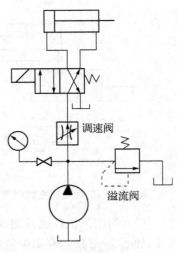

图 7-5　单级调压回路

2. 多级调压回路

如图 7-6 所示为多级调压回路。将远程调压阀 2 和 3 通过三位四通电磁换向阀与溢流阀的外控口相连,调压阀 2、3 的调整压力低于主溢流阀的调整压力,阀 2 和阀 3 的调整压力不等。这样,系统可以获得三种压力值:当电磁阀处于中位时,系统压力由主溢流阀调定;当电磁阀处于左位时,系统的压力由远程调压阀 2 调定;当电磁阀处于右位时,系统的压力由远程调压阀 3 调定。主溢流阀多作为安全阀使用。

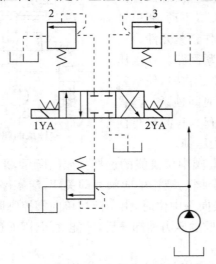

图 7-6　多级调压回路

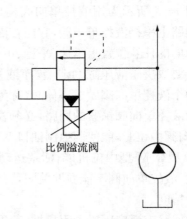

图 7-7　无级调压回路

3. 无级调压回路

如图 7-7 所示为无级调压回路,根据执行元件工作过程各个阶段的不同要求,可通过改变比例溢流阀的输入电流来实现无级调压,这种调压方式容易实现远距离控制和计算机控制,而且压力切换平稳。

7.2.2 卸荷回路

卸荷回路是在系统执行元件短时间不工作时,不频繁启停驱动泵的原动机,而使泵在很小的输出功率下运转的回路。所谓卸荷,就是使液压泵在输出功率接近为零的状态下工作。因为泵的输出功率等于压力和流量的乘积,因此卸荷的方法有两种,一种是将泵的出口直接接回油箱,泵在零压或接近零压下工作;一种是使泵在零流量或接近零流量下工作。前者称为压力卸荷,后者称为流量卸荷。流量卸荷仅适用于变量泵。

1. 利用换向阀中位机能的卸荷回路

定量泵利用三位换向阀的 M 型、H 型、K 型等中位机能,可构成卸荷回路。图 7-8(a)为采用 M 型中位机能电磁换向阀的卸荷回路。当执行元件停止工作时,使换向阀处于中位,液压泵与油箱连通实现卸荷。这种卸荷回路的卸荷效果较好,一般用于液压泵流量小于 63 L/min 的系统。但选用换向阀的规格应与泵的额定流量相适应。图 7-8(b)为采用 M 型中位机能电液换向阀的卸荷回路。该回路中,在泵的出口处设置了一个单向阀,其作用是在泵卸荷时仍能提供一定的控制油压(0.5 MPa 左右),以保证电液换向阀能够正常进行换向。

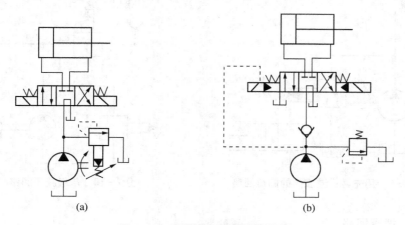

图 7-8 采用换向阀的卸荷回路

2. 用先导式溢流阀的卸荷回路

如图 7-9 所示为最常用的采用先导式溢流阀的卸荷回路。图中,先导式溢流阀的外控口处接一个二位二通常闭型电磁换向阀(用二位四通阀堵塞两个油口构成)。当电磁阀通电时,溢流阀的外控口与油箱相通,即先导式溢流阀主阀上腔直通油箱,液压泵输出的液压油将以很低的压力开启溢流阀的溢流口而流回油箱,实现卸荷,此时溢流阀处于全开状态。卸荷压力的高低取决于溢流阀主阀弹簧刚度的大小。通过换向阀的流量只是溢流阀控制油路中的流量,只需采用小流量阀来进行控制。因此,当停止卸荷、使系统重新开始工作时,不会产生压力冲击现象。这种卸荷方式适用于高压大流量系统。但电磁阀连接溢流阀的外控口后,溢流阀上腔的控制容积增大,使溢流阀的动态性能下降,易出现不稳定现象。为此,需要在两阀间的连接油路上设置阻尼装置,以改善溢流阀的动态性能。选用这种卸荷回路时,可以直接选用电磁溢流阀。

7.2.3 减压回路

减压回路的作用是使系统中的某一部分油路或某个执行元件获得比系统压力低的稳定压力,机床的工件夹紧、导轨润滑及液压系统的控制油路常需要减压回路。如图 7-10 所示为夹紧机构中常用的减压回路。回路中串联一个减压阀,使夹紧缸能获得较低而又稳定的夹紧力。当系统压力波动时,减压阀出口压力可稳定不变。单向阀的作用是:当主系统压力下降到低于减压阀调定压力(如主油路中液压缸快速运动)时,防止油液倒流,起到短时保压作用,使夹紧缸的夹紧力在短时间内保持不变。为了确保安全,夹紧回路中常采用带定位的二位四通电磁换向阀换向,防止在电路出现故障时松开工件而出事故。

为使减压回路可靠的工作,其减压阀的最高调定压力应比系统调定压力低一定的数值。否则,减压阀不能正常工作。

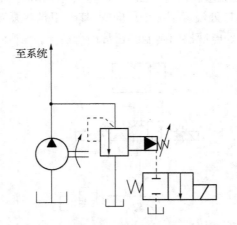

图 7-9　用先导式溢流阀的卸荷回路

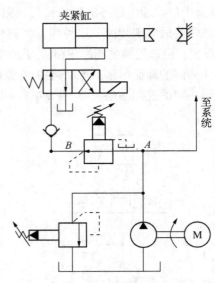

图 7-10　单级减压回路

7.2.4 增压回路

增压回路用来使系统中某一支路获得较系统压力高且流量不大的油液供应。利用增压回路,液压系统可以采用压力较低的液压泵,甚至压缩空气动力源来获得较高压力的压力油。增压回路中实现油液压力放大的主要元件是增压器,其增压比为增压器大小活塞的面积之比。

1. 单作用增压器的增压回路

如图 7-11(a)所示为单作用增压器的增压回路,它适用于单向作用力大、行程小、作业时间短的场合,如制动器、离合器等。当压力为 p_1 的油液进入增压器的大活塞腔时,在小活塞腔即可得到压力为 p_2 的高压油液,增压的倍数等于增压器大小活塞的工作面积之比。当二位四通电磁换向阀右位接入系统时,增压器的活塞返回,补油箱中的油液经单向阀补入小活塞腔。这种回路只能间断增压。

2. 双作用增压器的增压回路

如图 7-11(b)所示为采用双作用增压器的增压回路,它能连续输出高压油,适用于增压行程要求较长的场合。泵输出的压力油经换向阀 5 左位和单向阀 1 进入增压器左端大、小活塞腔,右端大活塞腔的回油通油箱,右端小活塞腔增压后的高压油经单向阀 4 输出,此时单向阀 2、3 被关闭;当活塞移到右端时,换向阀 5 得电换向,活塞向左移动,左端小活塞腔输出的高压液体经单向阀 3 输出。这样,增压缸的活塞不断往复运动,两端便交替输出高压液体,实现了连续增压。

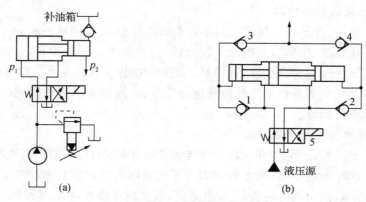

图 7-11 增压回路

7.2.5 保压回路

保压回路的功用是:在执行元件工作循环中的某一阶段,保持系统中规定的压力。

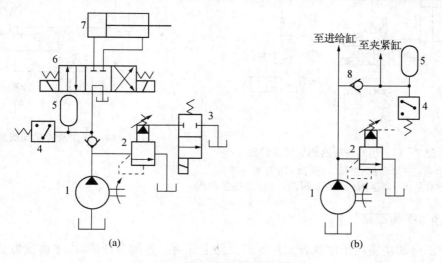

图 7-12 利用蓄能器的保压回路

1-液压泵;2-先导型溢流阀;3-二位二通电磁阀;4-压力继电器;
5-蓄能器;6-三位四通电磁换向阀;7-液压缸;8-单向阀

1. 利用蓄能器的保压回路

如图 7-12(a)所示为用蓄能器保压的回路。系统工作时,电磁换向阀 6 的左位通电,主换向阀左位接入系统,液压泵向蓄能器和液压缸左腔供油,并推动活塞右移,压紧工件后,进油路压力升高,升至压力继电器调定值时,压力继电器动作使二通阀3通电,通过先导式溢流阀使泵卸荷,单向阀自动关闭,液压缸则由蓄能器保压。蓄能器的压力不足时,压力继电器复位使泵重新工作。保压时间的长短取决于蓄能器的容量,调节压力继电器的通断区间即可调节缸中压力的最大值和最小值。这种回路既能满足保压工作需要,又能节省功率、减少系统发热。

如图7-12(b)所示为多缸系统中的保压回路。进给缸快进时,泵压下降,但单向阀8关闭,把夹紧油路和进给油路隔开。蓄能器5用来给夹紧缸保压并补充泄漏,压力继电器4的作用是夹紧缸压力达到预定值时发出信号,使进给缸动作。

2. 利用液压泵的保压回路

如图7-13所示,在回路中增设一台小流量高压补油泵5,组成双泵供油系统。当液压缸加压完毕要求保压时,由压力继电器4发出信号,换向阀2处于中位,主泵1卸载,同时,二位二通换向阀8处于左位,由高压补油泵5向封闭的保压系统a点供油,维持系统压力稳定。由于高压补油泵只需补偿系统的泄漏量,可选用小流量泵,功率损失小。压力稳定性取决于溢流阀7的稳压精度。

3. 利用液控单向阀的保压回路

如图7-14所示为采用液控单向阀和电接触式压力表的自动补油式保压回路,当1YA通电时,换向阀右位接入回路,液压缸上腔压力升至电接触式压力表上触点调定的压力值时,上触点接通,1YA断电,换向阀切换成中位,泵卸荷,液压缸由液控单向阀保压。当缸上腔压力下降至下触头调定的压力值时,压力表又发出信号,使1YA通电,换向阀右位接入回路,泵向液压缸上腔补油使压力上升,直至上触点调定值。这种回路用于保压精度要求不高的场合。

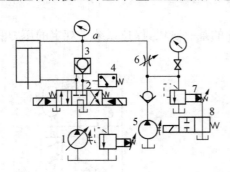

图7-13 用高压补油泵的保压回路

1-主泵;2-换向阀;3-单向阀;4-压力继电器;
5-高压补油泵;6-调速阀;7-溢流阀;8-二位二通换向阀

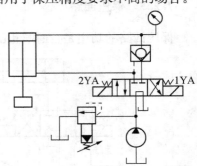

图7-14 采用液控单向阀的保压回路

7.2.6 平衡回路

平衡回路的功能在于使执行元件的回油路上保持一定的背压值,以平衡重力负载,使之不会因自重而自行下落。

1. 采用单向顺序阀的平衡回路

如图7-15(a)所示是采用单向顺序阀的平衡回路。调整顺序阀的开启压力,使液压缸向上的液压作用力稍大于垂直运动部件的重力,即可防止活塞部件因自重而下滑。活塞下行时,由于回油路上存在背压支撑重力负载,因此运动平稳。当工作负载变小时,系统的功率损失将增大。由于顺序阀存在泄漏,液压缸不能长时间停留在某一位置上,活塞会缓慢下降。若在单向顺序阀和液压缸之间增加一个液控单向阀,由于液控单向阀密封性很好,可防止活塞因单向顺序阀泄漏而下降。

2. 采用遥控平衡阀的平衡回路

如图 7 - 15(b)所示为采用遥控平衡阀的平衡回路。在背压不太高的情况下,活塞因自重负载而加速下降,活塞上腔因供油不足,压力下降,平衡阀的控制压力下降,阀口就关小,回油的背压相应上升,起支撑和平衡重力负载的作用增强,从而使阀口的大小能自动适应不同负载对背压的要求,保证了活塞下降速度的稳定性。当换向阀处于中位时,泵卸荷,平衡阀遥控口压力为零,阀口自动关闭,由于这种平衡阀的阀芯有很好的密封性,故能起到长时间对活塞进行闭锁和定位作用。这种遥控平衡阀又称为限速阀。

3. 单向液控单向阀的平衡回路

如图 7 - 15(c)所示是采用液控单向阀的平衡回路。由于液控单向阀是锥面密封,泄漏量小,故其闭锁性能好,活塞能较长时间停止不动。回油路上串联单向节流阀,以保证下行运动的平稳。如果回油路上没有节流阀,活塞下行时液控单向阀被进油路上的控制油打开,回油腔没有背压,运动部件因自重而加速下降,造成液压缸上腔供油不足而失压,液控单向阀因控制油路失压而关闭。液控单向阀关闭后控制油路又建立起压力,该阀再次被打开。液控单向阀时开时闭,使活塞在向下运动过程中时走时停,从而导致系统产生振动和冲击。

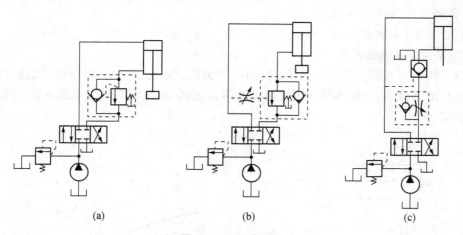

(a) (b) (c)

图 7 - 15　平衡回路

必须指出,无论是平衡回路,还是背压回路,在回油管路上都存在背压力,故都需要提高供油压力。但这两种基本回路也有区别,主要表现在功用和背压力的大小上。背压回路主要用于提高进给系统的稳定性,提高加工精度,所具有的背压力不大。平衡回路通常是在立式液压缸情况下用以平衡运动部件的自重,以防下滑发生事故,其背压力应根据运动部件的重力而定。

7.3　速度控制回路

速度控制回路是研究液压系统的速度调节和变换问题,常用的速度控制回路有调速回路、快速回路、速度换接回路等,本节中分别对上述三种回路进行介绍。

7.3.1　调速回路

调速回路的基本原理。从液压马达的工作原理可知,液压马达的转速 n_m 由输入流量和液压马达的排量 V_m 决定,即 $n_m = q/V_m$,液压缸的运动速度 V 由输入流量和液压缸的有效作用面积 A 决定,即 $V = q/A$。通过上面的关系可以知道,要想调节液压马达的转速 n_m 或液压缸的运动速度 V,可通过改变输入流量 q、改变液压马达的排量 V_m 和改变缸的有效作用面积 A 等方法来实现。由于液压缸的有效面积 A 是定值,只有改变流量 q 的大小来调速,而改变输入流量 q,可以通过采用流量阀或变量泵来实现,改变液压马达的排量 V_m,可通过采用变量液压马达来实现,因此,调速回路主要有以下三种方式:

(1) 节流调速回路:由定量泵供油,用流量阀调节进入或流出执行机构的流量来实现调速;

(2) 容积调速回路:用调节变量泵或变量马达的排量来调速;

(3) 容积节流调速回路:用限压变量泵供油,由流量阀调节进入执行机构的流量,并使变量泵的流量与调节阀的调节流量相适应来实现调速。此外,还可采用几个定量泵并联,按不同速度需要,启动一个泵或几个泵供油实现分级调速。

1. 节流调速回路

节流调速回路根据流量控制元件在回路中的位置不同,分为进油路节流调速、回油节路流节流调速、旁路节流调速三种基本形式。

(1) 进口节流调速回路

① 油路组成及调速原理

进口节流调速回路主要由定量泵、溢流阀、节流阀、执行元件——液压缸等组成,节流阀装在液压缸的进油路上,即串联在定量泵和液压缸之间,溢流阀与其并联成一溢流支路,如图 7-16(a) 所示。

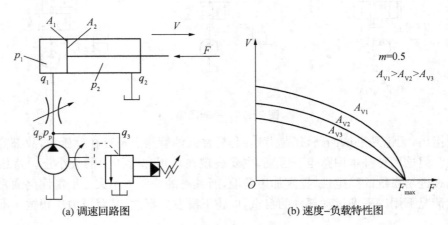

(a) 调速回路图　　　　(b) 速度–负载特性图

图 7-16　进油路节流调速回路

通过调节节流阀的阀口大小(即其通流面积),则改变了并联支路的油流分配(如调小节流阀阀口时,将减小进口油路的流量,增大溢流支路的溢流量),也就改变了进入液压缸的流量,从而调节执行元件的运动速度。必须注意,在这种调速回路,节流阀和溢流阀合在一起才起调速作用,因为定量泵多余的油液必须通过溢流阀流回油箱。由于溢流阀有溢流,泵的

出口压力 q_P 就是溢流阀的调整压力,并基本保持定值。

② 性能特点

a. 速度-负载特性。速度-负载特性是指执行元件的速度随负载变化而变化的性能。这一性能可用速度-负载特性曲线来描述。

当液压缸在稳定工作时(即液压缸克服外负载力 F 做等速运动时),其受力平衡方程式为:

$$P_1 A_1 = P_2 A_2 + F \tag{7-1}$$

式中,A_1、A_2 为液压缸无杆腔、有杆腔的有效面积;

p_1、p_2 为液压缸进、回油腔的压力。

由于回油腔通油箱,不计管路的压力损失时,p_2 可视为零(进入液压缸油液的流量 q_1 由节流阀调节,多余的油液 q_3 经溢流阀流回油箱),则:

$$P_1 = \frac{F}{A_1} \tag{7-2}$$

节流阀前后压力差为:

$$\Delta p = p_P - p_1 = p_P - \frac{F}{A_1} \tag{7-3}$$

液压泵的供油压力 p_P 由溢流阀调定后基本不变,因此,节流阀前后压差 Δp 将随负载 F 的变化而变化。

根据节流阀的流量特性方程,通过节流阀的流量为:

$$q_1 = KA_v (\Delta P)^m = KA_v \left[P_P - \frac{F}{A_1} \right]^m \tag{7-4}$$

式中,A_v 为节流阀阀口的通流面积。

则活塞的运动速度为:

$$v = \frac{q_1}{A_1} = \frac{KA_v}{A_1} \left[P_P - \frac{F}{A_1} \right]^m \tag{7-5}$$

此为进口节流调速回路的速度-负载特性,它反映了在节流阀通流面积 A_v 一定的情况下,活塞速度 v 随负载 F 的变化关系。若以 v 为纵坐标,以 F 为横坐标,以 A_v 为参考变量,则可绘出如图 7-16(b)所示的速度-负载特性曲线。

由图 7-16(b)和式(7-5)可知,当其他条件不变时,活塞的运动速度 v 与节流阀的通流面积 A_v 成正比,故调节 A_v 就可调节液压缸的速度。由于薄壁小孔节流阀的最小稳定流量很小,故可得到较低的稳定速度。这种调速回路的调速范围(最高速度和最低速度之比)较大,一般可大于 100。

由图 7-16 和式(7-5)还可知,当节流阀的通流面积 A_v 一定时,随着负载 F 的增加,节流阀两端压差减小,活塞的运动速度 v 按抛物线规律下降。通常负载变化对速度的影响程度用速度刚度 T_v 表示。所谓速度刚度,就是速度负载特性曲线上某点切线斜率的倒数,斜率越小即曲线越平,速度刚度越大,负载变化对速度影响越小,速度的稳定性就越好。

根据速度刚度的定义,则有:

$$T_\nu = -\frac{\partial F}{\partial \nu} = -\frac{1}{\frac{\partial \nu}{\partial F}} = -\frac{1}{\tan a} \tag{7-6}$$

式中，a 表示速度-负载特性曲线上某一点切线角。因为随着负载的增加，速度将下降。为保持 T_ν 为正值，在式(7-6)前加一负号。

由式(7-5)、式(7-6)可求得速度刚度为：

$$T_\nu = \frac{A_1^2}{KA_\nu m}\left[p_P - \frac{F}{A_1}\right]^{1-m} \tag{7-7}$$

由式(7-7)及图7-16可以看出，当节流阀通流面积 A_ν 一定时，负载 F 越小，速度刚度越大；当负载 F 一定时，节流阀通流面积 A_ν 越小，速度刚度越大；适当增加液压缸的有效面积 A_ν 和提高液压泵的供油压力 p_P 可提高速度刚度。

由上述分析可知，这种调速回路在低速小负载时的速度刚度较高，但在低速小负载的情况下功率损失较大，效率较低。

b. 最大承载能力。由图7-16(b)可以看出，三条(多条也一样)特性曲线交于横坐标轴上的一点，该点对应的 F 为最大负载，这说明在 p_P 调定的情况下，不论 A_ν 如何变化，液压缸的最大承载能力 F_{max} 是不变的，即最大承载能力与速度调节无关。因为最大负载时，缸停止运动，令式(7-5)等于零，得 F_{max} 值为：

$$F_{max} = p_P A_1 \tag{7-8}$$

故这种调速方式称为恒推力调速(执行元件是液压马达时，为恒扭矩调速)。

c. 功率和效率。液压泵的输出功率为 $P_P = p_P \cdot q_P =$ 常量；液压缸输出的有效功率为：

$$P_1 = F(q_1/A_1) = p_1 q_1$$

回路的功率损失(不考虑液压缸、管路和液压泵上的功率损失)为：

$$\Delta P = P_P - P_1 = p_P q_P - p_1 q_1 = p_P(q_1 + q_3) - (p_P - \Delta p)q_1 = p_P q_3 + \Delta p q_1 \tag{7-9}$$

从上式可知，这种调速回路的功率损失由溢流损失 $p_P q_3$ 和节流损失 $\Delta p q_1$ 两部分组成。

而回路的效率 η 为：

$$\eta = P_1/P_P = p_1 q_1/p_P q_P \tag{7-10}$$

由于两种损失的存在，故回路效率较低，特别是速度低、负载小时，更是如此。

(2) 出口节流调速回路

① 油路组成及调速原理

这种调速回路和进口节流调速回路的组成相同，只是将节流阀串联在液压缸的回油路上(如图7-17所示)，借助节流阀控制液压缸的排油量 q_2 实现速度调节。由于进入液压缸的流量 q_1 受到回油路上排油量 q_2 的限制，因此，用节流阀来调节液压缸的排油量 q_2，也就调节了进油量 q_1。定量泵多余的油液经溢流阀流回油箱。

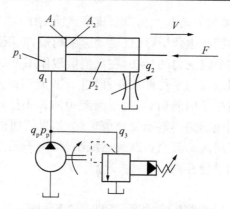

图 7-17　节流阀的出口节流调速回路

② 性能特点

速度-负载特性。如图 7-17 所示,其受力平衡方程式为:

$$p_1 A_1 = p_2 A_2 + F \qquad (7-11)$$

节流阀前后的压差为:

$$\Delta p = p_2 = \frac{A_1}{A_2}\left[p_P - \frac{F}{A_1} \right] = \frac{1}{n}\left[p_P - \frac{F}{A_1} \right] \qquad (7-12)$$

式中:n 为活塞两腔的工作面积比, $n = A_2/A_1$。

通过节流阀的流量为:

$$q_2 = KA_v (\Delta p)^m = KA_v \frac{1}{n^m}\left[p_P - \frac{F}{A_1} \right]^m \qquad (7-13)$$

则活塞的运动速度为:

$$v = \frac{q_2}{A_2} = \frac{KA_v}{A_2 n^m}\left[p_P - \frac{F}{A_1} \right]^m = \frac{KA_v}{A_1 n^{m+1}}\left[p_P - \frac{F}{A_1} \right]^m \qquad (7-14)$$

速度刚度为:

$$T_v = \frac{A_1^2 n^{m+1}}{KA_v m}\left[p_P - \frac{F}{A_1} \right]^{1-m} \qquad (7-15)$$

比较式(7-7)与式(7-15),出口节流阀比进口节流调速仅多一个常系数 n^{m+1},所以,其速度-负载特性和速度刚度与进口节流调速相似。如果都使用的是双活塞杆液压缸($n=1$),则两种回路的速度-负载特性和速度刚度的公式完全相同。

通过以上分析,可知两者在速度-负载特性、最大承载能力及功率特性等方面是相同的,它们通常都适用于低压、小流量和负载变化不大的液压系统。

③ 进、出口节流调速回路的比较

上述分析表明,进、出口节流调速回路在速度-负载特性、承载能力和效率方面是相同的。但在选用这两种回路时,应注意两者在以下几个方面的明显差别。

a. 承受负值负载的能力及运动平稳性

所谓负值负载(即超越负载),是指负载作用力的方向和执行元件运动方向相同,如铣床的顺铣等工况下工作时均属负值负载。出口节流调速回路中,由于在回油路上有节流阀,形成局部阻力,使液压缸回油腔产生背压,而且运动速度越快,液压缸的背压也越高,背压力就形成了一个阻尼力,由于这个阻尼力的存在,在负值负载作用下,液压缸的速度仍受到限制,不会产生速度失控现象,即运动的平稳性较好;而进口节流调速回路中回油腔无背压,在负值负载作用下,执行元件被拉了向前运动,由于前腔中液体不能承受拉力,将使活塞运动速度失去控制,故进口节流调速回路不能承受负值负载(如果要使进口节流调速回路承受负值负载,必须在回油路上加背压阀),且当负载突然减小时,由于无背压将产生突然快进的前冲现象,所以这种回路的运动平稳性差。

b. 回油腔压力

出口节流调速回路中,回油腔压力较高,特别是在轻载时,回油腔压力有可能比进油腔压力还要高。这样就会使密封摩擦力增加,降低密封件寿命,并使泄露增加,效率降低。

c. 油液发热对泄露的影响

油液流经节流阀时,会产生能力损失并且发热。在出口节流调速回路中油液是经节流阀回油箱,通过油箱散热冷却后再重新进入泵和液压缸,因此,对液压缸的泄露、稳定性等无影响;而在进口节流调速回路中,经节流阀后发热的油液直接进入液压缸,因此,会影响液压缸的泄露,从而影响容积效率和速度的稳定性。

d. 启动时的前冲

在出口节流调速回路中,若停车的时间较长,液压缸回油腔中要漏掉部分油液,形成空隙。重新启动时,液压泵全部流量进入液压缸,使活塞以较快速度前冲一段距离,直到消除回油腔中的空隙并形成背压为止。这种启动时的前冲现象可能会损坏机件。但对于进口节流调速回路,只要在启动时关小节流阀,就能避免前冲。

e. 实现压力控制的难易

进口节流调速回路较易实现压力控制。因为当工作部件在行程终点碰到死挡块(或压紧工件)以后,缸的进油腔油压会上升到某一数值,利用这个压力变化,可使并接于此处的压力继电器发出电气信号,对系统的下一步动作(如另一液压缸的动作)实现控制。而在出口节流调速时,进油腔压力没有变化,不易实现压力控制。虽然在工作部件碰死挡块后,缸的回油腔压力下降为零,可以利用这个变化值使压力继电器实现降压发信,但电气控制线路比较复杂,且可靠性也不高。

(3)旁路节流调速回路

① 油路组成及调速原理

如图 7-18 所示为节流阀的旁路节流调速回路,这种回路与进、出口节流调速回路的组成相同,主要区别是将节流阀安装在与液压缸并联的进油支路上,此时,回路中的溢流阀做安全阀用,正常工作时处于常闭状态。

其调速原理:定量泵输出的流量 q_P,其中一部分流量 q_3 通过节流阀流回油箱,另一部分 q_1 进入液压缸,推动活塞运动。如果流量 q_3 增多,流量 q_1 就减少,活塞的速度就慢;反之,活塞的速度就快。因此,调节通过节流阀的流量 q_3,就间接地调节了进入液压缸的流量 q_1,也就调节了活塞的运动速度 v。这里,液压泵的供油压力 p_P(在不考虑油路损失时)等于液压缸进油腔的工作压力 p_1,其大小决定于负载 F,安全阀的调定压力应大于最大的工作压力,它仅在回路过载时才打开。

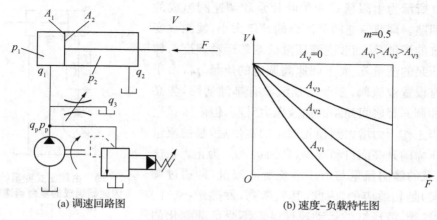

(a) 调速回路图　　　　　　　　(b) 速度–负载特性图

图 7 – 18　节流阀的旁路节流调速回路

② 性能特点

a. 速度–负载特性

旁路节流调速回路在速度较高、负载大时，速度刚度相对较高，这与前两种调速回路正好相反。应当注意，在这种调速回路中，速度稳定性除受液压缸和阀的泄露影响外，还受液压泵泄露的影响。当负载增大，工作压力增加时，泵的泄露量增加，使进入液压缸的流量 q_1 相对减少，活塞速度降低。由于泵的泄露比液压缸和阀的要大得多，所以，它对活塞运动速度的影响就不能忽略。因此，旁路节流调速回路的速度稳定性比前两种回路还要差。

b. 功率和效率

旁路节流调速回路只有节流损失而无溢流损失，液压泵的输出功率随着工作压力 p_1 的增减而增减。因此，回路的效率比前两种回路要高。

但旁路节流调速回路速度–负载特性较差，一般只用在功率较大、对稳定性要求很低的场合，如牛头刨床主运动系统、输送机械液压系统等。

2. 容积调速回路

如图 7 – 19 所示为使用变量液压泵的调速回路，属于容积调速回路，它通过改变变量液压泵的输出流量来实现调节执行元件的运动速度。液压系统工作时，变量液压泵输出的压力油液全部进入液压缸，推动活塞运动。调节变量液压泵的转子与定子之间的偏心距（单作用叶片泵或径向柱塞泵）或斜盘的倾斜角度（轴向柱塞泵），改变泵的输出流量，就可以改变活塞的运动速度，从而实现调速。回路中的溢流阀起安全保护作用，正常工作时关闭，当系统过载时才打开溢流阀，因此，溢流阀限定了系统的最高压力。与节流调速回路相比较，采用变量液压泵的容积调速具有压力损耗和流量损耗小的优点，因为回路发

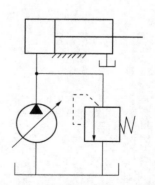

图 7 – 19　变量液压泵调速回路

热量小，效率高，适用于功率较大的液压系统中。其缺点是变量液压泵结构复杂，价格较高。

3. 容积、节流复合调速回路

用变量液压泵和节流阀（或调速阀）相配合进行调速的方法称为容积、节流复合调速。

如图 7-20 所示为由限压式变量叶片泵和调速阀组成的复合调速回路。调节调速阀节流口的开口大小，就能改变进入液压缸的流量，从而改变液压缸活塞的运动速度。如果变量液压泵的流量 q_v 大于调速阀调定的流量 q_{v1}，由于系统中没有设置溢流阀，多余的油液没有排油通路，势必使液压泵和调速阀之间油路的油液压力升高，但限压式变量叶片泵当工作压力增大到预先调定的数值后，泵的流量会随工作压力的升高而自动减少，直到 $q_v = q_{v1}$ 为止。在这种回路中，泵的输出流量与液压系统所需流量（即通过调速阀的流量）是相适应的，因此，其效率高，发热量小。同时，采用调速阀，液压缸的运动速度基本不受负载变化的影响，即使在较低的运动速度下工作，运动也比较稳定。

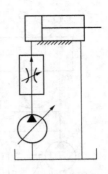

图 7-20　由限压式变量叶片泵和调速阀组成的复合调速回路

7.3.2　快速运动回路

为了提高生产效率，机床工作部件常常要求实现空行程（或空载）的快速运动。这时要求液压系统流量大且压力低。这和工作运动时一般需要的流量较小和压力较高的情况正好相反。对快速运动回路的要求主要是在快速运动时，尽量减小需要液压泵输出的流量，或者在加大液压泵的输出流量后，但在工作运动时又不至于引起过多的能量消耗。以下介绍几种机床上常用的快速运动回路。

1. 差动连接回路

这是在不增加液压泵输出流量的情况下，来提高工作部件运动速度的一种快速回路，其实质是改变液压缸的有效作用面积。

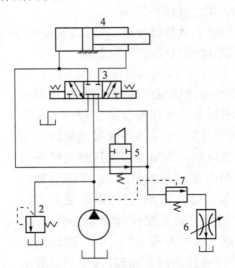

图 7-21　能实现差动连接工作进给回路

如图 7-21 所示是用于快、慢速转换的，其中快速运动采用差动连接的回路。当换向阀 3 左端的电磁铁通电时，阀 3 左位进入系统，液压泵输出的压力油同缸右腔的油经 3 左位、5 下位（此时外控顺序阀 7 关闭）也进入缸 4 的左腔，实现了差动连接，使活塞快速向右运动。

当快速运动结束,工作部件上的挡铁压下机动换向阀5时,泵的压力升高,阀7打开,液压缸4右腔的回油只能经调速阀6流回油箱,这时是工作进给。当换向阀3右端的电磁铁通电时,活塞向左快速退回(非差动连接)。采用差动连接的快速回路方法简单,较经济,但快、慢速度的换接不够平稳。必须注意,差动油路的换向阀和油管通道应按差动时的流量选择,不然流动液阻过大,会使液压泵的部分油从溢流阀流回油箱,速度减慢,甚至不起差动作用。

　　2. 双泵供油的快速运动回路

　　这种回路是利用低压大流量泵和高压小流量泵并联为系统供油,回路见图7-22所示。

　　图中1为高压小流量泵,用以实现工作进给运动。2为低压大流量泵,用以实现快速运动。在快速运动时,液压泵2输出的油经单向阀4和液压泵1输出的油共同向系统供油。在工作进给时,系统压力升高,打开液控顺序阀(卸荷阀)3使液压泵2卸荷,此时单向阀4关闭,由液压泵1单独向系统供油。溢流阀5控制液压泵1的供油压力是根据系统所需最大工作压力来调节的,而卸荷阀3使液压泵2在快速运动时供油,在工作进给时则卸荷,因此,它的调整压力应比快速运动时系统所需的压力要高,但比溢流阀5的调整压力低。

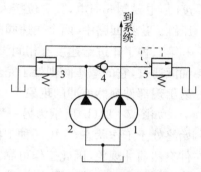

图7-22　双泵供油回路

　　双泵供油回路功率利用合理、效率高,并且速度换接较平稳,在快、慢速度相差较大的机床中应用很广泛,缺点是要用一个双联泵,油路系统也稍复杂。

7.3.3　速度换接回路

　　速度换接回路用来实现运动速度的变换,即在原来设计或调节好的几种运动速度中,从一种速度换成另一种速度。对这种回路的要求是速度换接要平稳,即不允许在速度变换的过程中有前冲(速度突然增加)现象。下面介绍几种回路的换接方法及特点。

　　1. 快速运动和工作进给运动的换接回路

　　如图7-23所示是用单向行程节流阀换接快速运动(简称快进)和工作进给运动(简称工进)的速度换接回路。在图示位置液压缸3右腔的回油可经行程阀4和换向阀2流回油箱,使活塞快速向右运动。当快速运动到达所需位置时,活塞上挡块压下行程阀4,将其通路关闭,这时液压缸3右腔的回油就必须经过节流阀6流回油箱,活塞的运动转换为工作进给运动。当操纵换向阀2使活塞换向后,压力油可经换向阀2和单向阀5进入液压缸3右腔,使活塞快速向左退回。

　　在这种速度换接回路中,因为行程阀的通油路是由液压缸活塞的行程控制阀芯移动而逐渐关闭的,所以换接时的位置精度高,冲出量小,运动速度的变换也比较平稳。这种回路在机床液压系统中应用较多,它的缺点是行程阀的安装位置受一定限制(要由挡铁压下),所以有

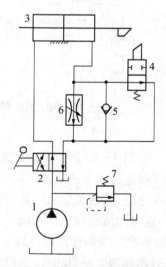

图7-23 用行程节流阀的速度换接回路

时管路连接稍复杂。行程阀也可以用电磁换向阀来代替,这时电磁阀的安装位置不受限制(挡铁只需要压下行程开关),但其换接精度及速度变换的平稳性较差。

2. 两种工作进给速度的换接回路

对于某些自动机床、注塑机等,需要在自动工作循环中变换两种以上的工作进给速度,这时需要采用两种(或多种)工作进给速度的换接回路。

如图 7-24 所示是两个调速阀并联以实现两种工作进给速度换接的回路。在图 7-24 (a)中,液压泵输出的压力油经调速阀 3 和电磁阀 5 进入液压缸。当需要第二种工作进给速度时,电磁阀 5 通电,其右位接入回路,液压泵输出的压力油经调速阀 4 和电磁阀 5 进入液压缸。这种回路中,两个调速阀的节流口可以单独调节,互不影响,即第一种工作进给速度和第二种工作进给速度互相间没有什么限制。但一个调速阀工作时,另一个调速阀中没有油液通过,它的减压阀则处于完全打开的位置,在速度换接开始的瞬间不能起减压作用,容易出现部件突然前冲的现象。

如图 7-24(b)所示为另一种调速阀并联的速度换接回路。在这个回路中,两个调速阀始终处于工作状态,在由一种工作进给速度转换为另一种工作进给速度时,不会出现工作部件突然前冲现象,因此工作可靠。但是液压系统在工作中总有一定量的油液通过不起调速作用的那个调速阀流回油箱,造成能量损失,使系统发热。

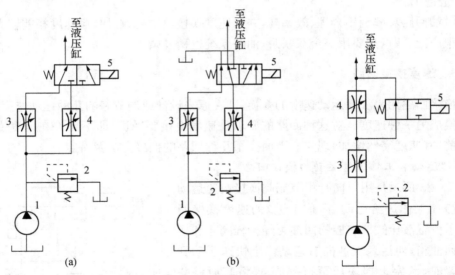

图 7-24 两个调速阀并联式速度换接回路

图 7-25 两个调速阀串联的速度换接回路

如图 7-25 所示是两个调速阀串联的速度换接回路。图中液压泵输出的压力油经调速阀 3 和电磁阀 5 进入液压缸,这时的流量由调速阀 3 控制。当需要第二种工作进给速度时,阀 5 通电,其右位接入回路,则液压泵输出的压力油先经调速阀 3,再经调速阀 4 进入液压缸,这时的流量应由调速阀 4 控制,所以这种图 7-25 所示两个调速阀串联式回路中调速阀 4 的节流口应调得比调速阀 3 小,否则调速阀 4 速度换接回路将不起作用。这种回路在工作时调速阀 3 一直工作,它限制着进入液压缸或调速阀 4 的流量,因此,在速度换接时不会使液压缸产生前冲现象,换接平稳性较好。在调速阀 4 工作时,油液需经两个调速阀,故能量损失较大。系统发热也较大,但却比图 7-24(b)所示的回路要小。

7.4　多缸动作控制回路

7.4.1　顺序动作回路

在多缸液压系统中,往往需要按照一定的要求顺序动作。例如,自动车床中刀架的纵横向运动,夹紧机构的定位和夹紧等。

顺序动作回路按其控制方式不同,分为压力控制、行程控制和时间控制三类,其中前两类用得较多。

1. 用压力控制的顺序动作回路

压力控制就是利用油路本身的压力变化来控制液压缸的先后动作顺序,它主要利用压力继电器和顺序阀来控制顺序动作。

(1)用压力继电器控制的顺序回路

如图 7-26 所示是压力继电器控制的顺序回路,它的动作顺序是:液压泵输出的压力油进入夹紧缸的右腔,左腔回油,活塞向左移动,将工件夹紧。夹紧后,液压缸右腔的压力升高,当油压超过压力继电器的调定值时,压力继电器发出信号,指令电磁阀的电磁铁 2YA、4YA 通电,进给液压缸实现快速运动,电磁铁 4YA 断电,则液压缸变为工作进给,当工作进给结束,3YA、4YA 通电,液压缸快速返回原位后,1YA 通电,工件松开。然后进入第二个工作循环。油路中要求先夹紧后进给,工件没有夹紧则不能进给,这一严格的顺序是由压力继电器保证的。压力继电器的调整压力应比减压阀的调整压力低 $3\times10^5 \sim 5\times10^5$ Pa.

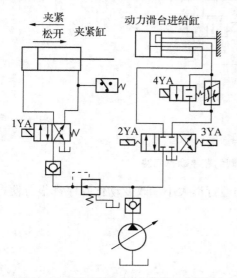

图 7-26　压力继电器控制的顺序回路

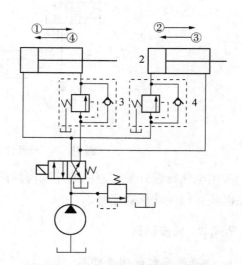

图 7-27　顺序阀控制的顺序动作回路

(2)用顺序阀控制的顺序动作回路

如图 7-27 所示是采用两个单向顺序阀的压力控制顺序动作回路。其中单向顺序阀 4 控制两液压缸前进时的先后顺序,单向顺序阀 3 控制两液压缸后退时的先后顺序。当电磁换向阀通电时,压力油进入液压缸 1 的左腔,右腔油液经阀 3 中的单向阀回油,此时,由于压力较低,单向顺序阀 4 关闭,液压缸 1 的活塞先动,当活塞运动至终点时,油压升高,达到单向顺序阀 4 的调定压力时,顺序阀开启,压力油进入液压缸 2 的左腔,右腔直接回油,缸 2 的活塞向右移动。当液压缸 2 的活塞右移达到终点后,电磁换向阀断电复位,此时,压力油进入液压缸 2 的右腔,左腔经单向顺序阀 4 中的单向阀回油,使缸 2 的活塞向左返回,到达终点时,进油路压力升高打开顺序阀 3 再使液压缸 1 的活塞返回。若回程时液压缸无先后顺序要求,可将单向顺序阀 3 省去。这种顺序动作回路的可靠性,在很大程度上取决于顺序阀的性能及其压力调整值。顺序阀的调整压力应比先动作的液压缸的工作压力高 $8 \times 10^5 \sim 10 \times 10^5$ Pa,以免在系统压力波动时,发生误动作。

2. 用行程控制的顺序动作回路

行程控制顺序动作回路是利用工作部件到达一定位置时,发出信号来控制液压缸的先后动作顺序,它可以利用行程开关、行程阀或顺序缸来实现。

如图 7-28 所示是利用电气行程开关发信号来控制电磁阀先后换向的顺序动作回路。其动作顺序是:按启动按钮,电磁铁 1YA 通电,缸 1 活塞右行;当挡铁触动行程开关 2SA,使 2YA 通电,缸 2 活塞右行;缸 2 活塞右行至行程终点,触动 3SA,使 1YA 断电,缸 1 活塞左行;而后触动 1SA,使 2YA 断电,缸 2 活塞左行。至此,完成了缸 1、缸 2 的全部顺序动作的自动循环。

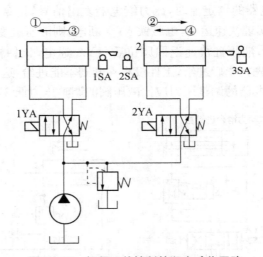

图 7-28 行程开关控制的顺序动作回路

采用电气行程开关控制的顺序动作回路,调整行程大小和改变动作顺序都很方便,且可利用电气互锁使动作顺序可靠。

7.4.2 同步回路

1. 串联液压缸的同步回路

使两个或两个以上的液压缸,在运动中保持相同位移或相同速度的回路,称为同步回路。在一泵多缸的系统中,尽管液压缸的有效工作面积相等,但是由于运动中所受负载不均衡,摩擦阻力也不相等,泄漏量的不同以及制造上的误差等,不能使液压缸同步动作。同步回路的作用就是为了克服这些影响,补偿它们在流量上所造成的变化,使液压缸实现同步动作。如图 7-29 所示是串联液压缸的同步回路。图中第一个液压缸回油腔排出的油液,被送入第二个液压缸的进油腔。如果串联油腔两活塞的有效面积相等,便可实现同步运动。这种回路两缸能承受不同的负载,但泵的供油压力要大于两缸工作压力之和,由于泄漏和制造误差,影响了串联液压缸的同步精度,当活塞往复多次后,由于泄露等会产生严重的位置不同步,所以要采取补偿措施。

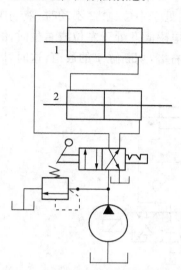

图 7-29　串联液压缸的同步回路

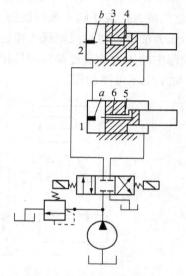

图 7-30　带补偿装置的串联液压缸同步回路

1、2—液压缸;3、4、5、6—单向阀

如图 7-30 所示为两个单作用缸相串联,并带有补偿装置的同步回路。为了达到同步运动,缸 1 无杆腔的有效面积和缸 2 有杆腔的有效面积应相等。当两活塞进行往复行程后,相互位置将会产生误差,这可由液压缸上的补偿机构来进行补偿,以消除误差的累积。例如,由于泄露影响,缸 1 活塞往往会先于缸 2 活塞到达左端,这时缸 1 端盖上的顶杆 a 将单向阀 6 顶开,压力油就经单向阀 5、6 进入缸 2 右腔,使缸 2 活塞也到达左端;同样若缸 2 活塞先到达左端,顶杆 b 将单向阀 3 顶开,将缸 1 无杆腔的多余油液经单向阀 4、3 引入油箱,使缸 1 活塞能同样到达左端。

2. 流量控制式同步回路

如图 7-31 所示是两个并联的液压缸,分别用调速阀控制的同步回路。两个调速阀分别调节两缸活塞的运动速度,当两缸有效面积相等时,则流量也调整得相同;若两缸面积不等时,则改变调速阀的流量也能达到同步的运动。用调速阀控制的同步回路,结构简单,并且可以调速,但由于受到油温变化以及调速阀性能差异等影响,显然不易保证位置同步,速度同步精度也较低,一般在 5‰~7‰左右。

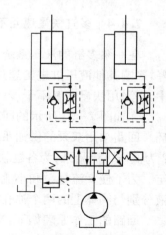

图 7-31　调速阀控制的同步回路

7.4.3 互锁回路

在多缸工作的液压系统中,有时在一缸运动时,不允许其他缸有任何运动,这称为互锁,是一种安全措施。下面介绍一种并联互锁回路。

如图 7-32 所示为双缸并联互锁回路,回路要求在缸 2 作往复运动时,缸 1 必须停止运动。这是依靠二位二通液动阀 4 来保证的。当电磁阀 5 处于中位、缸 2 不动时,液动阀 4 处于图示位置,压力油可以通过液动阀 4 使缸 1 运动。当电磁阀 5 处于左位或右位时,缸 2 运动,缸 2 进油路中的压力油通过单向阀作用于液动阀 4 右端,切断缸 1 的通道,这时,即使切换电磁阀 3,缸 1 也不可能动作。

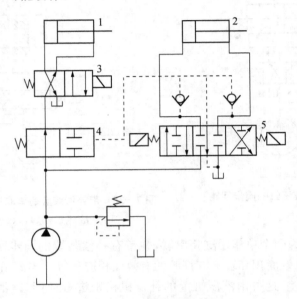

图 7-32 并联互锁回路
1、2-液压缸;3、5-电磁阀;4-液动阀

7.4.4 多缸快慢速互不干涉回路

在一泵多缸的液压系统中,往往由于其中一个液压缸快速运动,而造成系统的压力下降,影响其他液压缸进给速度的稳定性。因此,在进给速度要求比较稳定的多缸液压系统中,需采用快慢速互不干涉回路。

在如图 7-33 所示的回路中,各液压缸分别要完成快进、工作进给和快速退回的自动循环。回路采用双泵的供油系统,泵 1 为高压小流量泵,供给各缸工作进给所需的压力油;泵 2 为低压大流量泵,为各缸快进或快退时输送低压油,它们的压力分别由溢流阀 3 和 4 调定。为了使大流量泵和小流量泵的流量分隔开,回路中采用了二位五通阀,从两个泵来的油液分别与阀体上的两个油孔相通,使之互不干扰。

回路的工作原理如下:当电磁阀 1YA(或 2YA)不通电、3YA(或 4YA)通电时,缸 13(或 14)由泵 2 供油,液压缸 13(或 14)左右两腔由阀 7、11(或阀 8、12)连通,于是实现差动快进。3YA(或 4YA)断电、1YA(或 2YA)通电时,缸 13(或缸 14)由泵 1 供油,经阀 5 实现工进,此时,泵 2 的供油路被阀 7(或阀 8)左位和阀 11(或阀 12)右位切断。当 1YA(或 2YA)通电,

3YA(或4YA)也通电时,缸13(或14)又改为由泵2供油,泵1的供油路被阀11(或阀12)左位切断、液压缸右腔通压力油,左腔经阀11(或阀12)、阀7(或阀8)与油箱相通,于是实现快速后退。由于快慢速运动的油路分开,当缸13在作工进运动时,若缸14由工进转为快退,也不会引起缸13工进油路中压力的下降,对缸13的正常工作不会产生影响,即实现了多缸快慢速运动时互不干扰。

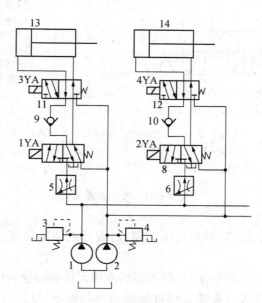

图7-33　多缸快慢速互不干涉回路

1-高压小流量泵;2-低压大流量泵;3、4-溢流阀;5、6-调速阀;
7、8、11、12-电磁换向阀;9、10-单向阀;13、14-油缸

7.5　实验实训

7.5.1　实验项目:液压多缸顺序控制回路

1. 实验目的
(1) 了解压力控制阀的特点。
(2) 掌握顺序阀的工作原理、职能符号及其运用。
(3) 了解压力继电器的工作原理及职能符号。
(4) 会用顺序阀或行程开关实现顺序动作回路。
2. 实验器材
QCS014B装拆式液压教学实验台1台。
3. 实验原理
液压系统图(如图7-34所示)。

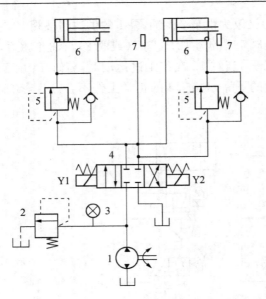

1—泵站；
2—溢流阀；
3—压力表；
4—三位四通电磁阀；
5—顺序阀；
6—液压油缸；
7—接近开关

图 7-34　液压系统图

4. 实验步骤

（1）根据试验内容，设计实验所需的回路，所设计的回路必须经过认真检查，确保正确无误。

（2）按照检查无误的回路要求，选择所需的液压元件，并且检查其性能的完好性。

（3）将检验好的液压元件安装在插件板的适当位置，通过快速接头和软管按照回路要求，将各个元件连接起来（包括压力表）。

（4）将电磁阀及行程开关与控制线连接。

（5）按照回路图，确认安装连接正确后，旋松泵出口自行安装的溢流阀。经过检查确认正确无误后，再启动油泵，按要求调压。不经检查，私自开机，一切后果由本人负责。

（6）系统溢流阀做安全阀使用，不得随意调整。

（7）根据回路要求，调节顺序阀，使液压油缸左右运动速度适中。

（8）实验完毕后，应先旋松溢流阀手柄，然后停止油泵工作。经确认回路中压力为零后，取下连接油管和元件，归类放入规定的抽屉中或规定地方。

5. 参考实验（液压系统图）

行程开关控制的顺序回路（如图 7-35 所示）。

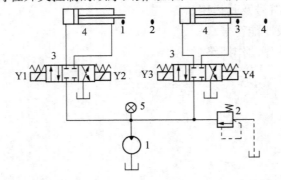

1—泵站；
2—溢流阀；
3—三位四通电磁换向阀；
4—液压油缸；
5—压力表

图 7-35　行程开关控制的顺序回路

思考题与习题

7－1 什么是液压基本回路？常用的液压基本回路按其功能可分为哪几类？

7－2 什么是进油节流调速回路？什么是回油节流调速回路？它们各有哪些特征？应用在什么场合？

7－3 什么是方向控制回路？有哪几种形式？

7－4 如图题7－4所示的液压回路中，它能否实现"夹紧缸Ⅰ先夹紧工件，然后进给缸Ⅱ再移动"的要求（夹紧缸Ⅰ的速度必须能调节）？为什么？应该怎么办？

7－5 如图题7－5所示的液压回路可以实现"快进→工进→快退"动作的回路（活塞右行为"进"，左行为"退"），如果设置压力继电器的目的是为了控制活塞的换向，试问：图中有哪些错误？为什么是错误的？应该如何改正？

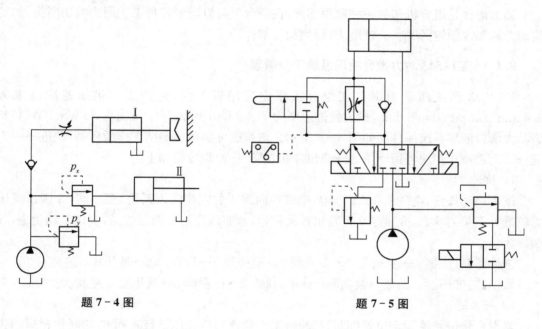

题7－4图　　　　　　　　　　题7－5图

模块八　液压传动系统实例及设计

8.1　YT4543 动力滑台液压系统

组合机床是由通用部件和某些专用部件所组成的高效率、自动化程度较高的专用机床，它能完成钻、扩、铰、镗、铣、攻螺纹等加工和工件的转位、定位、夹紧、输送等动作。广泛应用于大批量生产中。

动力滑台是组合机床的一种通用部件，在滑台上可以配置各种工艺用途的切削头，如安装动力箱和主轴箱、钻削头、铣削头、镗削头等部件。

8.1.1　YT4543 动力滑台液压系统工作原理

YT4543 型液压动力滑台在组合机床中应用较广泛，它的工作进给速度范围为 6.6 mm/min～660 mm/min，最大快进速度为 7 300 mm/min，最大推力为 45 kN。YT4543 型动力滑台液压系统原理图如图 8-1 所示。该系统可实现的典型工作循环是：快进→一工进→二工进→止挡块停留→快退→原位停止，其工作原理分析如下。

1. 快进

按下启动按钮，电磁铁 1YA 通电，电液换向阀 4 的左位接入系统，顺序阀 13 因系统压力较低处于关闭状态，变量泵 2 则输出较大流量，这时液压缸 5 两腔连通，实现差动快进，其油路为：

进油路：过滤器 1→变量泵 2→单向阀 3→换向阀 4→行程阀 6→液压缸 5 左腔；

回油路：液压缸 5 右腔→换向阀 4→单向阀 12→行程阀 6→液压缸 5 左腔。

2. 一工进

当滑台快进到达预定位置（即刀具趋近工件位置），挡铁压下行程阀 6，切断快速运动进油路，电磁阀 1YA 继续通电，阀 4 左位仍接入系统。这时，液压油只能经调速阀 11 和电磁换向阀 9 右位进入液压缸 5 左腔，由于工进时系统压力升高，变量泵 2 便自动减小其输出流量，顺序 13 此时打开，单向阀 12 关闭，液压缸 5 右腔的回油最终经背压阀 14 流回油箱，这样滑台转为第一次工作进给运动（简称一工进），其油路为：

进油路：滤油器 1→泵 2→单向阀 3→电液换向阀 4 左位→调速阀 11→电磁换向阀 9 右位→液压缸 5 左腔；

回油路：液压缸 5 右腔→电液换向阀 4 左位→顺序阀 13→背压阀 14→油箱。

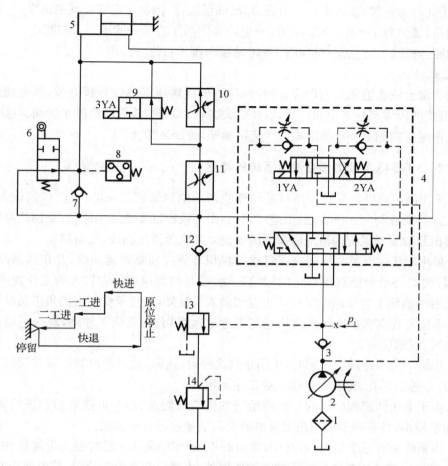

图 8-1　YT 4543 型动力滑台液压系统工作原理图
1-过滤器；2-变量泵；3,7,12-单向阀；4-电液换向阀；5-液压缸；6-行程阀；
8-压力继电器；9-电磁换向阀；10,11-调速阀；13-顺序阀；14-背压阀

3. 二工进

当第一次工作工进给运动到位时，滑台上的另一挡铁压下行程开关，使电磁铁 3YA 通电，于是换向阀 9 右位接入油路，由泵来的压力油须经调速阀 11 和 10 才能进入液压缸 5 的左腔。其他各阀的状态和油路与一工进相同。因调速阀 10 的通流面积比调速阀 11 通流面积小，故二工进速度由调速阀 10 来调节，但阀 10 的调节流量必须小于阀 11 的调节流量，否则，调速阀 10 将不起作用。

4. 止挡块停留

当被加工工件为不通孔且轴向尺寸要求严格，或需刮端面等情况时，则要求实现死挡铁停留。当滑台二工进到位碰上预先调好的死挡铁，活塞不能再前进，停留在死挡铁处，停留时间用压力继电器 8 和时间继电器(装在电路上)来调节和控制。

5. 快退

滑台在死挡铁上停留后，泵的供油压力进一步升高，当压力升高到压力继电器 8 的预调动作压力时，压力继电器 8 发出信号，使 1YA 断电，2YA 通电，电液换向阀 4 处于右位接入

系统,由于此时为空载,泵的供油压力低,输出油量大,滑台快速退回。其油路为:

进油路:滤油器 1→泵 2→单向阀 3→电液换向阀 4 右位→液压缸 5 右腔;

回油路:液压缸 5 左腔→单向阀 7→电液换向阀 4 右位→油箱。

6. 原位停止

当动力滑台快速退回到原始位置时,原位电气挡块压下原位行程开关,使电磁铁 2YA 断电,电液换向阀 4 都处于中间位置,液压缸失去动力来源,液压滑台停止运动。这时,变量泵输出油液经单向阀 3 和电液换向阀 4 流回油箱,液压泵卸荷。

8.1.2 YT4543 型动力滑台液压系统的特点

(1)采用限压式变量泵和液压缸差动连接两项措施来实现快进,可以得到较大的快进速度,快进时,能量利用比较合理;工进时,只输出与液压缸相适应的流量;止挡块停留时,变量泵只输出补偿泵及系统内泄漏所需要的流量。系统无溢流损失,效率高。

(2)采用限压式变量泵和调速阀组成的容积节流进油路调速回路,并在回油路上设置了背压阀,使动力滑台能获得稳定的低速运动,较好的调速刚性和较大的工作速度调节范围。进给时回油路上背压阀除了可防止空气渗入系统外,还可承受一定的负值负载。

(3)采用行程阀和顺序阀实现快进与工进的速度切换,简化了油路,动作平稳可靠、无冲击,转换位置精度高。

(4)在第二次工作进给结束时,采用止挡块停留,这样,动力滑台的停留位置精度高,适用于镗端面、镗阶梯孔、锪孔和锪端面等工序使用。

(5)由于采用调速阀串联的二次进给进油路节流调速方式,可使启动和进给速度转换时的前冲量较小,并有利于利用压力继电器发出信号进行自动控制。

(6)该系统中有三个单向阀,其中,单向阀 12 的作用是在工进时隔离进油路和回油路。单向阀 3 除有保护液压泵免受液压冲击的作用外,主要是在系统卸荷时,使电液换向阀的先导控制油路有一定的控制压力,确保实现换向动作。单向阀 7 的作用则是确保实现快退。

(7)外控顺序阀 13 在动力滑台快进时必须关闭,工进时必须打开,因此,外控顺序阀 13 的调定压力应低于工进时的系统压力且高于快进时的系统压力。

8.2 Q2-8 型汽车起重机液压系统

汽车起重机是一种自行式起重设备,它将起重机安装在汽车底盘上。它可与装运的汽车编队行驶,机动性好,应用广泛。它主要由起升、回转、变幅、伸缩和支腿等工作机构组成,这些工作机构动作通常由液压系统来实现。

8.2.1 Q2-8 型汽车起重机液压系统的工作原理

如图 8-2 所示为 Q2-8 型汽车起重机的简图。它主要由载重汽车 1、回转机构 2、支腿 3、吊臂变幅缸 4、吊臂伸缩缸 5、起升机构 6、基本臂 7 等部分组成。起重装置可连续回转,最大起重量为 80 kN(幅度为 3 m 时),最大起重高度 11.5 m。当装上附加臂时,可用于建筑工地吊装预制件。这种起重机的作业操作,主要通过手动操纵来实现多缸各自动作。起重作业时一般为单个动作,少数情况下有两个缸的复合动作,为简化结构,系统采用一个液压泵给各执行元件串联供油方式。在轻载情况下,各串联的执行元件可任意组合,使几个执行元件同时动作,如伸缩和回转,或伸缩和变幅同时进行等。

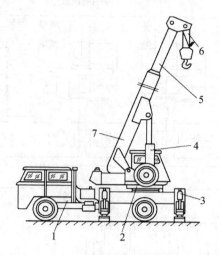

图 8 - 2 Q2 - 8 型汽车起重机外形简图

1-载重汽车;2-回转机构;3-支腿;4-吊臂变幅缸;5-伸缩吊臂;6-起升机构;7-基本臂

如图 8 - 3 所示为 Q2 - 8 型汽车起重机液压系统原理图,该系统的液压泵由汽车发动机通过装在汽车底盘变速箱上的取力箱传动,系统中的液压泵、安全阀、阀组 1 及前后支腿部分装在下车(汽车起重机车体部分),其他液压元件都装在上车(汽车起重机旋转部分),其中油箱兼配重。上车和下车之间的油路通过中心回转接头 9 连通。

该液压系统由支腿收放、回转机构、起升机构、吊臂伸缩和吊臂变幅等五个工作回路组成。

1. 支腿收放回路

Q2 - 8 型汽车起重机的底盘前后各有两条支腿,通过机械机构可以使每一条支腿收起和放下。在每一条支腿上都装着一个液压缸,支腿的动作由液压缸驱动。两条前支腿和两条后支腿分别由多路手动换向组 1 中的三位四通手动换向阀 A 和 B 控制其伸出或缩回,换向阀均采用 M 型中位机能,且油路采用串联方式,确保每条支腿伸出去的可靠性至关重要,因此,每个液压缸均设有双向锁紧回路,以保证支腿被可靠地锁住,防止在起重作业时发生"软腿"现象(液压缸上腔油路泄漏引起)或行车过程中支腿自行滑落(液压缸下腔油路泄漏引起)。

当多路手动换向阀组 1 中的阀 A 处于左位工作时,前支腿放下,其进、回油路为:

进油路:液压泵→多路手动换向阀组 1 中的阀 A 的左位→两个前支腿缸无杆腔;

回油路:两个前支腿缸有杆腔→液控单向阀→多路手动换向阀组 1 中的阀 A 左位→阀 B 中位→旋转接头 9→多路手动换向阀组 2 中阀 C、D、E、F 的中位→旋转接头 9→油箱。

当多路手动换向阀 1 组中的阀 B 处于左位工作时,后支腿放下,其进、回油路为:

进油路:液压泵→多路手动换向阀组 1 中的阀 A 的中位→阀 B 的左位→两个后支腿缸无杆腔;

回油路:两个后支腿缸回油腔→多路手动换向阀组 1 中的阀 A 的中位→阀 B 左位→旋转接头 9→多路手动换向阀 2 中阀 C、D、E、F 的中位→旋转接头 9→油箱。

当多路手动换向阀组 1 中的阀 A、B 处于右位工作时,前、后支腿收回。

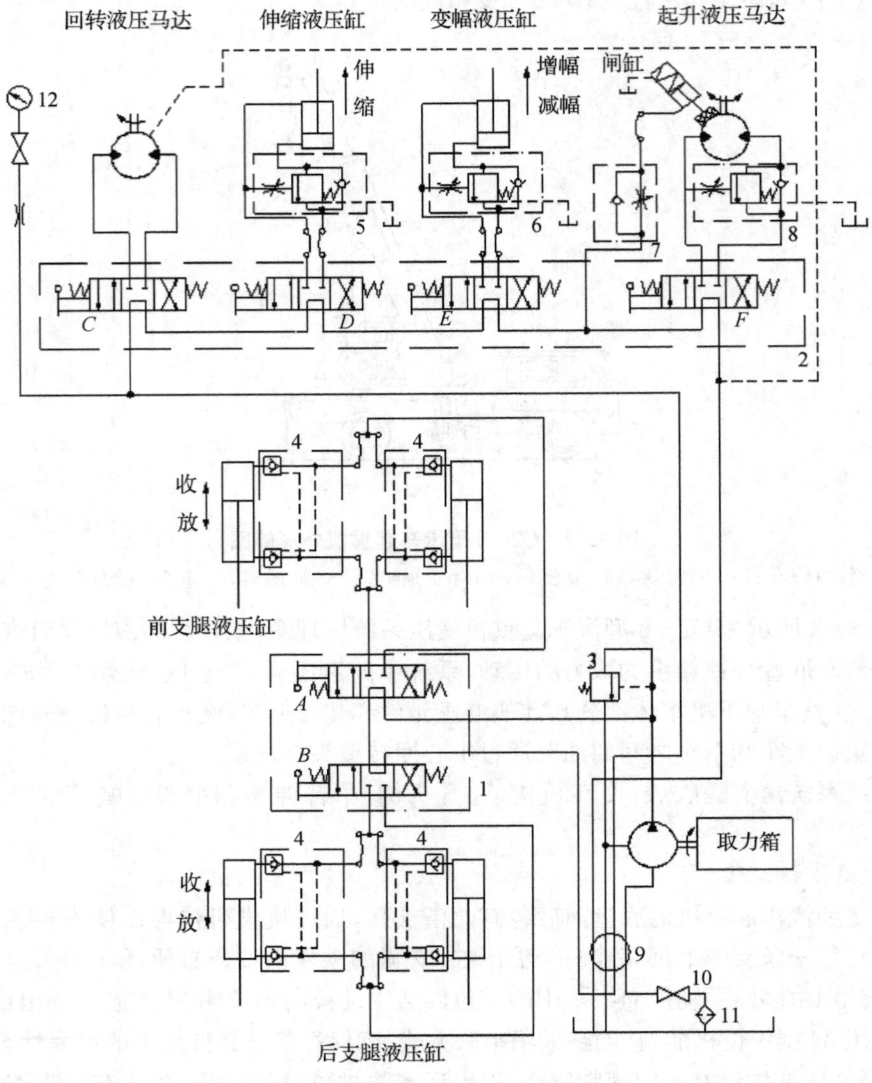

图 8-3　Q2-8 型汽车起重机液压系统原理图

1、2-手动换向阀组;3-安全阀;4-双向液压锁;5、6、8-平衡阀;
7-节流阀;9-中心回转接头;10-开关;11-滤油器;12-压力表

2. 吊臂回转回路

Q2-8 型汽车起重机吊臂回转机构采用液压马达作为执行元件。液压马达通过蜗轮蜗杆减速箱和一对内啮合的齿轮传动来驱动转盘回转。由于转盘转速较低,每分钟仅为 1~3 转,故液压马达的转速也不高,因此没有必要设置液压马达制动回路。系统中用多路手动换向阀组 2 中的一个三位四通手动换向阀 C 来控制转盘正、反转和锁定不动三种工况。阀 C 左位工作时,吊臂正转,其油路为:

进油路:液压泵→多路手动换向阀组 1 中的阀 A、阀 B 中位→旋转接头 9→多路手动换向阀组 2 中的阀 C→回转液压马达左腔;

回油路:回转液压马达右腔→多路手动换向阀组 2 中的阀 C→多路手动换向阀组 2 中的阀 D、E、F 的中位→旋转接头 9→油箱。

阀 C 右位工作时,回转液压马达反转,吊臂反转;阀 C 中位工作时,吊臂回转机构锁定不动。

3. 吊臂伸缩回路

Q2-8 型汽车起重机的吊臂由基本臂和伸缩臂组成,伸缩臂套在基本臂之中,用一个由三位四通手动换向阀 D 控制的伸缩液压缸来驱动吊臂地伸出、缩回和停止。为防止因自重而使吊臂下落,油路中设有平衡回路。当阀 D 右位工作时,吊臂伸出,其油路为:

进油路:液压泵→多路手动换向阀组 1 中的阀 A、阀 B 中位→旋转接头 9→多路手动换向阀组 2 中的阀 C 中位→换向阀 D 右位→伸缩缸无杆腔;

回油路:伸缩缸有杆腔→多路手动换向组 2 中的阀 D 右位→多路手动换向组 2 中的阀 E、F 的中位→旋转接头 9→油箱。

当阀 D 左位工作时,吊臂缩回,当阀 D 中位工作时,吊臂停止伸缩。

4. 吊臂变幅回路

吊臂变幅是用一个液压缸来改变起重臂的俯角角度。变幅液压缸由三位四通手动换向阀 E 控制。同样,为防止在变幅作业时因自重而使吊臂下落,在油路中设有平衡回路。当阀 E 右工作时,吊臂增幅,其油路为:

进油路:液压泵→阀 A 中位→阀 B 中位→旋转接头 9→阀 C 中位→阀 D 中位→阀 E 右位→变幅缸无杆腔;

回油路:变幅缸有杆腔→阀 E 右位→阀 F 中位→旋转接头 9→油箱。

当阀 E 左工作时,吊臂减幅;当阀 E 中工作时,吊臂停止变幅。

5. 起升机构回路

起升机构是汽车起重机的主要工作机构,它由一个低速大转矩定量液压马达来带动卷扬机工作。液压马达的正、反转由三位四通手动换向阀 F 控制。起重机起升速度的调节是通过改变汽车发动机的转速从而改变液压泵的输出流量和液压马达的输入流量来实现的。在液压马达的回油路上设有平衡回路,以防止重物自由落下;在液压马达上还设有单向节流阀的平衡回路,设有单作用闸缸组成的制动回路,当系统不工作时,通过闸缸中的弹簧力实现对卷扬机的制动,防止起吊重物下滑;当起重机负重起吊时,利用制动器延时张开的特性,可以避免卷扬机起吊时发生溜车下滑现象。当阀 F 左位工作时,起升机构起升重物,其油路为:

进油路:液压泵→阀 A 中位→阀 B 中位→旋转接头 9→阀 C 中位→阀 D 中位→阀 E 中位→阀 F 左位→卷扬机马达左腔;

回油路:卷扬机马达右腔→阀 F 左位→旋转接头 9→油箱。

当阀 F 右位工作时,卷扬机马达反转,起升机构放下重物;当阀 F 中位工作时,卷扬机马达不转,起升机构停止作业。

8.2.2 Q2-8 型汽车起重机液压系统的特点

Q2-8 型汽车起重机液压系统的特点如下:

(1) 采用平衡回路、锁紧回路和制动回路,保证起重机工作可靠、操作安全。

（2）该液压系统在调速回路中采用手动调节换向阀的开度大小来调整工件机构（起升机构除外）的速度，方便灵活。

（3）该液压系统在调压回路中采用安全阀来限制系统最高工作压力，防止系统过载，对起重机实现超重起吊安全保护作用。

（4）该液压系统的换向阀采用 M 形中位机能。当换向阀处于中位时，各执行元件的进油路均被切断，液压泵出口通油箱使泵卸荷，减少了功率损失。但采用六个换向阀串联连接，会使液压泵的卸荷压力加大，系统效率降低，但由于起重机不是频繁作业机械，这些损失对系统的影响不大。

8.3　数控加工中心液压系统

加工中心是一种带刀库，且机械、电气、液压、气动技术一体化的高效自动化程度高的数控机床。它可在一次装夹中完成铣、钻、扩、镗、锪、铰、螺纹加工、测量等多种工序。在大多数加工中心中，其液压系统可实现刀库、机械手自动进行刀具交换及选刀的动作、加工中心主轴箱、刀库机械手的平衡、加工中心主轴箱的齿轮拨叉变速、主轴松夹刀动作、交换工作台的松开、夹紧及其自动保护等。

8.3.1　卧式镗铣加工中心液压系统的工作原理

如图 8-4 所示为卧式镗铣加工中心液压系统原理图，各部分组成和工作原理如下：

1. 液压源

该系统采用变量叶片泵和蓄能器联合供油的方式，接通机床电源，启动电机 1，变量叶片泵 2 运转，调节单向节流阀 3，构成容积节流调速系统。溢流阀 4 起安全阀作用，手动阀 5 起卸荷作用。调节变量叶片泵 2，使其输出压力达到 7 MPa，并将安全阀 4 调至 8 MPa。回油滤油器过滤精度 10 μm，滤油器两端压力差超过 0.3 MPa 时系统报警，此时应更换滤芯。

2. 液压平衡装置

加工中心的主轴、垂直拖板、变速箱、主电机等连成一体，由 Y 轴滚珠丝杠通过伺服电机带动而上下移动，为了保证零件的加工精度，减少滚珠丝杠的轴向受力，整个垂直运动部分的重量需采用平衡法加以处理。平衡回路有多种，本系统采用平衡阀与液压缸来平衡重量。

液压平衡装置由平衡阀 7、安全阀 8、手动卸荷阀 9、平衡缸 10 等组成，蓄油器 11 起吸收液压冲击作用。调节平衡阀 7，使平衡缸 10 处于最佳工作状态，这可以通过测量 Y 轴伺服电机电流的大小来判断。

3. 主轴变速

主轴变速箱需换挡变速由换挡液压缸完成。在图 8-4 所示位置，液压油直接经换向阀 13 的右位、换向阀 14 的右位进入换挡液压缸的左腔，完成低速向高速换挡；当换向阀 13 切换至左位时，液压油经减压阀 12、换向阀 13、换向阀 14 进入换挡液压缸的右腔，完成高速向低速换挡。换挡液压缸速度由双单向节流阀 15 调整，减压阀 12 出口压力由测压接头 16 测得。

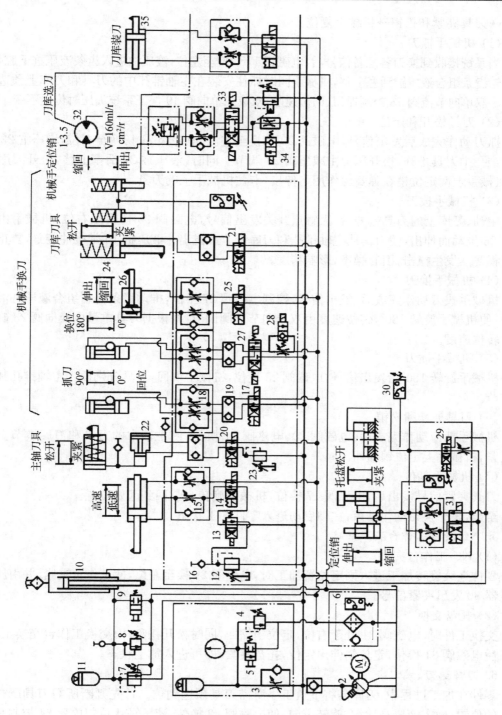

图 8-4 卧式镗铣加工中心液压系统原理图

4. 换刀回路及动作

加工中心在加工零件的过程中,前道工序完成后需换刀,此时,主轴应返回机床 Y 轴、Z 轴设定的换刀点坐标,主轴处于准停状态,所需刀具在刀库上已预选到位。换刀动作由机械手完成,换刀的过程是:机械手抓刀→刀具松开和定位→机械手拔刀→机械手换刀→机械手插刀→刀具夹紧和松销→机械手复位。

（1）机械手抓刀

当系统接收到换刀各准备信号后，电磁阀 17 切换至左位，液压油进入齿条液压缸下腔，推动齿轮齿条组合液压缸活塞上移，机械手同时抓住安装在主轴锥孔中的刀具和刀库上预选的刀具。双单向节流阀 18 控制抓刀、回位速度，双液控单向阀 19 保证系统失压时位置不变。

（2）刀具松开和定位

抓刀动作完成后发出信号，电磁阀 20 切换至左位、电磁阀 21 切换至右位，增压缸 22 使主轴锥孔中刀具松开，松开压力由减压阀 23 调节。同时，液压缸 24 活塞上移，松开刀库刀具；机械手上两定位销在弹簧力作用下伸出，卡住机械手上的刀具。

（3）机械手拔刀

主轴、刀库上的刀具松开后，无触点开关发出信号，电磁阀 25 切换至右位，机械手由液压缸 26 推动而伸出，使刀具从主轴锥孔和刀库链节上拔出。液压缸 26 带缓冲装置，防止其在行程终点发生撞击，引起噪声，影响精度。

（4）机械手换刀

机械手拔刀动作完成后，发出信号，控制电磁阀 27 换位，推动齿条传动组合液压缸活塞移动，使机械手旋转 180°，转位速度由双单向节流阀调节，并根据刀具重量由换向阀 28 确定两种转位速度。

（5）机械手插刀

机械手旋转 180°后发出信号，电磁阀 25 换位，机械手缩回，刀具分别插入主轴锥孔和刀库链节。

（6）刀具夹紧和松销

机械手插刀动作完成后，电磁阀 20、电磁阀 21 换位，使主轴中的刀具和刀库链节上刀具夹紧，机械手上定位销缩回。

（7）机械手复位

刀具夹紧信号发出后，电磁阀 17 换位，机械手旋转 90°，回到起始位置。

至此，整个换刀动作结束，主轴启动进入零件加工状态。

5．NC 旋转工作台液压回路

（1）NC 工作台夹紧

零件连续旋转加工进入固定位置加工时，电磁阀 29 换至左位，使工作台夹紧，并由压力继电器 30 发出夹紧信号。

（2）托盘交换

交换工件时，电磁阀 31 处于右位，定位销缩回，同时松开托盘，由交换工作台交换工件，结束后电磁阀 31 换位，定位销伸出定位，托盘夹紧，即可进入加工状态。

6．刀库选刀、装刀

零件在加工过程中，刀库需将下道工序所需刀具预选到位。首先判断所需刀具所在刀库中的位置，确定液压马达 32 旋转方向，使电磁阀 33 换位，液压马达控制单元 34 控制马达启动、中间状态、到位、旋转速度，刀具到位后，由旋转编码器组成的闭环系统控制发出信号。液压缸 35 用于刀库装刀位置上下装卸刀具。

8.3.2　卧式镗铣加工中心液压系统的特点

卧式镗铣加工中心液压系统的特点如下：

（1）加工中心的液压系统除主轴的刀具需要的夹紧力较大（可用增压缸来满足）外，所承担的其他辅助动作需要的力较小，因此，加工中心的液压系统一般采用压力在 10 MPa 以下的中低压系统，液压系统的流量一般在 30 L/min 以下。

（2）该系统采用变量叶片泵和蓄能器组成的液压源，可以减小能量损失和系统发热，提高加工中心的加工精度。

（3）该系统采用平衡阀——平衡缸的平衡回路，可以保证加工精度，减小滚珠丝杠的轴向受力，结构简单、体积小、重量轻。

（4）该系统在齿轮变速箱中采用液压缸驱动滑移齿轮实现两级变速，可以扩大伺服电动机驱动的主轴的调速范围。

8.4　液压系统的设计

液压系统设计是整个机械设备设计的一部分，必须与主机设计联系在一起同时进行。一般在分析主机的工作循环、性能要求、动作特点等基础上，经过认真分析比较，在确定全部或局部采用液压传动方案之后，才会提出液压系统的设计任务。

液压系统设计步骤如下：

（1）明确液压系统的设计要求，进行工况分析；

（2）确定主要参数；

（3）拟定液压系统原理图，进行系统方案论证；

（4）设计、计算、选择液压元件；

（5）验算液压系统主要性能；

（6）设计液压装置，编制液压系统技术文件。

下面通过实例介绍液压系统设计步骤和方法。

某厂汽缸加工自动线上要求设计一台卧式单面多轴钻孔组合机床，机床有主轴 16 根，钻 14 个 $\phi 13.9$ mm 的孔，2 个 $\phi 8.5$ mm 的孔，要求的工作循环如下所示：快速接近工件，然后以工作速度钻孔，加工完毕后快速退回原始位置，最后自动停止；工件材料：铸铁，硬度为 240 HB；假设运动部件重 $G=9\,800$ N；快进快退速度 $v_1=0.1$ m/s；动力滑台采用平导轨，静、动摩擦因数 $f_s=0.2$，$f_d=0.1$；往复运动的加速、减速时间为 0.2 s；快进行程 $L_1=100$ mm；工进行程 $L_2=50$ mm。试设计并计算其液压系统。

1．作负载循环图与速度循环图

（1）计算切削阻力

钻铸铁孔时，其轴向切削阻力可用以下公式计算：

$$F_c = 25.5 DS^{0.8}(\text{HB})^{0.6} \tag{8-1}$$

式中，D 为钻头直径（mm）；S 为每转进给量（mm/r）。

选择切削用量：钻 $\phi 13.9$ mm 孔时，主轴转速 $n_1=360$ r/min，每转进给量 $S_1=0.147$ mm/r；钻 8.5 mm 孔时，主轴转速 $n_2=550$ r/min，每转进给量 $S_2=0.096$ mm/r。则：

$$
\begin{aligned}
F_c &= 14 \times 25.5 D_1 S_1^{0.8}(\text{HB})^{0.6} + 2 \times 25.5 D_2 S_2^{0.8}(\text{HB})^{0.6} \\
&= 14 \times 25.5 \times 13.9 \times 0.147^{0.8} \times 240^{0.6} + \\
&\quad 2 \times 25.5 \times 8.5 \times 0.096^{0.8} \times 240^{0.6} = 30\,500(\text{N})
\end{aligned}
$$

（2）计算摩擦阻力

静摩擦阻力：$F_s = f_s G = 0.2 \times 9\,800 = 1\,960\,(\text{N})$

动摩擦阻力：$F_d = f_d G = 0.1 \times 9\,800 = 980\,(\text{N})$

（3）计算惯性阻力

$$E_i = \frac{G}{g} \times \frac{\Delta v}{\Delta t} = \frac{9\,800}{9.8} \times \frac{0.1}{0.2} = 500\,(\text{N})$$

（4）计算工进速度

工进速度可按加工 $\phi 13.9$ 的切削用量计算，即：

$$v_2 = n_1 S_1 = 360/60 \times 0.147 = 0.88\,\text{mm/s} = 0.88 \times 10^{-3}\,\text{m/s}$$

（5）计算分析

根据以上分析计算各工况负载，见表 8-1 所示。

表 8-1 液压缸负载的计算

工 况	计算公式	液压缸负载 F/N	液压缸驱动力 F_0/N
启 动	$F = f_s G$	1 960	2 180
加 速	$F = f_d G + G/g\Delta v/\Delta t$	1 480	1 650
快 进	$F = f_d G$	980	1 090
工 进	$F = F_e + f_d G$	31 480	35 000
反向启动	$F = f_s G$	1 960	2 180
加 速	$F = f_d G + G/g\Delta v/\Delta$	1 480	1 650
快 退	$F = f_d G$	980	1 090
制 动	$F = f_d G - G/g\Delta v/\Delta t$	480	532

其中，液压缸机械效率 $\eta_{cm} = 0.9$。

（6）计算快进、工进时间和快退时间

快进：$t_1 = L_1/v_1 = 100 \times 10^{-3}/0.1 = 1\,\text{s}$；

工进：$t_2 = L_2/v_2 = 50 \times 10^{-3}/0.88 \times 10^{-3} = 56.6\,\text{s}$；

快退：$t_3 = (L_1 + L_2)/v_1 = (100 + 50) \times 10^{-3}/0.1 = 1.5\,\text{s}$。

（7）绘图

根据上述数据，绘制液压缸的负载循环图与速度循环图，如图 8-5 所示。

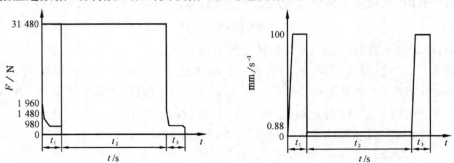

图 8-5 负载循环图与速度循环图

2. 确定液压系统参数

(1) 初选液压缸工作压力

液压缸的工作压力的选择有两种方式：一是根据机械类型选，见表8－2所示；二是根据切削负载选，见表8－3所示。

表8－2　按机械类型选择执行机构的工作压力

机械类型	机　床				农业机械	工程机械
	磨床	组合机床	龙门刨床	拉床		
工作压力/MPa	$a{\leqslant}2$	$3{\sim}5$	${\leqslant}8$	$8{\sim}10$	$10{\sim}16$	$20{\sim}32$

表8－3　按负载选择执行机构的工作压力

负载/N	$<5\,000$	$500{\sim}10\,000$	$10\,000{\sim}20\,000$	$20\,000{\sim}30\,000$	$30\,000{\sim}50\,000$	$>50\,000$
工作压力/MPa	${\leqslant}0.8{\sim}1$	$1.5{\sim}2$	$2.5{\sim}3$	$3{\sim}4$	$4{\sim}5$	>5

由工况分析可知，工进阶段的负载力最大，所以，液压缸的工作压力按此负载力计算，根据液压缸与负载的关系，选择 $p_1=40\times10^5$ Pa。本机床为钻孔组合机床，为防止钻通时发生前冲现象，液压缸回油腔应有背压，设背压 $p_2=6\times10^5$ Pa，为使快进快退速度相等，选用 $A_1=2A_2$ 差动油缸，假定快进、快退的回油压力损失为 $\Delta p=7\times10^5$ Pa。

(2) 计算液压缸尺寸

由式 $(p_1A_1-p_2A_2)\eta_{cm}=F$ 得：

$$A_1=\frac{F}{\eta_c m\left(p_1-\dfrac{p_2}{2}\right)}=\frac{31\,480}{0.9(40-6/2)\times10^3}=94\times10^{-4}\ \text{m}^2=94\ \text{cm}^2$$

液压缸直径：$D=\sqrt{\dfrac{4A_1}{\pi}}=\sqrt{\dfrac{4\times94}{\pi}}=109\ \text{mm}$

取标准直径：$D=110\ \text{mm}$

因为 $A_1=2A_2$，所以 $d=\dfrac{D}{\sqrt{2}}\approx80\ \text{mm}$

则液压缸有效面积：

$$A_1=\pi D^2/4=\pi\times11^2/4=95\ \text{cm}^2$$

$$A_2=\pi/4(D^2-d^2)=\pi/4(11^2-8^2)=47\ \text{cm}^2$$

(3) 计算液压缸在工作循环中各阶段的压力、流量和功率

液压缸工作循环各阶段压力、流量和功率计算见表8－4所示。

表 8-4　液压缸工作循环各阶段压力、流量和功率计算表

工况		计算公式	F_0/n	P_2/p_a	P_1/p_a	$Q/(10^{-3}\,\mathrm{m}^3/\mathrm{s})$	P/kW
快进	启动	$P_1=F_0/A+p_2$	2 180	$P_2=0$	$4.6*10^5$		
	加速	$Q=av_1$	1 650	$P_2=7\times10^5$	$10.5*10^5$	0.5	
	快进	$P=10-3p_1q$	1 090		9×10^5		0.5
工进		$p_1=F_0/a_1+p_2/2$ $q=A_1V_1$ $p=10^{-3}p_1q$	3 500	$P_2=6\times10^5$	40×10^5	0.83×10^5	0.033
快退	反向启动	$P_1=F_0/a_1+2p_2$	2 180	$P_2=0$	4.6×10^5		
	加速		1 650		17.5×10^5		
	快退	$Q=A_2V_2$	1 090	$P_2=7*10^5$	16.4×10^5	0.5	0.8
	制动	$P=10^{-3}p_1q$	532		15.2×10^5		

（4）绘制液压缸工况图（如图 8-6 所示）。

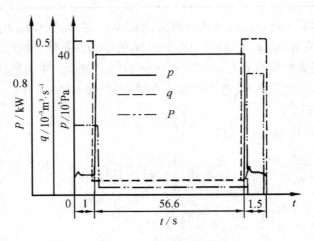

图 8-6　液压缸工况图

3. 拟定液压系统图

（1）选择液压回路

① 调速方式：由工况图可知，该液压系统功率小，工作负载变化小，可选用进油路节流调速，为防止钻通孔时的前冲现象，在回油路上加背压阀。

② 液压泵形式的选择：从液压缸工况图可清楚看出，系统工作循环主要由低压大流量和高压小流量两个阶段组成，最大流量与最小流量之比 $q_{max}/q_{min}=0.5/0.83\times10^{-2}\approx60$，其相应的时间之比 $t_2/t_1=56$。根据该情况，选用叶片泵较适宜，在本方案中，选用双联叶片泵。

③ 速度换接方式：由于钻孔工序对位置精度及工作平稳性要求不高，可选用行程调速阀或电磁换向阀。

④ 快速回路与工进转快退控制方式的选择：为使快进快退速度相等，选用差动回路作快速回路。

（2）组成系统

在所选定基本回路的基础上，再考虑其他一些有关因素，组成如图 8-7 所示液压系统图。

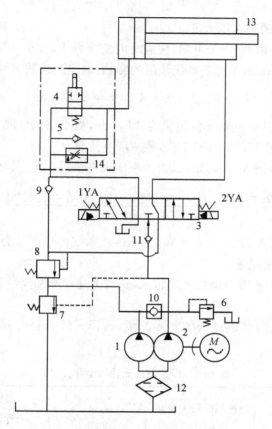

图 8-7 钻孔组合机床液压系统图

1、2-双联叶片泵；3-三位五通电磁换向阀；4-行程阀；5-单向阀；6-溢流阀；7-顺序阀；
8-背压阀；9-单向阀；10-单向阀；11-单向阀；12-滤油器；13-液压缸；14-调速阀

（3）拟定液压系统图时，应注意以下几个问题

① 为保证实现工作循环，在进行基本回路组合时，要防止相互干涉；

② 在满足工作循环和生产率的情况下，液压回路应力求简单、可靠，避免存在多余的回路；

③ 注意提高系统的工作效率，采取措施防止液压冲击，防止系统发热；

④ 应尽量采用有互换性的标准件，以利于降低成本、缩短设计和制造周期。

4. 选择液压元件

（1）选择液压泵和电动机

① 确定液压泵的工作压力。前面已确定液压缸的最大工作压力为 40×10^5 Pa，选取进油管路压力损失 $\Delta p = 8 \times 10^5$ Pa，其调整压力一般比系统最大工作压力大 5×10^5 Pa，所以，泵的工作压力 $p_B = (40+8+5) \times 10^5 = 53 \times 10^5$ Pa。

这是高压小流量泵的工作压力。

由图 8-7 可知：液压缸快退时的工作压力比快进时大，取其压力损失 $\Delta p' = 4 \times 10^5$ Pa，则快退时泵的工作压力为：

$$P_B = (16.4 + 4) \times 10^5 = 20.4 \times 10^5 \text{ Pa}$$

这是低压大流量泵的工作压力。

② 液压泵的流量。由图 8-7 可知，快进时的流量最大，其值为 30 L/min，最小流量在工进时，其值为 0.51 L/min，考虑到系统泄漏的影响，取泄漏系数 $K = 1.2$，则：

$$P_B = 1.2 \times 0.5 \times 10^{-3} = 36 \text{ L/min}$$

由于溢流阀稳定工作时的最小溢流量为 3 L/min，故小泵流量取 3.6 L/min。

根据以上计算，选用 YYB-AA36/6B 型双联叶片泵。

③ 选择电动机。由图 8-6 可知，最大功率出现在快退工况，其数值如下式计算：

$$P = \frac{10^{-3} p_{B_2}(q_1 + q_2)}{\eta_B} = \frac{10^{-3} \times 20.4 \times 10^5 (0.6 + 0.1) \times 10^{-3}}{0.7} = 2 \text{ kW}$$

式中，η_B 为泵的总效率，取 0.7；$q_1 = 36$ L/min $= 0.6 \times 10^{-3}$ m³/s，为大泵流量；$q_2 = 6$ L/min $= 0.1 \times 10^{-3}$ m³/s，为小泵流量。

根据以上计算结果，查看电动机产品目录，选与上述功率和泵的转速相适应的电动机。

(2) 选其他元件

根据系统的工作压力和通过阀的实际流量，选择元件、辅件，其型号和参数见表 8-5 所示。

表 8-5　所选液压元件的型号、规格

序号	元件名称	通过阀的最大流量/L/min	规格		
			型号	公称流量/L/min	公称压力/10^5 Pa
1、2	双联叶片泵	—	YYB-AA36/6	36/6	6.3
3	三位五通电磁换向阀	84	35DY-100B	100	6.3
4	行程阀	84	22C-100BH	100	6.3
5	单向阀	84	1-100B	100	6.3
6	溢流阀	6	Y-100B	10	6.3
7	顺序阀	36	XY-25B	25	6.3
8	背压阀	1	B-10B	10	6.3
9	单向阀	6	1-10B	10	6.3
10	单向阀	36	1-63B	63	6.3
11	单向阀	42	1-63B	63	6.3
12	滤油器	42	XU-40×100	—	—
13	液压缸	84	SG-E110×1801	—	—
14	调速阀	6	Q-6B	6	6.3

（3）确定管道尺寸

① 油管内径 d 按下式计算：

$$d \sqrt{\frac{4q}{\pi v}} = 1.13 \times 10^{-3} \sqrt{\frac{q}{v}}$$

式中，q 为通过油管的最大流量（m^3/s）；v 为管道内允许的流速（m/s）。一般吸油管取 $0.5 \sim 5$（m/s）；压力油管取 $2.5 \sim 5$（m/s）；回油管取 $1.5 \sim 2$（m/s）。

取 $q = 0.7 \times 10^{-3} m^3/s$，取 $v = 4$（m/s），则：

$$d \sqrt{\frac{4q}{\pi v}} = 1.13 \times 10^{-3} \sqrt{\frac{q}{v}} = 1.13 \times 10^{-3} \sqrt{\frac{0.7 \times 10^{-3}}{4}} \approx 21.1 \text{ mm}$$

② 油管壁厚 δ 按下式计算：

$$\delta \geqslant p \cdot d / 2[\sigma]$$

式中，p 为管内最大工作压力；$[\sigma]$ 为油管材料的许用压力，$[\sigma] = \sigma_b / n$；σ_b 为材料的抗拉强度；n 为安全系数，钢管 $p < 7$ MPa 时，取 $n = 8$；$p < 17.5$ MPa 时，取 $n = 6$；$p > 17.5$ MPa 时，取 $n = 4$。

根据计算出的油管内径和壁厚，查手册选取标准规格油管。本例可选内径为 22 mm、壁厚为 2 mm 的紫铜管。

（4）确定油箱容量

油箱容量可按经验公式估算，取 $V = (5 \sim 7)q$。

本例中：$V = 6q = 6(6 + 36) = 252$ L。

5. 液压系统性能的验算

验算内容一般包括系统的压力损失、发热温升、运动平稳性和泄漏量等。本例有关系统的性能验算从略。读者若需要，可查阅相关资料。

6. 绘制工作图，编写技术文件

经过对液压系统性能的验算和必要的修改之后，便可绘制正式工作图，它包括绘制液压系统原理图、系统管路装配图和各种非标准元件设计图。正式液压系统原理图上要标明各液压元件的型号规格。对于自动化程度较高的机床，还应包括运动部件的运动循环图和电磁铁、压力继电器的工作状态表。

管道装配图是正式施工图，各种液压部件和元件在机器中的位置、固定方式、尺寸等，应表示清楚。

自行设计的非标准件，应绘出装配图和零件图。

编写的技术文件包括设计计算书，使用维护说明书，专用件、通用件、标准件、外购件明细表，以及试验大纲等。

8.5 液压系统的安装、清洗、调试、验收

8.5.1 液压系统的安装

液压设备除了应按普通机械设备那样进行安装并注意固定设备的地基、水平校正等（如

固定设备的地基、水平校正等)外,由于液压设备有其特殊性,还应注意下列事项。

1. 一般注意事项

(1)液压系统的安装应按液压系统工作原理图,系统管道连接图,有关的泵、阀、辅助元件使用说明书的要求进行。安装前,应对上述资料进行仔细分析,了解工作原理,元件、部件、辅件的结构和安装使用方法等,按图样准备好所需的液压元件、部件、辅件。并认真进行检查,看元件是否完好、灵活,仪器仪表是否灵敏、准确、可靠。检查密封件型号是否合乎图样要求和完好。管件应符合要求,有缺陷应及时更换,油管应清洗,干燥。

(2)安装前,要准备好适用的工具,严禁用起子、扳手等工具代替榔头,任意敲打等不符合操作规程的不文明装配现象。

(3)安装装配前,对装入主机的液压元件和辅件必须进行严格清洗,先清除有害于液压油中的污物,液压元件和管道各油口所有的堵头、塑料塞子、管堵等随着工程的进展不要先卸掉,防止污物从油口进入液压元件内部。

(4)在油箱上或近油箱处,应提供说明油品类型及系统容量的铭牌,必须保证油箱的内外表面、主机的各配合表面及其他可见组成元件是清洁的。油箱盖、管口和空气滤清器必须充分密封,以保证未被过滤的空气不进入液压系统。

(5)将设备指定的工作液过滤到要求的清洁度,然后方可注入系统油箱。与工作液接触的元件外露部分(如活塞杆)应予以保护,以防止污物进入。

(6)液压装置与工作机构连接在一起,才能完成预定的动作,因此要注意两者之间的连接装配质量(如同心度、相对位置、受力状况、固定方式及密封好坏等)。

2. 液压缸的安装

(1)液压缸在安装时,先要检查活塞杆是否弯曲,特别对长行程液压缸。活塞杆弯曲会造成缸盖密封损坏,导致泄漏、爬行和动作失灵,并且加剧活塞杆的偏磨损。

(2)液压缸的轴心线应与导轨平行,特别注意活塞杆全部伸出时的情况,若两者不平行,会产生较大的侧向力,造成液压缸别劲、换向不良、爬行和液压缸密封破损失效等故障,一般以导轨为基准,用百分表调整液压缸,使伸出时的活塞杆的侧母线与 V 形导轨平行,上母线与平导轨平行,允许为 0.04~0.08 mm/m。

(3)活塞杆轴心线对两端支座的安装基面,其平行度误差不得大于 0.05 mm。

(4)对于行程长的液压缸,活塞杆与工作台的连接应保持浮动,以补偿安装误差产生的别劲和补偿热膨胀的影响。

3. 液压泵和液压马达的安装

(1)液压泵和液压马达支架或底座应有足够的强度和刚度,以防止振动。

(2)泵的吸油高度应不超过使用说明书的规定(一般为 500 mm),安装时,尽量靠近油箱油面。

(3)泵的吸油管不得漏气,以免空气进入系统,产生振动和噪声。

(4)液压泵输入轴与电动机驱动轴的同轴度应控制在 $\phi0.1$ mm 以内。安装好后用手转动时,应转动轻松并无卡滞现象。

(5)液压泵的旋转方向要正确,液压泵和液压马达的进出油口不得接反,以免造成故障与事故。

4. 阀类元件的安装

（1）阀类元件安装前后应检查各控制阀移动或转动是否灵活，若出现呆滞现象，应查明是否由于脏物、锈斑、平直度不好或紧固螺钉扭紧力不均衡引起阀体变形，应通过清洗、研磨、调整加以消除，如不符合要求应及时更换。

（2）对自行设计制造的专用阀，应按有关标准进行性能试验、耐压试验等。

（3）板式阀类元件安装时，要检查各油口的密封圈是否漏装或脱落，是否突出安装平面而有一定压缩余量，各种规格同一平面上的密封圈突出量是否一致，安装 O 形圈各油口的沟槽是否拉伤，安装面上是否碰伤等，作出处置后再进行装配，O 形圈涂上少许黄油以防止脱落。

5. 液压管道的安装

管道安装应注意以下几方面：

（1）管道的布置要整齐，油路走向应平直、距离短，直角转弯应尽量少，同时应便于拆装、检修。各平行与交叉的油管间距离应大于 10 mm，长管道应该用支架固定。各油管接头要固紧可靠，密封良好，不得出现泄漏。

（2）吸油管与液压泵吸油口处应涂以密封胶，保证良好的密封；液压泵的吸油高度一般不大于 500 mm；吸油管路上应设置过滤器，过滤精度为 0.1～0.2 mm，要有足够的通油能力。

（3）回油管应插入油面以下有足够的深度，以防飞溅形成气泡，伸入油中的一端管口应切成 45°，且斜口向箱壁一侧，使回油平稳，便于散热；凡外部有泄油口的阀（如减压阀、顺序阀等），其泄油路不应有背压，应单独设置泄油管通油箱。

（4）溢流阀的回油管口与液压泵的吸油管不能靠得太近，以免吸入温度较高的油液。

8.5.2　液压系统的清洗

液压系统在制造、维修、试验、使用和储存过程中都会受到污染，而清洗是清除污染，使液压油、液压元件和管道等保持清洁的重要手段。液压系统的清洗分两次进行。

第一次清洗以回路为主，清洗油多采用液压系统工作用油或试车油，不要用煤油、汽油、酒精等，以防止液压元件、管路、油箱和密封件等受腐蚀。清洗油用量通常为油箱油量的 60%～70%，注入前，先将油箱清洗干净并在系统回油口设置 80～150 目的过滤网。清洗油注满后，一边使泵运转，一边将油加热。清洗油一般对橡胶有溶蚀能力，当加热到 50～80 ℃时，则油管内的橡胶渣等杂质容易清除。为使清洗效果好，应使泵转转、停停，且在清洗过程中，用木棒或橡皮锤不断轻轻敲击油管，清洗时间视系统复杂程度而定，要一直清洗到滤油器上无大量污染物为止，一般为十几个小时。第一次清洗结束后，应将系统中油液全部排出，并清洗油箱，用绸布或乙烯树脂海绵等擦净。对于新装的设备，液压泵应在油温降低后再停止运转，以减少湿气停留在液压元件内部而使元件生锈的情况。对于不是新装的设备，应在油温升高后再排出，以便使可溶性油垢更多地溶解在清洗油中并排出。

第二次清洗是对整个液压系统进行清洗。清洗前先按正式工作油路接好，然后向油箱注入工作油液和所需油量，再启动液压泵进行空负荷运转。对于系统各部分进行清洗，清洗时间一般为 2～4 h，清洗结束后，滤油器的过滤网上应无杂质。

8.5.3　液压系统的调试

1. 调试前的准备

（1）要熟悉说明书等有关技术资料，力求全面了解系统的原理、结构、性能和操作方法。

（2）了解液压元件在设备上的实际位置，需要调整的元件的操作方法及调节旋钮的旋向。

（3）准备好调试工具和仪器、仪表等。

2. 调试前的检查

（1）检查各手柄位置，确认"停止"、"后退"及"卸荷"等位置，各行程挡块紧固在合适位置。另外，溢流阀的调压手柄基本上全松，流量阀的手柄接近全开，比例阀的控制压力流量的电流设定值应小于电流值等。

（2）试机前对裸露在外表的液压元件和管路等再用海绵擦洗一次。

（3）检查液压泵旋向、液压缸、液压马达及液压泵的进出油管是否接正确。

（4）要按要求给导轨、各加油口及其他运动副加润滑油。

（5）检查各液压元件、管路等连接是否正确可靠。

（6）旋松溢流阀手柄，适当拧紧安全阀手柄，使溢流阀调至最低工作压力，流量阀调至最小。

（7）检查电机电源是否与标牌规定一致，电磁阀上的电磁铁电流形式和电压是否正确，电气元件有无特殊的启动规定等，全部弄清楚后才能合上电源。

3. 空载调试

空载调试的目的是全面检查液压系统各回路、各液压元件工作是否正常，工作循环或各种动作的自动转换是否符合要求。其步骤为：

（1）启动液压泵，检查泵在卸荷状态下的运转。正常后，即可使其在工作状态下运转。

（2）调整系统压力，在调整溢流阀压力时，从压力为零开始，逐步提高压力，使之达到规定压力值。

（3）调整流量控制阀，先逐步关小流量阀，检查执行元件能否达到规定的最低速度及平稳性，然后按其工作要求的速度来调整。

（4）将排气装置打开，使运动部件速度由低到高，行程由小到大运行，然后运动部件全程快速往复运动，以排出系统中的空气，空气排尽后应将排气装置关闭。

（5）调整自动工作循环和顺序动作，检查各动作的协调性和顺序动作的正确性。

（6）各工作部件在空载条件下，按预定的工作循环或工作顺序连续运转 2～4 h 后，应检查油温及液压系统所要求的精度（如换向、定位、停留等），一切正常后，方可进入负载调试。

4. 负载调试

负载调试是使液压系统在规定的负载条件下运转，进一步检查系统的运行质量和存在的问题，检查机器的工作情况，安全保护装置的工作效果，有无噪声、振动和外泄漏等现象，系统的功率损耗和油液温升等。

负载调试时，一般应先在低于最大负载和速度的情况下试车，如果轻载试车一切正常，才能逐渐将压力阀和流量阀调节到规定值，以进行最大负载和速度试车，以免试车时损坏设备。若系统工作正常,即可投入使用。

8.5.4 液压系统的验收

液压系统在调试车过程中,应根据设计内容对所有设计值进行检验,根据实际记录结果判定液压系统的运行状况,由设计、用户、制造厂、安装单位进行交工验收,并在有关文件上签字。

思考题与习题

8-1 简述 YT4543 动力滑台液压系统的工作原理。

8-2 简述 YT4543 动力滑台液压系统的特点。

8-3 简述 Q2-8 型汽车起重机液压系统的工作原理。

8-4 简述 Q2-8 型汽车起重机液压系统的特点。

8-5 简述如图 8-4 所示卧式镗铣加工中心液压系统的工作原理。

8-6 简述卧式镗铣加工中心液压系统的特点。

8-7 简述液压系统设计步骤。

8-8 简述液压系统的安装时应注意的事项。

8-9 简述空载调试的步骤。

模块九　液压控制系统

9.1　液压控制系统概述

液压控制系统主要包含液压伺服控制系统和电液比例控制系统两大类型。液压伺服控制系统是以液压动力元件作驱动装置所组成的反馈控制系统。在这种系统中,输出量(位移、速度、力等)能够自动、快速而准确地复现输入量的变化规律。与此同时,还对输入信号进行功率放大,因此,它也是一个功率放大装置。

电液比例控制是采用电液比例控制器控制比例电磁铁带动先导阀,从而达到控制液压系统动作的目的。电液比例控制的主要构成部件为电液比例控制器,其主要工作原理是通过采用内部控制电路,按输入电压呈线性比例来控制输出电流,以实现对液压阀的比例控制。即通过对电的比例控制,达到对液压的比例控制,以实现电液比例控制。

9.1.1　液压控制系统的工作原理

如图 9-1 所示是一种车床液压仿形刀架的示意图。仿形刀架装在车床床鞍后部,随床鞍一起作纵向移动,并按照样件的轮廓形状车削工件;样件安装在床身支架上,是固定不动的。液压泵站则放在车床附近的地面上,与仿形刀架以软管相连。

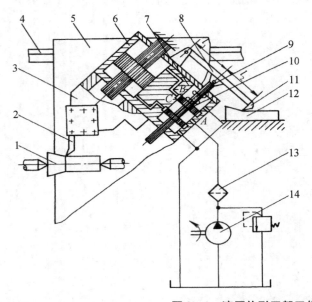

1-工件;2-车刀;

3-刀台;4-导轨;

5-拖板;6-缸体;

7-伺服阀体;8-杠杆;

9-阀体;10-阀芯;

11-触销;12-样件;

13-过滤器;14-液压泵

图 9-1　液压仿形刀架工作原理图

仿形刀架的活塞杆固定在刀架底座上,液压缸的缸体 6、杠杆 8、伺服阀体 7 是和刀架 3 连在一起的,可在刀架底座的导轨上沿液压缸轴向移动。伺服阀芯 10 在弹簧的作用下,通过阀杆 9 将杠杆 8 上的触销 11 压在样件 12 上。由液压泵 14 来的油经滤油器 13 通入伺服阀的 A 口,并根据阀芯所在位置,经 B 或 C 通入液压缸的上腔或下腔,使刀架 3 和车刀 2 退离或切入工件 1。

车削圆柱面时,溜板沿床身导轨 4 纵向移动。杠杆触销在样件上水平段滑动,阀口不打开,刀架跟随溜板一起纵向移动,车刀在工件 1 上车出圆柱面;车削圆锥面时,触销沿样件斜线滑动,杠杆向上方偏摆,带动阀芯上移,阀口打开,压力油进入缸上腔推动缸体连同阀体和刀架后退。阀体后退逐渐关小阀口,直至关闭。触销在样件上不断抬起,刀架也就不断后退运动,运动合成使刀具在工件上车出圆锥面。

其他曲面形状或凸肩都是合成切削而成。

如图 9-2 所示,v_1、v_2 和 v 分别表示溜板带动刀架的纵向运动速度、刀具沿液压缸轴向的运动速度和刀具的实际合成速度。

仿形刀架的工作过程和组成可以方便地用图 9-3 来说明。在图中,触销的位移是输入,液压缸的位移是输出,伺服阀是比较元件和放大变换元件,液压缸是执行元件,刀架是控制对象,而杠杆是检测反馈元件。

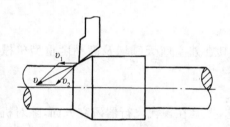

图 9-2　液压仿形刀架速度合成图

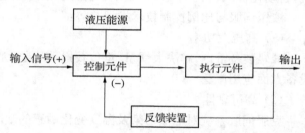

图 9-3　液压伺服系统工作原理图

9.1.2　液压伺服和比例控制系统的组成

液压伺服和比例控制系统由以下一些基本元件组成:

(1)输入元件

也称指令元件,它给出输入信号(指令信号)并加于系统的输入端,可以是机械的、电气的、气动的等。如靠模、指令电位器或计算机等。

(2)反馈测量元件

测量系统的输出并转换为反馈信号,这类元件也是多种形式的。各种传感器常作为反馈测量元件。

(3)比较元件

将反馈信号与输入信号进行比较,给出偏差信号。

(4)放大转换元件

将偏差信号放大、转换成液压信号(流量或压力)。如伺服放大器、机液伺服阀、电液伺服阀等。

（5）执行元件

产生调节动作加于控制对象上，实现调节任务。如液压缸和液压马达等。

（6）控制对象

被控制的机器设备或物体，即负载。

此外，还可能有各种校正装置，以及不包含在控制回路内的液压能源装置。

9.1.3　液压伺服与比例控制系统的发展与应用

液压伺服控制是液压技术的一个重要分支，是控制领域中的重要组成部分。在第一次、第二次世界大战期间及以后，由于军事工业的刺激，液压伺服控制因其响应快、精度高、功率等特点而受到特别的重视，特别是近几十年，随着整个工业技术的发展，促使液压伺服与比例控制得到迅速发展，使这门技术无论在元件与系统方面，还是在理论与应用方面都日趋完善成熟，形成一门新兴的科学技术。

目前，液压伺服系统特别是电液伺服系统已成为武器自动化与工业自动化的一个重要方面。在国防工业与一般工业领域都得到了广泛应用。液压控制系统多应用于以下领域：大多数飞机的控制与操纵系统；中程、远程的导弹控制；远程的导航；雷达天线的搜索跟踪系统；自动化机床、加工中心；机械手、机器人；冶金工业的轧机。

液压伺服与比例控制技术发展趋势：

（1）高压大功率

减轻装备重量，解决大惯量、重负载拖动问题，尤其在航空航天领域及高精度重型机械设备方面应用广泛。

（2）高可靠性

克服伺服系统对油液污染及温度变化敏感的缺陷，尤其在现代飞行器研究方面，除对机器本身的研究与改良以及增加检测与诊断技术外，还在采用余度技术与重构技术方面，采用了三或四通道的余度构成系统。

（3）理论解析与特性补偿

利用计算机对复杂系统（多变数液压系统）、复杂因素进行仿真分析。补偿主要针对大惯量、变参数、非线性及外干扰系统，采用控制策略进行补偿。

（4）计算机控制系统结合

（5）工业化普遍应用

（6）更加注重其环保性能

解决泄漏问题，加大非石油基液压油的使用力度，先进的污染控制和过滤技术，水压技术的推广。

（7）集成化、模块化、智能化、网络化

（8）新材料的发展及使用

耐磨、抗气蚀及化学稳定性好的陶瓷材料，纳米材料、纳米工艺提高液压元件的加工精度及表面质量。

9.2 电液比例阀及系统

电液比例阀是一种按输入的电气信号,连续地、按比例地对工作液压油的压力、流量和方向进行控制的液压控制阀。其输出压力和流量可以不受负载变化的影响,是一种性能介于普通控制阀和电液伺服阀之间的新阀种。它既可以根据输入电信号的大小连续、成比例地对油液的压力、流量、方向实现远距离控制、计算机控制,又在制造成本、抗污染等方面优于电液伺服阀。

电液比例阀根据用途分为:电液比例压力阀,电液比例流量阀,电液比例方向阀,如图9-4所示。

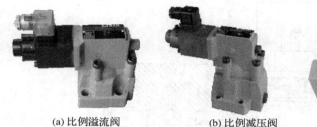

(a) 比例溢流阀　　　　(b) 比例减压阀　　　　(c) 比例换向阀

图 9-4　电液比例阀

9.2.1　比例电磁铁

比例电磁铁是电液比例阀的关键部件,其作用是将电流信号按比例转化为电磁来推动阀芯移动,其结构如图9-5所示。比例电磁铁是一种直流电磁铁,与普通换向阀用电磁铁的不同主要在于比例电磁铁的输出推力与输入的线圈电流基本成比例。

比例电磁铁的特性曲线如图9-6所示,在一定有效行程内,其电磁力与输入电流成正比,与行程无关。

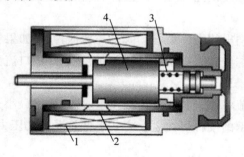

图 9-5　比例电磁铁结构

1-线圈;2-隔磁环;3-弹簧;4-衔铁

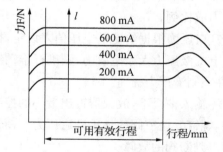

图 9-6　力—行程特性曲线

9.2.2　电液比例压力阀

比例压力阀是用来实现压力遥控,压力的升降随时可通过电信号加以改变。比例控制阀中应用最多的是比例溢流阀和比例减压阀,由于控制功率的大小不同,分为直动式与先导式,直动式控制功率较小,通常控制流量为 1～3 L/min,低压力等级的最大可达 10 L/min。

1. 直动式电液比例溢流阀

直动式电液比例溢流阀与手调式直动溢流阀的功能完全一样,其区别是:用比例电磁铁取代了调节手轮,改变该阀的输入电流,便可连续地、按比例地改变电磁铁的输出力,从而连续地、按比例地改变主管路的压力。

如图 9－7 所示为带力控制型比例电磁铁的直动式比例溢流阀,这种比例溢流阀用来限制系统压力或作为先导式压力阀的导阀,或作为比例泵的压力控制元件。下图直动式比例溢流阀主要由比例电磁铁 1、阀体 2、锥阀芯 3 和阀座 4 组成,锥阀芯的尾部有一段开有油槽的异向圆柱,衔铁腔充满油液,实现了静压力平衡。

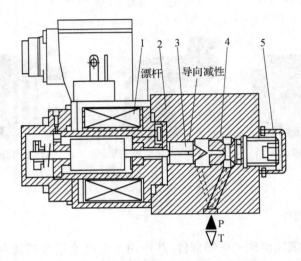

图 9－7　直动式电液比例溢流阀典型结构
1-比例电磁铁;2-阀体;3-锥阀芯;4-阀座;5-调节螺钉

这种比例溢流阀的衔铁推杆和锥阀芯之间无弹簧,比例电磁铁的电磁力带动推杆直接作用在锥阀芯上,电磁铁的变化和锥阀芯的位移成正比,而锥阀芯的位移和比例溢流阀的出口压力成比例。

P 口压力根据给定的电压值来设定,推杆推出的指令力推动阀芯压紧阀座 4,如果锥阀芯 3 上的液压力大于电磁力,则推杆推动锥阀芯使其脱离阀座,这样,油液将从 P 口流到 T 口,并限制液压力提高。

零输入情况下,放大器输出最小的控制电流将锥阀芯压紧到阀座上,P 口输出最小开启压力,螺钉 5 调节阀的最小开启压力。衔铁尾部的推杆可在手动方式下调节系统的压力,用于简单判断阀的故障。

2. 三通直动式比例减压阀

三通比例减压阀是利用减压阀增大出口压力来控制出口(如图 9－9 所示中的 A 口)与回油口(T 口)的沟通,达到精确控制出口压力。

如图 9－8 所示是一个三通比例减压阀的原理简图,当无信号电流时,阀芯在对中弹簧作用下,处于中位,各油口互不相通,当比例电磁铁通电时,相应的电磁力使阀芯右移,接通进油口 P 和 A,油口 A 流出的油液流至执行元件,完成给定工作,并使压力升高。同时此压力经外部通道反馈到阀右端,施加一个与电磁力相反的力作用在阀芯上。当油口 A 的压力足以平衡电磁力时,阀芯返回某一位置,这时油口 A 的压力保持不变,并与电磁力成比例。如果对阀芯施加的力超过电磁力阀芯移到左侧,A 口接通回油口 T 使压力下降直到新的平衡建立。如图 9-9 所示为螺纹插装式结构的直动式三通比例减压阀,因为只配有一个比例电磁铁,故称为单作用,图中,P 口接恒电液,A 口接负载,T 口接油箱。

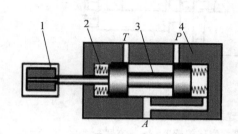

图 9-8 三通比例减压阀结构原理

1-比例电磁铁;2-对中弹簧;3-阀芯;4-阀体

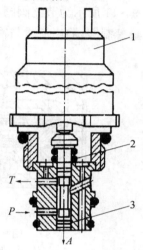

图 9-9 直动式三通比例减压阀

1-比例电磁铁;2-传动弹簧;3-阀芯

9.2.3 电液比例方向阀

如图 9-10 所示是最普通的直动式比例方向阀的典型结构。

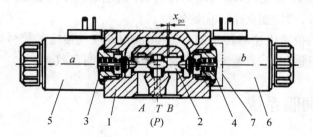

图 9-10 直动式比例方向阀

1-阀体;2-控制阀芯;3、4-弹簧;5、6-电磁铁;7-丝堵

工作原理:电磁铁 5 和 6 不带电时,弹簧 3 和 4 将控制阀芯 2 保持在中位。比例电磁铁得电后,直接推动控制阀芯 2,例如,电磁铁 6 得电,控制阀芯 2 被推向左侧,压在弹簧 3 上,位移与输入电流成正比。这时,P 口至 A 口及 B 口至 T 口通过阀芯与阀体形成了节流通道。电磁铁 6 失电,2 被 3 重新推回中位。弹簧 3、4 有两个任务:电磁铁 5 和 6 不带电时,将控制阀芯推回中位;电磁铁 5 和 6 得电时,其中一个作为力—位移传感器,与输入电磁力相平衡,从而确定阀芯的位置。

9.2.4　电液比例流量阀

比例流量控制阀的流量调节作用都在与改变节流口的开度。它与普通流量阀的主要区别是用某种电一机械转换器取代原来的手调机构,用来调节节流口的通流面积,并使输出流量与输入信号成正比。

如图 9－11 所示为节流阀阀芯带位置电反馈的比例调速阀,属于压差补偿器的电液比例二通流量控制阀,输出流量与输入信号成比例,而与压力和温度基本无关。

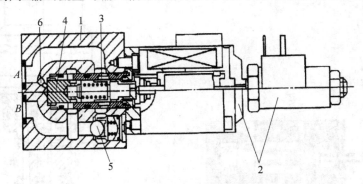

图 9－11　压力补偿型二通比例流量阀
1-壳体;2-比例电磁铁和电感式位移传感器;3-节流器;
4-压力补偿器;5-单向阀;6-进口压力通道(测压用)

压力补偿器 1 保持节流器 3 进出口(即 A、B 口)之间的压差为常数,在稳态条件下,流量与进口或出口压力无关。节流器 3 只有很小的温度漂移。比例电磁铁给定信号 0 时,节流阀 3 关闭。在比例放大器上设置斜坡上升和下降信号,可消除开启和关闭过程中的流量超调。当液流从 B 到 A 流动时,单向阀 5 开启,比例流量阀不起控制作用。在比例流量阀下面安装整流叠加板,可控制两个方向的流量。

由于节流阀 3 的位置由位移传感器 2 测得,阀口开度与给定的信号成比例,故这种比例调速阀与不带阀芯反馈相比,其稳态、动态特性都得到了明显改善。

9.3　液压伺服系统

液压伺服系统是控制领域中的一个重要组成部分。它是在液压传动和自动控制技术基础上发展起来的一门较新的科学技术,目前已在各个领域中得到了广泛的应用。例如,目前高速线材轧钢机上,电液伺服系统已取代了传统的电动一机械的轧辊压下控制系统。在各种高速管材生产线上,为了得到高质量的产品,液压伺服系统已成为生产设备中不可缺少的部分。

液压伺服系统的基本原理,就是在这个系统中,输出量(如位移、速度、力等)能自动、快速而准确地跟随输入量(相应物理量的期望值或给定值)而变化,与此同时,输出功率被大幅度放大。

9.3.1　液压伺服控制元件

常见的液压伺服控制元件有控制滑阀、射流管阀和喷嘴挡板阀等。

1. 控制滑阀

（1）单边节流滑阀

滑阀控制边的开口量 x_s 控制着液压缸右腔的压力和流量，从而控制液压缸运动的速度和方向。如图 9-12 所示。

（2）双边节流滑阀

压力油一路直接进入液压缸有杆腔，另一路经滑阀左控制边的开口 x_{s_1} 和液压缸无杆腔相通，并经滑阀右控制边 x_{s_2} 流回油箱。如图 9-13 所示。

当滑阀向左移动时，x_{s_1} 减小，x_{s_2} 增大，液压缸无杆腔压力 p_1 减小，两腔受力不平衡，缸体向左移动。反之缸体向右移动。

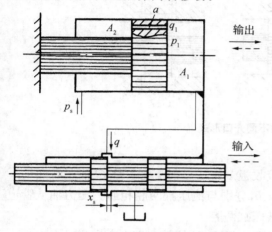

图 9-12　单边节流滑阀结构示意图　　　　图 9-13　双边节流滑阀结构示意图

（3）四边节流滑阀

滑阀有四个控制边，开口 x_{s_1}、x_{s_2} 分别控制进入缸两腔的压力油，开口 x_{s_3}、x_{s_4} 分别控制液压缸两腔的回油。当滑阀向左移动时，液压缸左腔进油口 x_{s_1} 减小，回油口 x_{s_3} 增大，使 p_1 迅速减小；与此同时，液压缸右腔的进油口 x_{s_2} 增大，回油口 x_{s_4} 减小，使 p_2 迅速增大。这样就使活塞迅速左移。如图 9-14 所示。

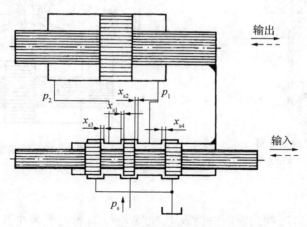

图 9-14　四边节流滑阀结构示意图

（4）三种节流边的对零状态

① 负开口（$x_s < 0$）

有较大的不灵敏区，较少采用（如图9-15a所示）。

② 正开口（$x_s > 0$）

工作精度较负开口高，但功率损耗大，稳定性也较差（如图9-15b所示）。

③ 零开口（$x_s = 0$）

其工作精度最高，制造工艺性差（如图9-15c的所示）。

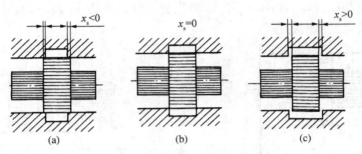

图9-15　滑阀的不同开口形式

2. 射流管阀

如图9-16所示，射流管阀由射流管1和接收板2组成。射流管可绕O轴左右摆动一个不大的角度，接收板上有两个并列的接收孔a、b，分别与液压缸两腔相通。压力油从管道进入射流管后从锥形喷嘴射出，经接收孔进入液压缸两腔。

射流管偏向哪个接收孔，油缸相应的工作腔压力提高，缸体就向那个方向运动。

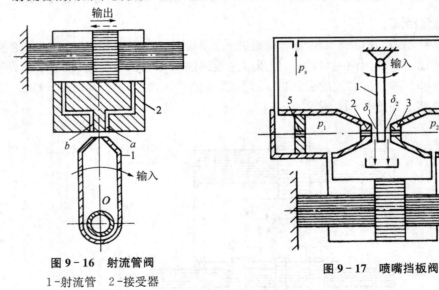

图9-16　射流管阀

1-射流管　2-接受器

图9-17　喷嘴挡板阀

3. 喷嘴挡板阀

如图9-17所示，喷嘴挡板阀由挡板1、喷嘴2和3、固定节流小孔4和5等元件组成。挡板和两个喷嘴之间形成两个可变截面的节流缝隙δ_1和δ_2。当挡板处于中间位置时，两缝隙所形成的液阻相等，两喷嘴腔内的油压相等，缸不动。

当输入信号使挡板向左偏摆时,可变缝隙 δ_1 关小 δ_2 开大 p_1 上升 p_2 下降,缸体向左移动。当喷嘴跟随缸体移动到挡板两边对称位置时,缸运动停止。

9.3.2　电液伺服阀

电液伺服阀是电液联合控制的多级伺服元件,它能将微弱的电气输入信号放大成大功率的液压能量输出。它具有控制精度高和放大倍数大等优点,在液压控制系统中得到广泛的应用。如图 9 - 18 所示为一种典型电液伺服阀。

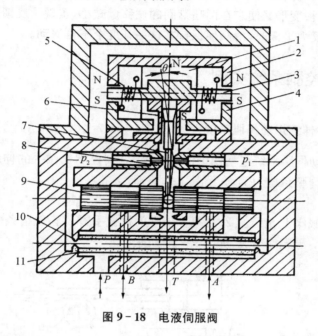

图 9 - 18　电液伺服阀

1. 电液伺服阀的组成

由力矩马达和液压放大器组成。

（1）力矩马达组成

由一对永久磁铁 1、导磁体 2、4 和衔铁 3、线圈 5 和内部悬置挡板 7 的弹簧管 6 等组成。

（2）液压放大器组成

前置放大器:前置放大级是一个双喷嘴-挡板阀,它主要由挡板 7、喷嘴 8、节流孔 10 和滤油器 11 组成。

功率放大级:功率放大级主要由滑阀 9 和挡板下部的反馈弹簧片组成。

2. 电液伺服阀工作原理

（1）力矩马达工作原理

磁铁将导磁体磁化成 N、S 极,形成磁场。

线圈无电流时,力矩马达无力矩输出,挡板处于两喷嘴中间;当输入电流通过线圈使衔铁 3 左端被磁化为 N 极,右端为 S 极,衔铁逆时针偏转。弹簧管弯曲产生反力,使衔铁转过 θ 角。电流越大,θ 角就越大,力矩马达将输入电信号转换为力矩信号输出。

（2）前置放大级工作原理

压力油经滤油器和节流孔流到滑阀左、右两端油腔和两喷嘴腔,由喷嘴喷出,经阀 9

中部流回油箱力矩马达无输出信号时,挡板不动,滑阀两端压力相等。当矩马达有信号输出时,挡板偏转,两喷嘴与挡板之间的间隙不等,致使滑阀两端压力不等,推动阀芯移动。

3. 功率放大级工作原理

当前置放大级有压差信号使滑阀阀芯移动时,主油路被接通。滑阀位移后的开度与力矩马达的输入电流成正比,则阀的输出流量和输入电流成正比;当输入电流反向时,输出流量也反向。滑阀移动的同时,挡板下端的小球也随同移动,使挡板弹簧片产生弹性反力,阻止滑阀继续移动;挡板变形又使它在两喷嘴间的位移量减小,实现了反馈。当滑阀上的液压作用力和挡板弹性反力平衡时,滑阀便保持在这一开度上不再移动。

9.4 液压控制系统实例

9.4.1 机械手伸缩运动伺服系统

机械手伸缩运动伺服系统包括四个伺服系统,分别控制机械手的伸缩、回转、升降和手腕的动作。以伸缩伺服系统为例,介绍其工作原理。

1. 组成

主要由电液伺服阀1、液压缸2、活塞杆带动的机械手臂3、齿轮齿条机构4、电位器5、步进电机6和放大器7等元件组成,如图9-19所示。

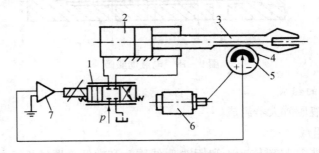

图 9-19 机械手伸缩电液伺服工作原理图

2. 工作原理

步进电机将数控部分的脉冲信号转换成相应的转角 θ_i,动触头偏离电位器中位,产生微弱电压 u_1,经放大后再输入电液伺服阀1的控制线圈 u_2,产生一定的开口量。压力油以流量 q 流经阀的开口进入缸左腔,缸右腔油经伺服阀回油箱,活塞连同机械手手臂一起向右移动。当电位器中位和触头重合时,输出电压为零,阀口关闭,手臂移动停止。当数控装置发反向脉冲时,步进电机逆时针转动,手臂缩回。

9.4.2 纸带张力控制系统

如图9-20所示的纸带张力控制系统中,2为牵引辊,8为加载装置,它们使纸带具有一定的张力。由于张力可能有波动,为此在转向辊4的轴承上设置力传感器5,以检测纸张张力,并用伺服液压缸1带动浮动辊6来调节张力。当实测张力与要求张力有偏差时,偏差电压经放大器 9 放大后,使得电液伺服阀 7 有输出活塞带动浮动辊 6 调节纸带的张紧程度以减少其偏差,所以这是力控制系统。

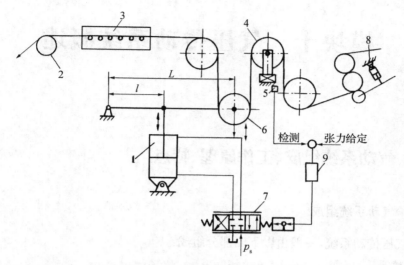

图 9－20 纸带张力电液伺服控制原理图

思考题与习题

9－1 液压伺服和比例控制系统由哪几部分组成? 各部分的作用是什么?

9－2 电液伺服阀的组成和特点是什么?

9－3 液压伺服系统与液压传动系统有何区别? 使用场合有何不同?

9－4 讨论在图 9－1 中,仿形速度加快一倍对刀架性能有何影响? 外负载加大一倍对性能又有何影响?

模块十　气压传动系统概述

10.1　气动系统组成、工作原理、特点

10.1.1　气动系统组成

典型的气压传动系统，一般由以下四部分组成：

1. 气源装置

气源装置是获得压缩空气的装置，其主体部分是空气压缩机，它将原动机供给的机械能转变为气体的压力能。

2. 控制元件

控制元件是用来控制压缩空气的压力、流量和流动方向，以便使执行机构完成预定的工作循环，它包括各种压力控制阀、流量控制阀和方向控制阀等。

3. 执行元件

执行元件是将气体的压力能转换成机械能的一种能量转换装置。它包括实现直线往复运动的气缸和实现连续回转运动或摆动的气马达或摆动马在等。

4. 辅助元件

辅助元件是保证压缩空气的净化、元件的润滑、元件间的连接及消声等所必需的，它包括过滤器、油雾器、管接头及消声器等。

10.1.2　工作原理

气压系统的工作原理是利用空气压缩机将电动机或其他原动机输出的机械能转变为空气的压力能，然后在控制元件的控制和辅助元件的配合下，通过执行元件将空气的压力能转变为机械能，从而完成直线或回转运动并对外做功。

10.1.3　气动系统的特点

气动技术在内外发展都很快。在国内被广泛应用于机械、电子、轻工、纺织、食品、医药、包装、冶金、石化、航空、交通运输等各个工业部门。气动机械手、组合机床、加工中心、生产自动线、自动检测和实验装置等已大量涌现，它们在提高生产效率、自动化程度、产品质量、工作可靠性和实现特殊工艺等方面显示出极大的优越性。这主要是因为气压传动与机械、电气、液压传动相比有以下特点（见表 10-1 所示）。

1. 气压传动的优点

(1) 以空气为工作介质,与液压油相比,可节约能源,且取之不尽、用之不竭。气体不易堵塞流动通道,用后排气处理简单,不污染环境。

(2) 由于空气的黏度很小,所以流动阻力小,在管道中流动的压力损失较小,所以压缩空气可集中供气,远距离输送。

(3) 与液压传动相比,启动动作迅速、反应快(一般只需 0.02~0.3 s 就可达到工作压力和速度)、维修简单,且不存在介质变质、补充和更换等问题。

(4) 气体压力具有较强的自保持能力,即使压缩机停机,关闭气阀,但装置中仍然可以维持一个稳定的压力。液压系统要保持压力,一般需要能源泵继续工作或另加蓄能器,而气体通过自身的膨胀性来维持承载缸的压力不变。

(5) 气动元件可靠性高、寿命长。电气元件可运行百万次,而气动元件可运行 2 000~4 000万次。

(6) 工作环境适应性好,特别是在易燃、易爆、多尘、强磁、辐射、振动等恶劣环境中,比液压、电子、电气传动和控制优越。

(7) 气动装置结构简单、轻便、成本低,安装维护简单。压力等级低,固使用安全。

(8) 空气具有可压缩性,气动系统能够实现过载自动保护。

2. 气压传动的缺点

(1) 由于空气的可压缩性较大,气动装置的动作稳定性较差,所以气缸的动作速度易受负载影响。

(2) 由于工作压力低(一般为 0.4 MPa~0.8 MPa),气动装置的输出力或力矩受到限制。在结构尺寸相同的情况下,气压传动装置比液压传动装置输出的力要小得多。

(3) 气动装置中的信号传动速度比光、电控制速度慢,所以不宜用于信号传递速度要求十分高的复杂线路中。同时实现生产过程的遥控也比较困难,但对一般的机械设备,气动信号的传递速度是能满足工作要求的。

(4) 噪声较大,尤其是在超音速排气时要加消声器。

(5) 工作介质空气本身没有润滑性,需另加装置进行给油润滑。

表 10-1　气压传动与其他传动的性能比较

类 型		操作力	动作快慢	环境要求	构造	负载变化影响	操作距离	无级调速	工作寿命	维护	价格
气压传动		中等	较快	适应性好	简单	较大	中距离	较好	长	一般	便宜
液压传动		最大	较慢	不怕振动	复杂	有一些	短距离	良好	一般	要求高	稍贵
电传动	电气	中等	快	要求高	稍复杂	几乎没有	远距离	良好	较短	要求较高	稍贵
	电子	最小	最快	要求特高	最复杂	没有	远距离	良好	短	要求更高	最贵
机械传动		较大	一般	一般	一般	没有	短距离	较困难	一般	简单	一般

10.2 工业环境下的气动系统

以下是工业环境下的气压系统的具体应用。

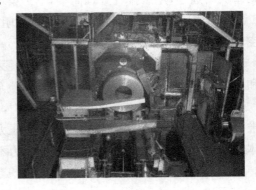

图 10 - 1 打捆机

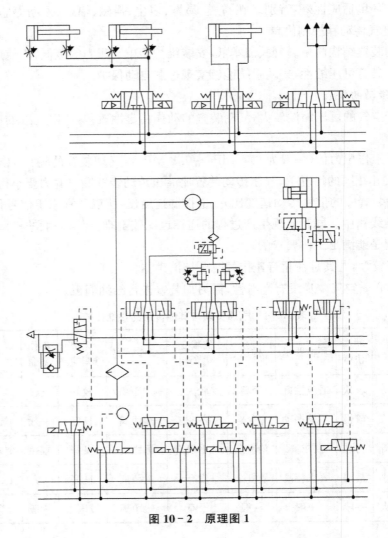

图 10 - 2 原理图 1

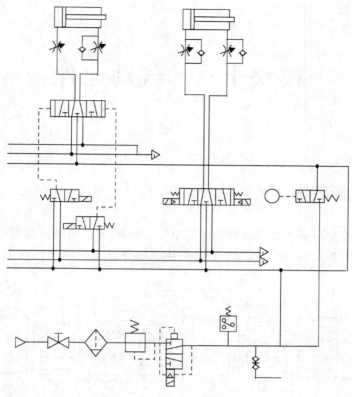

图 10 - 3 原理图 2

打捆机是将热轧钢带成品打捆的主体设备,早期是三台卷取机共用一台打捆机,经常在运往打捆机输送途中发生松卷事故,造成大量废钢卷。目前改成每台卷取机后用一台打捆机。

思考题与习题

10 - 1 气压传动及控制系统由哪几部分组成?每部分作用是什么?

10 - 2 气压传动跟液压传动相比有哪些特点?

模块十一　气动元件

11.1　气源装置

气源装置是产生足够压力和流量的压缩空气并将其净化、处理及储存的一套装置,它是气压传动系统的重要组成部分,气源装置一般由三部分组成,如图 11-1 所示。

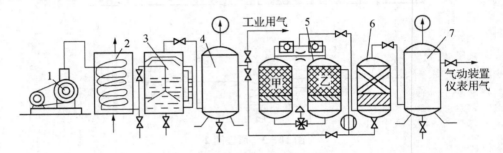

图 11-1　典型气源系统组成示意图
1-空气压缩机;2-后却器;3-油水分离器;4、7-贮气罐;5-干燥器;6-过滤器

如图 11-1 所示为典型的气源系统,其主要由以下元件组成:

(1) 产生压缩空气的气压发生装置,如空气压缩机。

(2) 净化压缩空气的辅助装置和设备,如过滤器、油水分离器、干燥器等

(3) 输送压缩空气的供气管道系统。

1. 作用与分类

空气压缩机是一种气压发生装置,将机械能转换为气体压力能的装置,满足气动设备对压缩空气压力 P 和流量 Q 的要求,是启动系统的动力源。其种类很多,分类形式也有多种。如按其工作原理可分为容积型压缩机,离心型压缩机和往复型压缩机。容积型压缩机的工作原理是压缩气体的体积,使单位体积内气体分子的密度增大以提高压缩空气的压力。离心型压缩机的工作原理是提高气体分子的运动速度,然后使气体的动能转化为压力能,以提高压缩空气的压力。往复式压缩机(也称活塞式压缩机)的工作原理是直接压缩气体,当气体达到一定压力后排出。

现在常用的空气压缩机有活塞式空气压缩机,螺杆式空气压缩机(螺杆空气压缩机又分为双螺杆空气压缩机和单螺杆空气压缩机),离心式压缩机,滑片式空气压缩机以及涡旋式空气压缩机。

2．空气压缩机的工作原理

气压传动系统中最常用的空气压缩机是往复活塞式，其工作原理如图 11 - 2 所示。

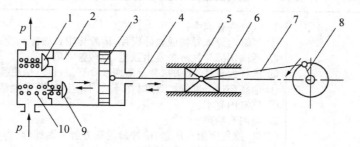

图 11 - 2　往复活塞式空气压缩机工作原理图

1-排气阀；2-气缸；3-活塞；4-活塞杆；5、6-十字头与滑道；
7-连杆；8-曲柄；9-吸气阀；10-弹簧

活塞式空压机是通过曲柄连杆机构使活塞做往复运动而实现吸、压气，并达到提高气体压力的目的。曲柄 8 在原动机（电动机）带动旋转，从而驱动当活塞 3 向右运动时，气缸 2 内活塞左腔的压力低于大气压力，吸气阀 9 被打开，空气在大气压力作用下进入气缸 2 内，这个过程称为"吸气过程"；当活塞向左移动时，吸气阀 9 关闭，当气缸内空气压力增高到略高于输气管内压力后，排气阀 1 被打开，压缩空气进入输气管道，这个过程称为"排气过程"。曲柄旋转一周，活塞往复行程一次，即完成一个工作循环。

3．空气压缩机的选用原则

选用空气压缩机的依据是气压传动系统所需要的工作压力和流量两个参数。

（1）一般空气压缩机为中压空气压缩机，额定排气压力为 1 MPa；

（2）低压空气压缩机，排气压力 0.2 MPa；

（3）高压空气压缩机，排气压力为 10 MPa；

（4）超高压空气压缩机，排气压力为 100 MPa。

输出流量的选择，要根据整个气动系统对压缩空气的需要再加一定的备用余量，作为选择空气压缩机的流量依据。空气压缩机铭牌上的流量是自由空气流量。

4．空气压缩机的安全技术操作方法

（1）开车前，应检查空气压缩机曲轴箱内油位是否正常，各螺栓是否松动，压力表、气阀是否完好，压缩机必须安装在来稳牢固的基础上。

（2）压缩机的工作压力不允许超过额定排气压力，以免超负荷运转而损坏压缩机和烧毁电动机。

（3）不要用手去触摸压缩机气缸头、缸体、排气管，以免温度过高而烫伤。

日常工作结束后，要切断电源，放掉压缩机储气罐中的压缩空气，打开储气罐下边的排污阀，放掉汽凝水和污油。

5. 空气压缩机的常见故障分析及解决措施(见表 11-1 所示)

表 11-1　空气压缩机常见故障分析及解决措施

空压机有不正常的响声	1. 气缸内有响声: ① 气缸内掉入异物或破碎阀片,清除异物或破碎阀片; ② 活塞顶部与气缸盖发生顶碰,应调整间隙; ③ 连杆大头瓦、小头衬套及活塞横孔磨损过度,应更换之; ④ 活塞环过分磨损,工作时在环槽内发生冲击,更换活塞环; ⑤ 气缸内有水。 2. 阀内有响声: ① 进、排气阀组未压紧,应拧紧阀室方盖紧固螺母; ② 阀片弹簧损坏,及时更换; ③ 气阀结合螺栓、螺母松动,拧紧螺母; ④ 阀片与阀盖之间间隙过大,调整间隙,必要时更换阀片。 3. 曲轴箱内有响声: ① 连杆瓦磨损过度,换新瓦; ② 连杆螺栓未拧紧,紧固之; ③ 飞轮未装紧或键配合过松,应装紧; ④ 主轴承损坏,更换轴承; ⑤ 曲轴上之挡油圈松脱,换新挡油圈。
润滑系统的故障	1. 击油针折断,应更换; 2. 油位过高或过低,调整油位至规定范围; 3. 油牌号不对,应按说明书要求换油; 4. 润滑油太脏,应换洁净的润滑油。
各级压力不正常(偏低或偏高)	1. 进、排气阀的阀片或弹簧损坏,漏气,应更换; 2. 进、排气阀的阀座上夹有脏物,漏气,清除脏物; 3. 空气滤清器堵塞严重,应清洗; 4. 气管路有漏气或冷却器漏气,修理之; 5. 活塞环,气缸磨损严重,漏气,应更换。
排气温度或冷却水排水温度过高(指水冷式)	1. 气缸拉毛使气缸过热,修理气缸,活塞; 2. 排气阀漏气或阀弹簧,阀片损坏,更换损坏零件; 3. 冷却水量不足,加大冷却水流量; 4. 冷却水路堵塞,气缸、气缸盖,冷却器内积垢过厚或堵塞,清除水垢或堵塞物; 5. 进、排气阀结炭,使气体通道不畅,清理结炭。
排气压力表跳动	1. 进、排气阀片或弹簧滞住,检修; 2. 压力表损坏,更换之; 3. 仪表管路有异物,清理吹除。
排气量减小	1. 气阀漏气,研磨修理或更换新件; 2. 活塞环、刮油环、气缸磨损过度,更换磨损件; 3. 空气滤清器堵塞,气管路漏气,清除滤网下粉尘,修理管路; 4. 活塞上止点间隙过大,减少气缸垫、降低余隙容积; 5. 空压机转速过低于额定转速,检查线路电压、频率,检修或更换电机。
机械故障	活塞环卡死,气缸发生干磨,曲轴连杆咬死,滚动轴承损坏、系装配间隙过小或润滑油太脏、油位过低,应调整装配间隙或更换添加润滑油。

11.2 气动辅件

气动辅助元件分为气源净化装置和其他辅助元件两大类。

1. 气源净化装置

压缩空气净化装置一般包括:后冷却器、油水分离器、贮气罐、干燥器、过滤器等。

(1) 后冷却器

后冷却器安装在空气压缩机出口处的管道上。它的作用是将空气压缩机排出的压缩空气温度由 140～170 ℃降至 40～50 ℃。这样就可使压缩空气中的油雾和水汽迅速达到饱和,使其大部分析出并凝结成油滴和水滴,以便经油水分离器排出。后冷却器的结构形式有:蛇形管式、列管式、散热片式、套管式。冷却方式有水冷和气冷两种方式,蛇形管和列管式后冷却器的结构如图 11－3 所示。

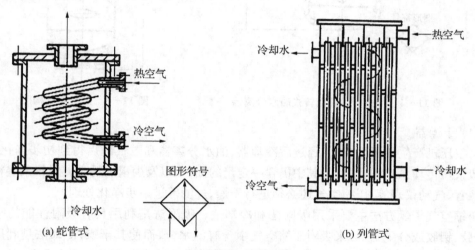

图形符号

(a) 蛇管式　　　　　　　　　　　　(b) 列管式

图 11－3 后冷却器

(2) 油水分离器(分水排水器)

油水分离器安装在后冷却器出口管道上,它的作用是分离并排出压缩空气中凝聚的油分、水分和灰尘杂质等,使压缩空气得到初步净化。油水分离器的结构形式有环形回转式、撞击折回式、离心旋转式、水浴式以及以上形式的组合使用等。如图 11－4 所示是撞击折回并回转式油水分离器的结构形式,它的工作原理是:当压缩空气由入口进入分离器壳体后,气流先受到隔板阻挡而被撞击折回向下(见图中箭头所示流向),之后又上升产生环形回转,这时凝聚在压缩空气中的油滴、水滴等杂质受惯性力和离心力作用下,分离析出,沉降于壳体底部,由排污阀定期排出。

为提高油水分离效果,应控制气流在回转后上升的速度不超过 0.3～0.5 m/s。

(3) 贮气罐

贮气罐主要作用是调节气流,减少输出气流的压力脉动,使输出气流流量连续、气压稳定。归结如下:

① 储存一定数量的压缩空气,以备发生故障或临时需要应急使用;

② 消除由于空气压缩机断续排气而对系统引起的压力脉动,保证输出气流的连续性和

平稳性；

③ 进一步分离压缩空气中的油、水等杂质。

贮气罐一般采用焊接结构，以立式居多。储气罐安装时，应该是进气口在下，出气口在上。如图 11-5 所示为立式储气罐的结构示意图。

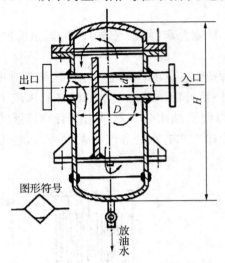
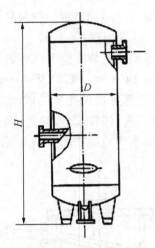

图 11-4　撞击折回并回转式油水分离器　　　　**图 11-5　贮气罐结构图**

（4）干燥器

从空压机产生的压缩空气，经过后冷却器、油水分离器和贮气罐后得到初步净化，已满足一般气压传动系统的要求，但其中仍含一定量的油、水以及少量的粉尘。对于某些精密的气动装置、气动仪表等，压缩空气还必须进行干燥、过滤等进一步净化处理。

压缩空气干燥方法主要采用吸附法和冷却法。吸附法是利用具有吸附性能的吸附剂（如硅胶、铝胶或分午筛等）来吸附压缩空气中含有的水分，而使其干燥；冷却法是利用制冷设备使空气冷却到一定的露点温度，析出空气中超过饱和水蒸气部分的多余水分，从而达到所需的干燥度。

吸附法是干燥处理方法中应用最为普遍的。吸附式干燥器的结构如图 11-6 所示。它的外壳呈筒形，其中分层设置栅板、吸附剂、滤网等。湿空气从管 1 进入干燥器，通过吸附剂 21、过滤网 20、上栅板 19 和下部吸附层 16 后，因其中的水分被吸附剂吸收而变得很干燥。然后，再经过钢丝网 15、下栅板 14 和过滤网 12，干燥、洁净的压缩空气便从输出管 8 排出。

（5）过滤器

空气的过滤器是气压传动系统中的重要环节。过滤器的作用是进一步滤除压缩空气中的水分、油滴和杂质。常用的过滤器有三种：

一次性过滤器（也称简易过滤器，滤灰效率为 50%～70%）；

二次过滤器（滤灰效率为 70%～99%）；

在要求高的特殊场合，还可使用高效率的过滤器（滤灰效率大于 99%）。

① 一次过滤器

如图 11-7 所示是一种一次过滤器，气流由切线方向进入筒内，在离心力的作用下分离出液滴，然后气体由下而上通过多片钢板/毛毡、硅胶、焦炭、滤网等过滤吸附材料，干燥清洁的空气从筒顶输出。

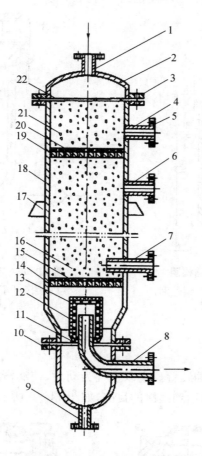

图 11 - 6　吸附式干燥器结构图

1-湿空气进气管;2-顶盖;3、5、10-法兰;4、6-再生空气排气管;7-再生空气进气管;
8-干燥空气输出管;9-排水管;11、22-密封座;12、15、20-钢丝过滤网;13-毛毡;
14-下栅板;16、21-吸附剂层;17-支撑板;18-筒体;19-上栅板

② 分水滤气器

分水滤气器滤灰能力较强,属于二次过滤器。它和减压阀、油雾器一起被称为气动三联件,是气动系统不可缺少的辅助元件。普通分水滤气器的结构如图 11 - 8 所示。其工作原理如下:压缩空气从,输入口进入后,被引入旋风叶子 1,旋风叶子上有很多小缺口,使空气沿切线反向产生强烈的旋转,这样夹杂在气体中的较大水滴、油滴/灰尘(主要是水滴)便获得较大的离心力,并高速与存水杯 3 内壁碰撞,而从气体中分离出来,沉淀于存水杯 3 中,然后气体通过中间的滤芯 2,部分灰尘、雾状水被 2 拦截而滤去,洁净的空气便从输出口输出。挡水板 4 是防止气体漩涡将杯中积存的污水卷起而破坏过滤的作用。为保证分水滤气器正常工作,必须及时将存水杯中的污水通过排水阀 5 放掉。在某些人工排水不方便的场合,可采用自动排水式分水滤气器。

存水杯由透明材料制成,便于观察工作情况、污水情况和滤芯污染情况。滤芯目前采用铜粒烧结而成。发现油泥过多时,可采用酒精清洗,干燥后再装上,可继续使用。但是这种过滤器只能滤除固体和液体杂质,因此,使用时应尽可能装在能使空气中的水分变成液态的部位或防止液体进入的部位,如气动设备的气源人口处。

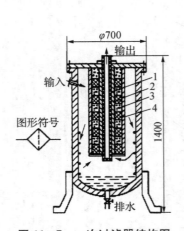

图 11-7　一次过滤器结构图

1-ϕ10 密孔网;2-280 目细钢丝网;
3-焦炭;4-硅胶等

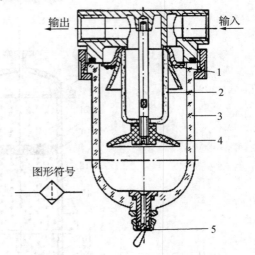

图 11-8　普通分水滤气器结构图

1-旋风叶子;2-滤芯;3-存水杯;
4-挡水板;5-手动排水阀

2. 其他辅助元件

(1) 油雾器

油雾器是一种特殊的注油装置。它以空气为动力,使润滑油雾化后,注入空气流中,并随空气进入需要润滑的部件,达到润滑的目的,如图 11-9 所示。

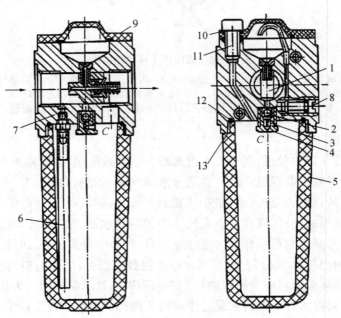

图 11-9　普通油雾器(一次油雾器)结构简图

1-喷嘴;2-钢球;3-弹簧;4-阀座;5-存油杯;6-吸油管;7-单向阀
8-节流阀;9-视油器;10、12-密封垫;11-油塞;13-螺母·螺钉

如图 11-9 所示是普通油雾器(也称一次油雾器)的结构简图。当压缩空气由输入口进入后,通过喷嘴 1 下端的小孔进入阀座 4 的腔室内,在截止阀的钢球 2 上下表面形成压差,由于泄漏和弹簧 3 的作用,而使钢球处于中间位置,压缩空气进入存油杯 5 的上腔使油面受压,压力油经吸油管 6 将单向阀 7 的钢球顶起,钢球上部管道有一个方形小孔,钢球不能将上部管道封死,压力油不断流入视油器 9 内,再滴入喷嘴 1 中,被主管气流从上面小孔引射出来,雾化后从输出口输出。节流阀 8 可以调节流量,使滴油量在每分钟 0~120 滴内变化。

二次油雾器能使油滴在雾化器内进行两次雾化,使油雾粒度更小、更均匀,输送距离更远。二次雾化粒径可达 5 μm。

油雾器的选择主要是根据气压传动系统所需额定流量及油雾粒径大小来进行。所需油雾粒径在 50 μm 左右,选用一次油雾器。若需油雾粒径很小,可选用二次油雾器。油雾器一般应配置在滤气器和减压阀之后,用气设备之前较近处。

(2) 消声器

在气压传动系统之中,气缸、气阀等元件工作时,排气速度较高,气体体积急剧膨胀,会产生刺耳的噪声。噪声的强弱随排气的速度、排量和空气通道的形状而变化。排气的速度和功率越大,噪声也越大,一般可达 100~120 dB,为了降低噪声,可以在排气口装消声器。

消声器就是通过阻尼或增加排气面积来降低排气速度和功率,从而降低噪声的。

气动元件使用的消声器一般有三种类型:吸收型消声器、膨胀干涉型消声器和膨胀干涉吸收型消声器。常用的是吸收型消声器,图 11-10 所示是吸收型消声器的结构简图。这种消声器主要依靠吸音材料消声。消声罩 2 为多孔的吸音材料,一般用聚苯乙烯或铜珠烧结而成。当消声器的通径小于 20 mm 时,多用聚苯乙烯作消音材料制成消声罩,当消声器的通径大于 20 mm 时,消声罩多用铜珠烧结,以增加强度。其消声原理是:当有压气体通过消声罩时,气流受到阻力,声能量被部分吸收而转化为热能,从而降低了噪声强度。

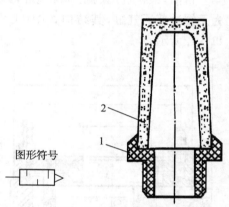

图形符号

图 11-10　吸收型消声器结构简图
1-连接螺丝;2-消声

吸收型消声器结构简单,具有良好的消除中、高频噪声的性能。消声效果大于 20 dB,在气压传动系统中,排气噪声主要是中、高频噪声,尤其是高频噪声,所以采用这种消声器是合适的。在主要是中、低频噪声的场合,应使用膨胀干涉型消声器。

(3) 管道连接件

管道连接件包括管子和各种管接头。有了管子和各种管接头,才能将气动控制元件、气动执行元件以及辅助元件等连接成一个完整的气动控制系统,因此,实际应用中,管道连接件是不可缺少的。

管子可分为硬管和软管两种。如总气管和支气管等一些固定不动的、不需要经常装拆的地方,使用硬管。连接运动部件和临时使用、希望装拆方便的管路应使用软管。硬管有铁管、铜管、黄铜管、紫铜管和硬塑料管等;软管有塑料管、尼龙管、橡胶管、金属编织塑料管以及挠性金属导管等。常用的是紫铜管和尼龙管。

气动系统中使用的管接头的结构及工作原理与液压管接头基本相似,分为卡套式/扩口螺纹式、卡箍式、插入快换式等。

11.3 气动执行元件

气动执行元件是将压缩空气的压力能转换为机械能的装置,它包括气缸和气马达。气缸用于直线往复运动或摆动,气马达用于实现连续回转运动。

11.3.1 气缸

气缸是气动系统的执行元件之一。除几种特殊气缸外,普通气缸其种类及结构形式与液压缸基本相同。

目前,最常选用的是标准气缸,其结构和参数都已系列化、标准化、通用化。QGA 系列为无缓冲普通气缸,其结构如图 11 - 11 所示;QGB 系列为有缓冲普通气缸,其结构如图 11 - 12所示。

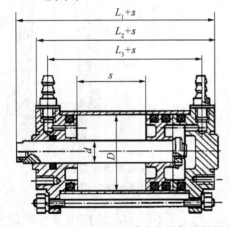
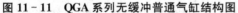
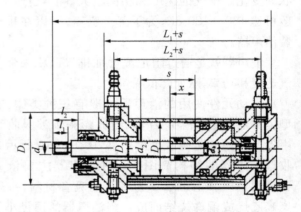

图 11 - 11　QGA 系列无缓冲普通气缸结构图 　　　图 11 - 12　QGB 系列有缓冲普通气缸结构图

其他几种较为典型的特殊气缸有气液阻尼缸、薄膜式气缸和冲击式气缸等。

1. 气液阻尼缸

普通气缸工作时,由于气体的压缩性,当外部载荷变化较大时,会产生"爬行"或"自走"现象,使气缸的工作不稳定。为了使气缸运动平稳,普遍采用气液阻尼缸。

气液阻尼缸是由气缸和油缸组合而成,它的工作原理如图 11 - 13 所示。它是以压缩空气为能源,并利用油液的不可压缩性和控制油液排量,来获得活塞的平稳运动和调节活塞的运动速度。它将油缸和气缸串联成一个整体,两个活塞固定在一根活塞杆上。当气缸右端供气时,气缸克服外负载并带动油缸同时向左运动,此时油缸左腔排油、单向阀关闭,油液只能经节流阀缓慢流人油缸右腔,对整个活塞的运动起阻尼作用。调节节流阀的阀口大小就能达到调节活塞运动速度的目的。当压缩空气经换向阀从气缸左腔进人时,油缸右腔排抽,此时,因单向阀开启,活塞能快速返回原来位置。

这种气液阻尼缸的结构一般是将双活塞杆缸作为油缸。因为这样可使油缸两腔的排油量相等,此时,油箱内的油液只用来补充因油缸泄漏而减少的油量,一般用油杯就行了。

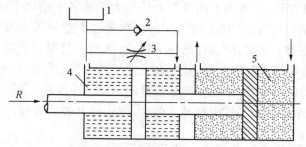

图 11 - 13　气液阻尼缸的工作原理图

2. 薄膜式气缸

薄膜式气缸是一种利用压缩空气通过膜片推动活塞杆作往复直线运动的气缸。它由缸体、膜片、膜盘和活塞杆等主要零件组成。其功能类似于活塞式气缸,它分为单作用式和双作用式两种,如图 11 - 14 所示。

薄膜式气缸的膜片可以做成盘形膜片和平膜片两种形式。膜片材料为夹织物橡胶、钢片或磷青铜片。常用的是夹织物橡胶,橡胶的厚度为 5~6 mm,有时也可用 1~3 mm。金属式膜片只用于行程较小的薄膜式气缸中。

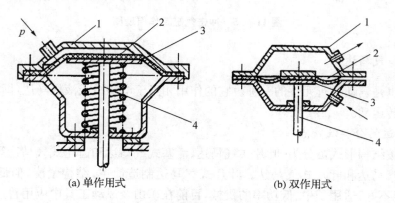

(a) 单作用式　　　　　　　　　(b) 双作用式

图 11 - 14　薄膜式气缸结构简图

1-缸体;2-膜片;3-膜盘;4-活塞杆

薄膜式气缸和活塞式气缸相比较,具有结构简单、紧凑、制造容易、成本低、维修方便、寿命长、泄漏小、效率高等优点。但是膜片的变形量有限,故其行程短(一般不超过 40~50 mm),且气缸活塞杆上的输出力随着行程的加大而减小。

3. 冲击气缸

冲击气缸是一种体积小、结构简单、易于制造、耗气功率小,但能产生相当大冲击力的一种特殊气缸。与普通气缸相比,冲击气缸的结构特点是增加了一个具有一定容积的蓄能腔和喷嘴。它的工作原理如图 11 - 15 所示。

冲击气缸的整个工作过程可简单地分为三个阶段。第一个阶段(如图 11 - 15(a)所示),压缩空气由孔 A 输入冲击缸的下腔,蓄气缸经孔召排气,活塞上升并用密封垫封住喷嘴,中盖和活塞间的环形空间经排气孔与大气相通。第二阶段(如图 11 - 15(b)所示),压缩空气改由孔召进气,输入蓄气缸中,冲击缸下腔经孔 A 排气。由于活塞上端气压作用在面积较小的喷嘴上,而活塞下端受力面积较大,一般设计成喷嘴面积的 9 倍,缸下腔的压力虽因排气而下降,但此时活塞下端向上的作用力仍然大于活塞上端向下的作用力。第三阶段(如图 11 - 15(c)所示),蓄气缸的压力继续增大,冲击缸下腔的压力继续降低,当蓄气缸内压力高于活塞下腔压力 9 倍时,活塞开始向下移动,活塞一旦离开喷嘴,蓄气缸内的高压气体迅速充入到活塞与中间盖间的空间,使活塞上端受力面积突然增加 9 倍,于是活塞将以极大的加速度向下运动,气体的压力能转换成活塞的动能。在冲程达到一定时,获得最大冲击速度和能量,利用这个能量对工件进行冲击做功,产生很大的冲击力。

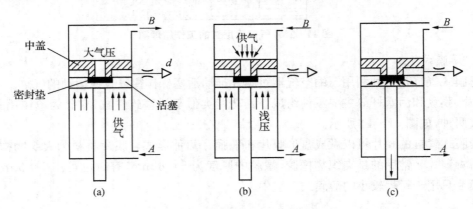

图 11 - 15 冲击气缸工作原理图

11.3.2 气马达

气马达也是气动执行元件的一种。它的作用相当于电动机或液压马达,即输出力矩,拖动机构作旋转运动。

1. 气马达的分类及特点

气马达按结构形式可分为:叶片式气马达、活塞式气马达和齿轮式气马达等。最为常见的是活塞式气马达和叶片式气马达。叶片式气马达制造简单,结构紧凑,但低速运动转矩小,低速性能不好,适用于中、低功率的机械,目前在矿山及风动工具中应用普遍。活塞式气马达在低速情况下有较大的输出功率,它的低速性能好,适宜于载荷较大和要求低速转矩的机械,如起重机、绞车、绞盘、拉管机等。

与液压马达相比,气马达具有以下特点:

(1) 工作安全。可以在易燃易爆场所工作,同时不受高温和振动的影响;

(2) 可以长时间满载工作而温升较小;

(3) 可以无级调速。控制进气流量,就能调节马达的转速和功率。额定转速以每分钟几十转到几十万转;

(4) 具有较高的启动力矩。可以直接带负载运动;

(5) 结构简单,操纵方便,维护容易,成本低;

(6) 输出功率相对较小,最大只有 20 kW 左右;

(7) 耗气量大,效率低,噪声大。

2. 气马达的工作原理

如图 11 - 16(a)所示是叶片式气马达的工作原理图,它的主要结构和工作原理与液压叶片马达相似,主要包括一个径向装有 3～10 个叶片的转子,偏心安装在定子内,转子两侧有前后盖板(图中未画出),叶片在转子的槽内可径向滑动,叶片底部通有压缩空气,转子转动是靠离心力和叶片底部气压将叶片紧压在定子内表面上。定子内有半圆形的切沟,提供压缩空气及排出废气。

当压缩空气从 A 口进入定子内,会使叶片带动转子作逆时针旋转,产生转矩。废气从排气口 C 排出;而定子腔内残留气体则从 B 口排出。若要改变气马达旋转方向,只需改变进、排气口即可。

如图 11-16(b)所示是径向活塞式马达的原理图。压缩空气经进气口进入分配阀(又称配气阀)后再进入气缸,推动活塞及连杆组件运动,再使曲柄旋转。曲柄旋转的同时,带动固定在曲轴上的分配阀同步转动,使压缩空气随着分配阀角度位置的改变而进入不同的缸内,依次推动各个活塞运动,由各活塞及连杆带动曲轴连续运转。与此同时,与进气缸相对应的气缸则处于排气状态。

如图 11-16(c)所示是薄膜式气马达的工作原理图。它实际上是一个薄膜式气缸,当它作往复运动时,通过推杆端部的棘爪使棘轮转动。

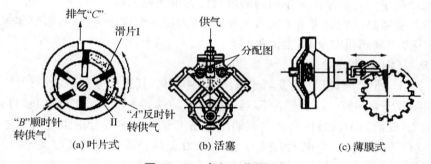

(a) 叶片式　　　　(b) 活塞　　　　(c) 薄膜式

图 11-16　气缸工作原理图

见表 11-1 所示,列出了各种气马达的特点及应用范围,供选用时参考。

表 11-1　各种气马达的特点及应用范围

形式	转矩	速度	功率	每千瓦耗气量 Q（$m^3 \cdot min^{-1}$）	特点及应用范围
叶片式	低转矩	高速度	由零点几千瓦到 1.3 kW	小型:1.8～2.3 大型:1.0～1.4	制造简单,结构紧凑,但低速启动转矩小,低速性能不好,适用于要求低或中功率的机械,如手提工具、复合工具传送带、升降机、泵、拖拉机等。
活塞式	中高转矩	低速或中速	由零点几千瓦到 1.7 kW	小型:1.9～2.3 大型:1.0～1.4	在低速时有较大的功率输出和较好的转矩特性。启动准确,且启动和停止特性均较叶片式好,适用于载荷较大和要求低速转矩较高的机械,如手提工具、起重机、绞车、绞盘、拉管机等。
薄膜式	高转矩	低速度	小于 1 kW	1.2,u1.4	适用于控制要求很精确、启动转矩极高和速度低的机械。

11.4 气动控制元件

在气压传动系统中,气动控制元件是控制和调节压缩空气的压力、流量和方向的种类控制阀,其作用是保证气动执行元件(如气缸、气马达等)按设计的程序正常进行工作。

11.4.1 压力控制阀

1. 压力控制阀的作用及分类

气动系统不同于液压系统,一般每一个液压系统都自带液压源(液压泵);而在气动系统中,一般来说,由空气压缩机先将空气压缩,储存在贮气罐内,然后经管路输送给各个气动装置使用。而贮气罐的空气压力往往比各台设备实际所需要的压力高些,同时,其压力波动值也较大。因此,需要用减压阀(调压阀)将其压力减到每台装置所需的压力,并使减压后的压力稳定在所需压力值上。

有些气动回路需要依靠回路中压力的变化来实现控制两个执行元件的顺序动作,所用的这种阀就是顺序阀。顺序阀与单向阀的组合称为单向顺序阀。

所有的气动回路或贮气罐为了安全起见,当压力超过允许压力值时,需要实现自动向外排气,这种压力控制阀叫安全阀(溢流阀)。

2. 减压阀(调压阀)

如图 11-17 所示是 QTY 型直动式减压阀结构图。其工作原理是:当阀处于工作状态时,调节手柄 1,压缩弹簧 2、3 及膜片 5,通过阀杆 6 使阀芯 8 下移,进气阀口被打开,有压气流从左端输入,经阀口节流减压后从右端输出。输出气流的一部分由阻尼管 7 进入膜片气室,在膜片 5 的下方产生一个向上的推力,这个推力总是企图将阀口开度关小,使其输出压力下降。当作用于膜片上的推力与弹簧力相平衡后,减压阀的输出压力便保持一定。

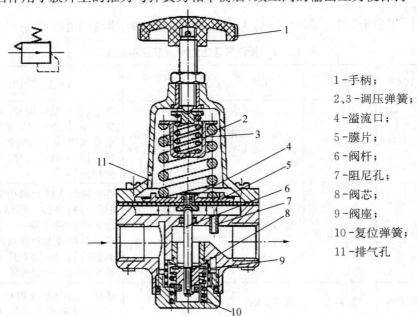

1-手柄;
2、3-调压弹簧;
4-溢流口;
5-膜片;
6-阀杆;
7-阻尼孔;
8-阀芯;
9-阀座;
10-复位弹簧;
11-排气孔

图 11-17　QTY 型减压阀结构图及其职能符号

当输入压力发生波动时,如输入压力瞬时升高,输出压力也随之升高,作用于膜片 5 上的气体推力也随之增大,破坏了原来的力的平衡,使膜片 5 向上移动,有少量气体经溢流口 4、排气孔 11 排出。在膜片上移的同时,因复位弹簧 10 的作用,使输出压力下降,直到新的平衡为止。重新平衡后的输出压力又基本上恢复至原值。反之,输出压力瞬时下降,膜片下移,进气口开度增大,节流作用减小,输出压力又基本上回升至原值。

调节手柄 1 使弹簧 2、3 恢复自由状态,输出压力降至零,阀芯 8 在复位弹簧 10 的作用下,关闭进气阀口,这样,减压阀便处于截止状态,无气流输出。

QTY 型直动式减压阀的调压范围为 0.05～0.63 MPa。为限制气体流过减压阀所造成的压力损失,规定气体通过阀内通道的流速在 15～25 m/s 范围内。

安装减压阀时,要按气流的方向和减压阀上所示的箭头方向,依照分水滤气器→今减压阀→油雾器的安装次序进行安装。调压时应由低向高调,直至规定的调压值为止。阀不用时应将手柄放松,以免膜片经常受压变形。

3. 顺序阀

顺序阀是依靠气路中压力的作用而控制执行元件按顺序动作的压力控制阀,如图 11-18 所示,它根据弹簧的预压缩量来控制其开启压力。当输入压力达到或超过开启压力时,顶开弹簧,于是 P 到 A 才有输出;反之 A 无输出。

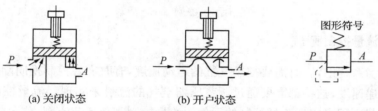

(a) 关闭状态　　　　(b) 开户状态

图 11-18　顺序阀工作原理图

顺序阀一般很少单独使用,往往与单向阀配合在一起,构成单向顺序阀。如图 11-19 所示为单向 JI 匝序阀的工作原理图。当压缩空气由左端进入阀腔后,作用于活塞 3 上的气压力超过压缩弹簧 3 上的力时,将活塞顶起,压缩空气从户经 A 输出,如图 11-19(a)所示,此时单向阀 4 在压差力及弹簧力的作用下处于关闭状态。反向流动时,输入侧变成排气口,输出侧压力将顶开单向阀 4 由 O 口排气,如图 11-19(b)所示。

调节旋钮就可改变单向顺序阀的开启压力,以便在不同的开启压力下,控制执行元件的顺序动作。

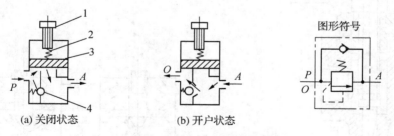

(a) 关闭状态　　　　(b) 开户状态

图 11-19　单向顺序阀工作原理图

1-调节手柄;2-弹簧;3-活塞;4-单向阀

4. 安全阀

当贮气罐或回路中压力超过某调定值,要用安全阀向外放气,安全阀在系统中起过载保护作用。

如图 11-20 所示是安全阀工作原理图。当系统中气体压力在调定范围内时，作用在活塞 3 上的压力小于弹簧 2 的力，活塞处于关闭状态（如图 11-20(a)所示）。当系统压力升高，作用在活塞 3 上的压力大于弹簧的预定压力时，活塞 3 向上移动，阀门开启排气（如图 11-20(b)所示）。直到系统压力降到调定范围以下，活塞又重新关闭。开启压力的大小与弹簧的预压量有关。

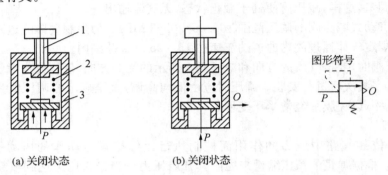

图 11-20　安全阀工作原理图

1-调节手柄；2-弹簧；3-活塞

11.4.2　流量控制阀

在气压传动系统中，有时需要控制气缸的运动速度，有时需要控制换向阀的切换时间和气动信号的传递速度，这些都需要通过调节压缩空气的流量来实现。流量控制阀就是通过改变阀的通流截面积来实现流量控制的元件。流量控制阀包括节流阀、单向节流阀、排气节流阀和快速排气阀等。

1. 节流阀

如图 11-21 所示为圆柱斜切型节流阀的结构图。压缩空气由 P 口进入，经过节流后，由 A 口流出。旋转阀芯螺杆，就可改变节流口的开度，这样就调节了压缩空气的流量。由于这种节流阀的结构简单、体积小，故应用范围较广。

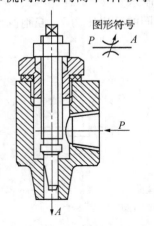

图 11-21　节流阀工作原理图

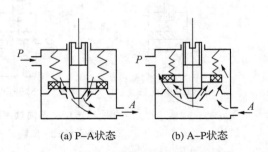

(a) P-A状态　　(b) A-P状态

图 11-22　单向节流阀的工作原理图

2. 单向节流阀

单向节流阀是由单向阀和节流阀并联而成的组合式流量控制阀,如图 11-22 所示。当气流沿着一个方向,如 $P-A$(如图 11-22(a)所示)流动时,经过节流阀节流;反方向(如图 11-22(b)所示)流动,由 $A-P$ 时单向阀打开,不节流,单向节流阀常用于气缸的调速和延时回路。

3. 排气节流阀

排气节流阀是装在执行元件的排气口处,调节进入大气中气体流量的一种控制阀。它不仅能调节执行元件的运动速度,还常带有消声器件,所以也能起降低排气噪声的作用。

如图 11-23 所示为排气节流阀工作原理图。其工作原理和节流.阀类似,靠调节节流口处的通流面积来调节排气流量,由消声套 2 来减小排气噪声。

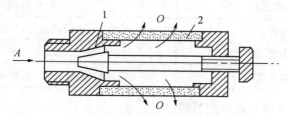

图 11-23　排气节流阀工作原理图

1-节流口;2-消声套

应当指出,用流量控制的方法控制气缸内活塞的运动速度,采用气动比采用液压困难。特别是在极低速控制中,要按照预定行程变化来控制速度,只用气动很难实现。在外部负载变化很大时,仅用气动流量阀也不会得到满意的调速效果。为提高其运动平稳性,建议采用气液联动。

4. 快速排气阀

如图 11-24 所示为快速排气阀工作原理图。进气口 P 进入压缩空气,并将密封活塞迅速上推,开启阀口 2,同时关闭排气口 O,使进气口 P 和工作口 A 相通(如图 11-24(a)所示)。图 11-24(b)是 P 口没有压缩空气进入时,在 A 口和 P 口压差作用下,密封活塞迅速下降,关闭户口,使 A 口通过 O 口快速排气。

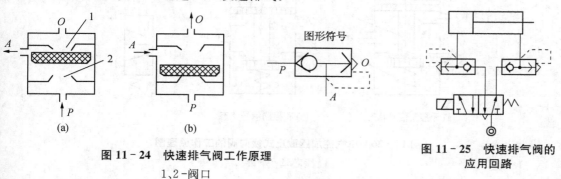

图 11-24　快速排气阀工作原理

1、2-阀口

图 11-25　快速排气阀的应用回路

快速排气阀常安装在换向阀和气缸之间。如图 11-25 所示表示了快速排气阀在回路中的应用。它使气缸的排气不用通过换向阀而快速排出,从而加速了气缸往复的运动速度,缩短了工作周期。

11.4.3 方向控制阀

方向控制阀是气压传动系统中通过改变压缩空气的流动方向和气流的通断,来控制执行元件启动、停止及运动方向的气动元件。

根据方向控制阀的功能、控制方式、结构方式、阀内气流的方向及密封形式等,可将方向控制阀分为几类。见表 11-2 所示。

表 11-2 方向控制阀的分类

分类方式	形 式
按阀内气体的流动方向	单向阀、换向阀
按阀芯的结构形式	截止阀、滑阀
按阀的密封形式	硬质密封、软质密封
按阀的工作位数及通路数	二位三通、二位五通、三位五通等
按阀的控制操纵方式	气压控制、电磁控制、机械控制、手动控制

下面仅介绍几种典型的方向控制阀:

1. 气压控制换向阀

气压控制换向阀是以压缩空气为动力切换气阀,使气路换向或通断的阀类。气压控制换向阀的用途很广,多用于组成全气阀控制的气压传动系统或易燃、易爆以及高净化等场合。

(1) 单气控加压式换向阀

如图 11-26 所示为单气控加压式换向阀的工作原理。即图 11-26(a)是无气控信号 K 时的状态(即常态),此时,阀芯 1 在弹簧 2 的作用下处于上端位置,使阀 A 与 O 相通,A 口排气。图 11-26(b)是在有气控信号 K 时阀的状态(即动力阀状态)。由于气压力的作用,阀芯 1 压缩弹簧 2 下移,使阀口 A 与 O 断开,P 与 A 接通,A 口有气体输出。

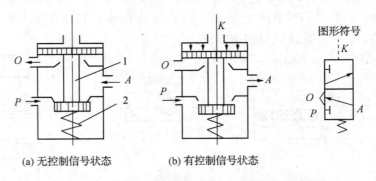

(a) 无控制信号状态　　　　(b) 有控制信号状态

图 11-26 单气控加压截止式换向阀的工作原理图
1-阀芯;2-弹簧

如图 11-27 所示为二位三通单气控截止式换向阀的结构图。这种结构简单、紧凑、密封可靠、换向行程短,但换向力大。若将气控接头换成电磁头(即电磁先导阀),可变气控阀为先导式电磁换向阀。

（2）双气控加压式换向阀

如图 11 - 28 所示为双气控滑阀式换向阀的工作原理图。图 11 - 28（a）为有气控信号 K_2 时阀的状态，此时阀停在左边，其通路状态是户与 A、月与 O 相通。图 11 - 28（b）为有气控信号 K_1 时阀的状态（此时信号 K_2 已不存在），阀芯换位，其通路状态变为 P 与 B、A 与 O 相通。双气控滑阀具有记忆功能，即气控信号消失后，阀仍能保持在有信号时的工作状态。

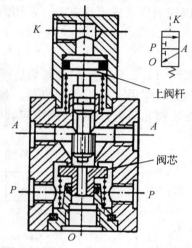

图 11 - 27　二位三通单气控截止式
换向阀的结构图

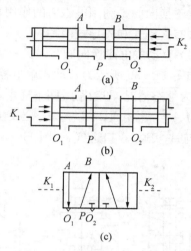

图 11 - 28　双气控滑阀式换向阀的
工作原理图

（3）差动控制换向阀

差动控制换向阀是利用控制气压作用在阀芯两端不同面积上所产生的压力差，来使阀换向的一种控制方式。

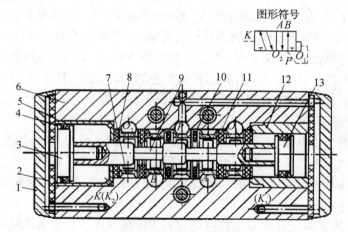

图 11 - 29　二位五通差压控制换向阀的结构原理图
1-端盖；2-缓冲垫片；3、13-控制活塞；4、10、11-密封垫；
5、12-衬套；6-阀体；7-隔套；8-挡片；9-阀芯

如图 11 - 29 所示为二位五通差压控制换向阀的结构原理图。阀的右腔始终与进气 H P 相通。在没有进气信号 K 时，控制活塞 13 上的气压力将推动阀芯 9 左移，其通路状态为 P 与 A、B 与 O 相通。A 口进气、B 口排气。当有气控信号 K 时，由于控制活塞 3 的端面积

大于控制活塞 13 的端面积,作用在控制活塞 3 上的气压力将克服控制活塞 13 上的压力及摩擦力,推动阀芯 9 右移,气路换向,其通路状态为 P 与 B、A 与 O 相通、B 口进气、A 口排气。当气控信号 K 消失时,阀芯 9 借右腔内的气压作用复位。采用气压复位可提高阀的可靠性。

2. 电磁控制换向阀

电磁换向阀是利用电磁力的作用来实现阀的切换以控制气流的流动方向。常用的电磁换向阀有直动式和先导式两种。

(1)直动式电磁换向阀

如图 11-30 所示为直动式单电控电磁阀的工作原理图。它只有一个电磁铁。图 11-30(a)为常态情况,即激励线圈不通电,此时阀在复位弹簧的作用下处于上端位置。其通路状态为 A 与 T 相通,A 口排气。当通电时,电磁铁 1 推动阀芯向下移动,气路换向,其通路为 P 与 A 相通,A 口进气,如图 11-30(b)所示。

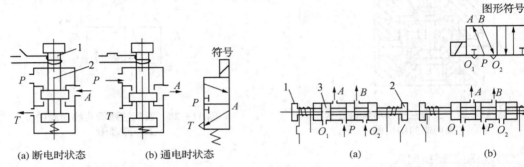

图 11-30　直动式单电控电磁阀的工作原理图
1-电磁铁;2-阀芯

图 11-31　直动式双电控电磁阀的工作原理图
1、2-电磁铁;3-阀芯

如图 11-31 所示为直动式双电控电磁阀的工作原理图。它有两个电磁铁,当线圈 1 通电、2 断电(如图 11-31(a)所示),阀芯被推向右端,其通路状态是 P 与 A、B 与 O_2 相通,A 口进气、B 口排气。当线圈 1 断电时,阀芯仍处于原有状态,即具有记忆性。当电磁线圈 2 通电、1 断电(如图 11-31(b)所示),阀芯被推向左端,其通路状态是 P 与 B、A 与 O_1 相通,B 口进气、A 口排气。若电磁线圈断电,气流通路仍保持原状态。

(2)先导式电磁换向阀

直动式电磁阀是由电磁铁直接推动阀芯移动的,当阀通径较大时,用直动式结构所需的电磁铁体积和电力消耗都必然加大,为克服此弱点可采用先导式结构。

先导式电磁阀是由电磁铁首先控制气路,产生先导压力,再由先导压力推动主阀阀芯,使其换向。

如图 11-32 所示为先导式双电控换向阀的工作原理图。当电磁先导阀 1 的线圈通电,而先导阀 2 断电时(如图 11-32(a)所示),由于主阀 3 的 K_2 腔进气,K_2 腔排气,使主阀阀芯向右移动。此时 P 与 A、B 与 O_2 相通,A 口进气、B 口排气。当电磁先导阀 2 通电,而先导阀 1 断电时(如图 1-1-32(b)所示),主阀的 K_2 腔进气,K_2 腔排气,使主阀阀芯向左移动。此时 P 与 B、A 与 O_1 相通,B 口进气、A 口排气。先导式双电控电磁阀具有记忆功能,即通电换向,断电保持原状态。为保证主阀正常工作,两个电磁阀不能同时通电,电路中要考虑互锁。

先导式电磁换向阀便于实现电、气联合控制,所以应用广泛。

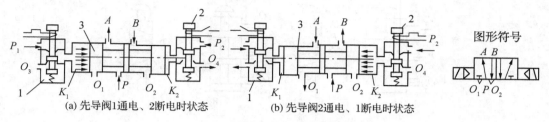

(a) 先导阀1通电、2断电时状态　　　　(b) 先导阀2通电、1断电时状态

图 11－32　先导式双电控换向阀的工作原理

3. 机械控制换向阀

机械控制换向阀又称行程阀,多用于行程程序控制,作为信号阀使用。常依靠凸轮、挡块或其他机械外力推动阀芯,使阀换向。

如图 11－33 所示为机械控制换向阀的一种结构形式。当机械凸轮或挡块直接与滚轮 1 接触后,通过杠杆 2 使阀芯 5 换向。其优点是减少了顶杆 3 所受的侧向力;同时,通过杠杆传力也减少了外部的机械压力。

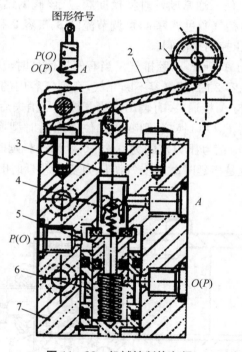

图 11－33　机械控制换向阀

4. 人力控制换向阀

这类阀分为手动及脚踏两种操纵方式。手动阀的主体部分与气控阀类似,其操纵方式有多种形式,如按钮式、旋钮式、锁式及推拉式等。

如图 11－34 所示为推拉式手动阀的工作原理和结构图。如用手压下阀芯(如见图 11－34 (a)所示),则 P 与 B、A 与 O_1 相通。手放开,而阀依靠定位装置保持状态不变。当用手将阀芯拉出时(如图 11－34(b)所示),则 P 与 A、B 与 O_2 相通,气路改变,并能维持该状态不变。

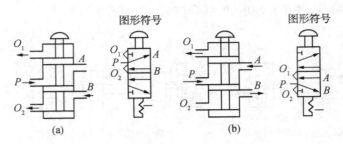

图 11 - 34　推拉式手动阀的工作原理和结构图

（a）压下阀芯时状态；（b）拉起阀芯时状态

5. 时间控制换向阀

时间控制换向阀是使气流通过气阻（如小孔、缝隙等）节流后到气容（储气空间）中，经一定的时间使气容内建立起一定的压力后，再使阀芯换向的阀类。在不允许使用时间继电器（电控制）的场合（如易燃、易爆、粉尘大等），用气动时间控制就显出其优越性。

（1）延时阀

如图 11 - 35 所示为二位三通常断延时型换向阀，从该阀的结构上可以看出，它由两大部分组成。延时部分 m 包括气源过滤塞 4、可调节流阀 3、气容 2 和排气单向阀 1，换向部分 n 实际是一个二位三通差压控制换向阀。

当无气控信号时，P 与 A 断开，A 腔排气。当有气控信号时，从 K 腔输入，经过滤塞 4、可调节流阀 3，节流后到气容 2 内，使气容不断充气，直到气容内的气压上升到某一值时，阀芯 5 由左向右移动，使 P 与 A 接通，A 有输出。当气控信号消失后，气容内的气压经单向阀从 K 腔迅速排空。如果将 P、O 口换接，则变成二位三通延时型换向阀。这种延时阀的工作压力范围为 $0 \sim 0.8$ MPa，信号压力范围为 $0.2 \sim 0.8$ MPa。延时时间在 $0 \sim 20$ s，延时精度是 120%，所谓延时精度是指延时时间受气源压力变化和延时时间的调节重复性的影响程度。

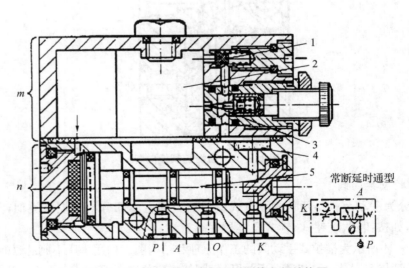

图 11 - 35　二位三通常断延时型换向阀结构图

m 延时部分；n - 换向部分；1 - 单向阀；2 - 气容；3 - 节流阀；4 - 过滤阀；5 - 阀芯

（2）脉冲阀

脉冲阀是靠气流流经气阻、气容的延时作用，使压力输入长信号变为短暂的脉冲信号输出的阀类。

其工作原理如图 11-36 所示，图 11-36(a) 为无信号输入的状态；图 11-36(b) 为有信号输入的状态，此时滑柱向上，A 口有输出，同时从滑柱中间节流小孔不断向气室（气容）中充气；图 11-36(c) 是当气室内的压力达到一定值时，滑柱向下，A 与 O 接通，A 口的输出状态结束。

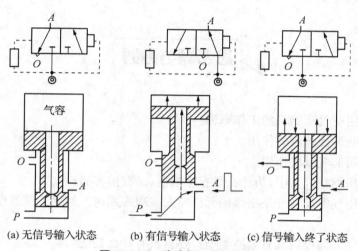

(a) 无信号输入状态 (b) 有信号输入状态 (c) 信号输入终了状态

图 11-36 脉冲阀工作原理图

如图 11-37 所示为脉冲阀的结构图。

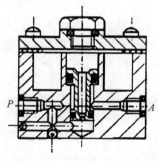

图 11-37 脉冲阀结构图

这种阀的信号工作压力范围是 0.2～0.8 MPa，脉冲时间为 2 s。

6. 梭阀

梭阀相当于两个单向阀组合的阀。如图 11-38 所示为梭阀的工作原理图。

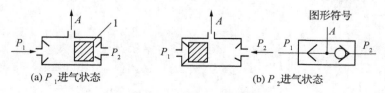

(a) P_1 进气状态 (b) P_2 进气状态

图 11-38 梭阀的工作原理

　　梭阀有两个进气口 P_1 和 P_2，一个工作口 A，阀芯 1 在两个方向上起单向阀的作用。其中 P_1 和 P_2 都可与 A 口相通，但这 P_1 与 P_2 不相通。当 P_1 进气时，阀芯 1 右移，封住 P_2 口，使 P_1 与 A 相通，A 口进气，如图 11-38(a)所示。反之，P_2 进气时，阀芯 1 左移，封住 P_1 口，使 P_2 与 A 相通，A 口也进气。若 P_1 与 P_2 都进气时，阀芯就可能停在任意一边，这主要看压力加入的先后顺序和压力的大小而定。若 P_1 与 P_2 不等，则高压口的，通道打开，低压口则被封闭，高压气流从 A 口输出。

　　梭阀的应用很广，多用于手动与自动控制的并联回路中。

思考题与习题

　　11-1　说明空气压缩机的工作原理。

　　11-2　说明后冷却器的作用。

　　11-3　说明储气罐的作用。

　　11-4　在压缩空气站中，为什么既有除油器，又有油雾器？

　　11-5　常用气源三联件是指哪些元件？安装顺序如何？如果不按顺序安装，会出现什么问题？

　　11-6　气动方向控制阀有哪些类型？各自具有什么功能？

　　11-7　气动方向控制阀与液压方向控制阀有何相同或相异之处？

　　11-8　气动减压阀与液压减压阀有何相同和不同之处？

模块十二　气动回路

气动系统也是由一些回路所组成的,通常将能够实现某种特定功能的气动元件的组合称为气动基本回路。

气动基本回路分为方向控制回路、速度控制回路、压力控制回路、顺序动作回路等,它们的功用与同名液压基本回路相同。

12.1　方向控制回路

气动系统一般可通过各种通用气动换向阀改变压缩气体流动方向,从而改变气动执行元件的运动方向。

常见的换向回路有单作用气缸换向回路、双作用回路换向回路、气缸一次换向回路、气缸连续往复换向回路等。

1. 单作用气缸换向回路

如图 12-1 所示为常断型二位三通电磁阀控制回路。当电磁铁通电时,换向阀左位工作,气压使活塞右移;当电磁铁断电时,弹簧使换向阀右位工作,活塞杆在弹簧作用下左移。

2. 双作用气缸换向回路

如图 12-2 所示为双气控二位五通阀控制回路。该回路中通过对换向阀左右两侧输入控制信号,使气缸活塞伸出和缩回。该回路不许左右两侧同时加等压控制信号。

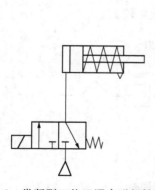

图 12-1　常断型二位三通电磁阀控制回路

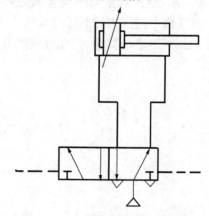

图 12-2　双气控二位五通阀控制回路

3. 气缸连续往复换向回路

如图 12-3 所示状态,气缸 5 的活塞退回(左行),当行程阀 3 被活塞杆上的活动挡铁 6

压下时,气路处于排气状态。当按下具有定位机构的手动换向阀 1 时,控制气体经阀 1 的右位、阀 3 的上位作用在气控换阀 2 的右控制腔,阀 2 切换至右位,气缸的无杆腔进气、有杆腔排气,实现右行进给。当挡铁 6 压下行程阀 4 时,气路经阀 4 上位排气,阀 2 在弹簧力作用下复至图示左位。此时,气缸有杆腔进气,无杆腔排气,做退回运动。当挡块压下阀 3 时,控制气体又作用在阀 2 的右控制腔,使气缸换向进给。周而复始,气缸自动往复运动。当拉动阀 1 至左位时,气缸停止运动。

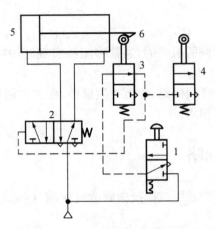

图 12 - 3　气缸连续往复换向回路

12.2　压力控制回路

压力控制回路的主要功用是调节与控制气动系统的供气压力,使之保持在某一规定的范围之内。

1. 一次压力控制回路

主要用于控制气源的压力,使其不超过规定值,常采用的元件为外控式溢流阀。如图 12-4 所示,空压机排出的气体通过单向阀储存在储气罐中,空压机排气压力由溢流阀限定。当气罐中的压力达到溢流阀的高压值时,溢流阀启动,空压机排出的气体经溢流阀排向大气。此回路结构简单,但在溢流阀开启过程中无功能耗较大。

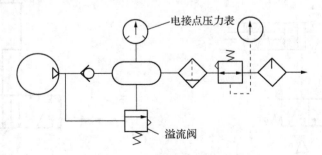

图 12 - 4　一次压力控制回路

2. 二次压力控制回路

主要作用是输出被控元件所需的稳定压力气体。如图 12-5 所示,它是在一次压力控制回路的出口(气罐右侧排气口)上串接带压力表的气动三联件而成。但供给逻辑元件的压缩空气应自油雾器之前引出,即不要对逻辑元件加入润滑油。

3. 高低压控制回路

如图 12-6 所示,气源供一定压力,经过两个减压阀分别调至要求的压力,当一个执行器在工作循环中需要高、低两种不同压力时,可通过换向阀进行切换。

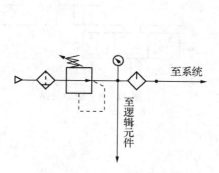

图 12-5　二次压力控制回路

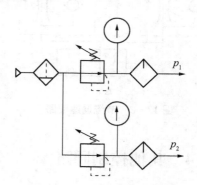

图 12-6　高低压控制回路

12.3　速度控制回路

气动系统所用功率都不大,故常用的调速回路主要是节流调速。适用与活塞惯性力大的场合。

1. 单作用气缸的速度控制回路

如图 12-7(a)所示,两个反接的单向节流阀,可分别控制活塞杆地伸出的速度。如图 12-7(b)所示,气缸活塞上升时节流调速,下降时则通过快速排气阀排气,使活塞杆快速返回。

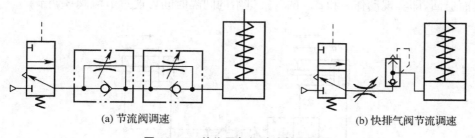

(a) 节流阀调速　　　　　　　　　　(b) 快排气阀节流调速

图 12-7　单作用气缸速度控制回路

2. 双作用气缸的速度控制回路

如图 12-8 所示为采用单向节流阀式的双向节流调速回路。当换向阀右位工作时,为进气节流调速回路。当换向阀左位工作时,为排气节流调速回路。

3. 缓冲回路

气缸在行程长、速度快、惯性大的情况下,往往采用缓冲回路来消除冲击。如图 12-9 所示是采用行程阀的缓冲回路,实现快进→慢进缓冲→停止→快退的循环。

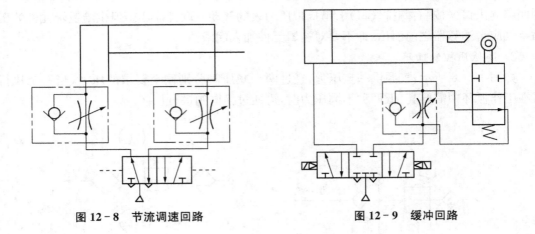

图 12-8 节流调速回路   图 12-9 缓冲回路

12.4 其他控制回路

12.4.1 顺序动作回路

顺序动作回路是实现多缸运动的一种回路。多缸顺序动作主要有压力控制(利用顺序阀、压力继电器等元件)、位置控制(利用电磁换向阀及行程开关等)与时间控制三种控制方法。其中压力控制与位置控制的原理及特点与相应液压回路相同,时间控制顺序动作回路多采用延时换向阀构成。

如图 12-10 所示为采用延时换向阀控制气缸1和气缸2的顺序动作回路。当换向阀7切换至左位时,气缸1无杆腔进气、有杆腔排气,实现动作 a。同时,气体经节流阀3进入延时换向阀4的控制腔及储气罐6中。当储气罐中的压力达到一定值时,阀4切换至左位,缸2无杆腔进气、有杆腔排气,实现动作 b。当阀7在图示右位时,两缸有杆腔同时进气、无杆腔排气而退回,即实现动作 c 和 d。两气缸进给的间隔时间可通过节流阀3调节。

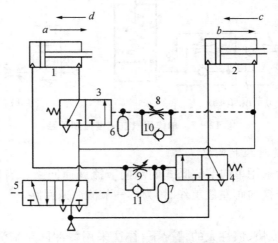

图 12-10 延时单向顺序动作控制回路

如图 12-11 所示为采用两只延时换向阀3和4对气缸1和2进行顺序动作的控制回

路。可以实现的动作顺序为:a—d。动作 a—b 的顺序由延时换向阀 4 控制,动作 c—d 的顺序由延时换向阀 3 控制。

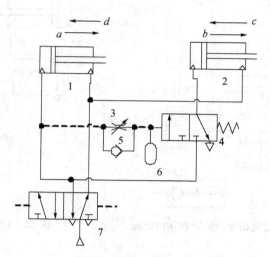

图 12 - 11 延时双向顺序动作控制回路

12.4.2 安全保护回路

保证操作人员和机械设备安全的控制回路,称为安全保护回路。常见的安全保护回路如下:

1. 双手同时操作回路

如图 12 - 12 所示为一种逻辑"与"的双手操作回路,为使二位主控阀 4 控制气缸 1 的换向,必须使压缩空气信号进入阀 4 的控制腔。为此,必须使两个三通手动阀 5 和 6 同时换向,另外,这两个阀必须安装在单手不能同时操作的距离上。在操作时,若任何一只手离开,则控制信号消失,主控阀 4 便复位,则活塞杆后退,以避免因误动作伤及操作者。气缸 1 还可以通过单向节流阀 2 和 3 实现双线节流调速。

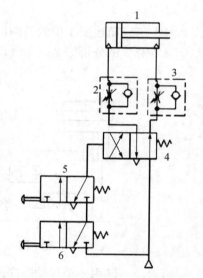

图 12 - 12 逻辑"与"的双手操作回路

2. 过载保护回路

如图 12 - 13 所示是一种采用顺序阀的过载保护回路。当气控换向阀 2 切换至左位时,气缸的无杆腔进气,有杆腔排气,活塞杆右行。当活塞杆遇到挡铁 5 或行至极限位置时,无杆腔压力快速增高,当压力达到顺序阀 4 开启压力时,顺序阀开启,避免了过载现象的发生,保证了设备安全。气源经顺序阀、或门梭阀 3 作用在阀 2 右控制腔使换向阀复位,气缸退回。

3. 互锁回路

如图 12 - 14 所示为一种互锁回路,气缸 5 的换向由作为主控阀的四通气控换向阀 4 控制。而四通阀 4 的换向受三个串联的机动三通阀 1~3 的控制,只有三个都接通时,主控阀

4 才能换向,实现了互锁。

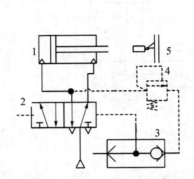

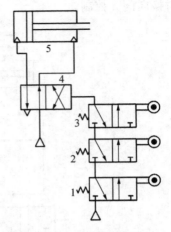

图 12 - 13 采用顺序阀的过载保护回路   图 12 - 14 互锁回路

思考题与习题

12 - 1 简述图 1 中的换向回路中梭阀的作用。

12 - 2 试分析图 2 所示气动回路的工作过程。

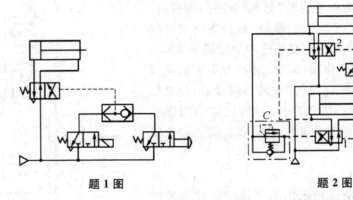

题 1 图   题 2 图

12 - 3 试用一个气动顺序阀、一个二位四通单电控换向阀和两个双作用汽缸组成一个顺序动作回路。

12 - 4 试分析图 3 所示行程阀控制的连续往复动作回路的工作情况。

12 - 5 图 4 所示为一个双手操作回路,试叙述其回路工作情况。

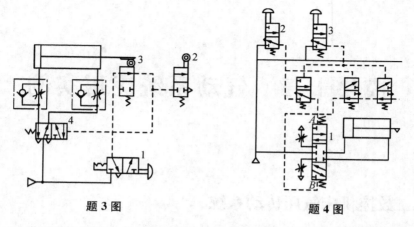

题 3 图　　　　　　题 4 图

12-6　试分析图 5 所示的在三个不同场合均可操作汽缸的气动回路工作情况

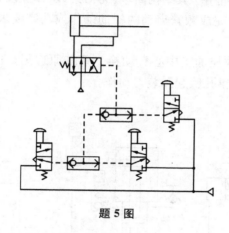

题 5 图

模块十三 气动系统应用实例

13.1 数控机床气压传动系统

在数控机床上,气动装置由于其结构简单、无污染、工作速度快、动作频率高、具有良好过载安全性等特点,常用于完成频繁启动的辅助动作或功率要求不大、精度要求不高的场合,如工件装卸、刀具更换等。

如图 13-1 所示为某数控加工中心气动换刀系统原理图。通过该系统能实现主轴定位、主轴松刀、拔刀、向主轴锥孔吹起和装刀动作。

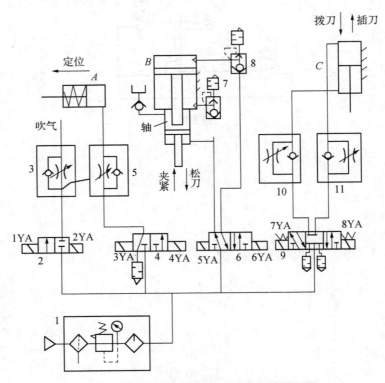

图 13-1 数控加工中心气动换刀系统原理图

具体工作过程如下:当数控系统发出换刀指令时,主轴停止转动,同时 4YA 通电,压缩空气经气动三联件 1→换向阀 4→单向节流阀 5→主轴定位缸 A 的右腔→缸 A 活塞杆左移伸出,使主轴自动定位,定位后压下无触点开关,使 6YA 得电,压缩空气经换向阀 6→快速排气阀 8→气液增压缸 B 的上腔→增压腔的高压油使活塞杆伸出,实现主轴松刀,同时使 8YA 得电,压缩空气经换向阀 9→单向节流阀 11→缸 C 的上腔,使缸 C 下腔排气,活塞下移实现拔刀,并由回转刀库交换刀具,同时 1YA 得电,压缩空气经换向阀 2→单向节流阀 3 向主轴锥孔吹气。稍后 1YA 失电、2YA 得电,吹气停止,8YA 失电,7YA 得电,压缩空气经换向阀 9、单向节流阀 10 进入缸 C 下腔,活塞上移实现插刀动作,同时活塞碰到行程限位阀,使 6YA 失电、5YA 得电,则压缩空气经阀 6 进入气液增压缸 B 的下腔,使活塞退回,主轴的机械机构使刀具夹紧。气液增压缸 B 的活塞碰到行程限位阀后,使 4YA 失电、3YA 得电,缸 A 的活塞在弹簧力作用下复位,完成换刀。

13.2　汽车门气动系统

如图 13-2 所示为公共汽车车门的安全操作系统原理图。在司机的座位和售票员座位处都装有气动开关,司机和售票员都可以开关车门。当车门在关闭过程中遇到障碍物时,能使车门自动再开启,起到安全保护作用。其工作原理如下。

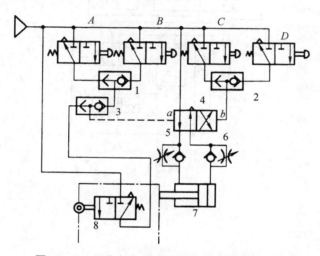

图 13-2　公共汽车车门的安全操作系统原理图

车门的开关靠气缸 7 来实现,气缸由双气控阀 4 控制,而双控阀又由 $A\sim D$ 的按钮阀来操纵,气缸运动速度的快慢由单向速度控制阀 5 或 6 来调节。通过阀 A 或 B 使车门开启,通过阀 C 和 D 使车门关闭。起安全作用的先导阀 8 安装在车门上。

当操纵按钮阀 A 或 B 时气源压缩空气经阀 A 或 B 到阀 1,将控制信号送到阀 4 的 a 侧,使阀 4 向开启车门方向切换。气源压缩空气经阀 4 和 5 到气缸的有杆腔,使车门开启。

当操纵按钮 C 或 D 时,压缩空气经阀 C 或阀 D 到阀 2,将控制信号送到阀 4 和阀 6 到气缸的无杆腔,使车门关闭。

车门在关闭的过程中如碰到障碍物,便推动阀 8,此时,气源压缩空气经阀 8 把控制信号通过阀 3 送到阀 4 的 a 侧,使阀 4 向车门开启方向切换。必须指出,如果阀 C 或阀 D 仍然保持在压下状态,则阀 8 起不到自动开启车门的安全作用,一般液压电梯的门也利用这一原理实现安全保护功能。

思考题与习题

13-1　如题图 1 所示为一气液动力滑台的原理图,说明气液动力滑台实现"快进→工进→慢进→快退→停止"的工作过程。

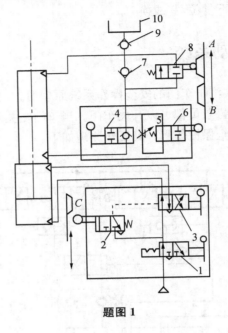

题图 1

常用液压与气压元件图形符号
（摘自 GB/T786.1－2009）

附表 1　基本符号、管路及连接

名称	图形符号	名称	图形符号
工作管路		管端连接于油箱底部	
控制管路		密闭式油箱	
连接管路		直接排气	
交叉管路		带连接措施的排气口	
柔性管路		带单向阀的快换接头	
组合元件线		不带单向阀的快换接	
管口在液面以下的油箱		单通路旋转接头	
管口在液面以上的油箱		三通路旋转接头	

附表 2 控制机构和控制方法

名称	图形符号	名称	图形符号
带有分离把手和定位销的控制机构		踏板式人力控制	
手动锁定控制机构		比例电磁铁	
带有定位装置的推或拉控制机构		双作用比例电磁铁	
具有可调行程限制的顶杆		加压或泄压控制	
单方向行程操纵的滚轮杠杆		内部压力控制	
单作用电磁控制,动作指向阀芯或背离阀芯		外部压力控制	
手柄式人力控制		电—液先导控制	
双作用电气控制机构,动作指向或背离阀芯		电气操纵的气动先导控制机构	

附表3　液压泵、液压马达、液压缸

名称	图形符号	名称	图形符号
单项定量液压泵		单项变量液压泵	
双向定量液压泵		双向变量液压泵	
单项定量马达		摆动马达	
双向定量马达		单作用弹簧复位缸	
单项变量马达		单作用伸缩缸	
双向变量马达		双作用单活塞杆缸	
定量液压泵—马达		双作用双活塞杆缸	
液压油源		双作用伸缩缸	
单项缓冲缸(可调)		双向缓冲缸(可调)	

附表 4　压力控制元件

名称	图形符号	名称	图形符号
直动型溢流阀		直动型减压阀	
先导型溢流阀		先导型减压阀	
先导型比例电磁溢流阀		溢流减压阀	
双向溢流阀		直动顺序阀	
卸荷阀		先导顺序阀	
压力继电器		行程开关	

附表5　流量控制元件

名称	图形符号	名称	图形符号
不可调节流阀		可调节流阀	
温度补偿调速阀		带消声器调速阀	
调速阀		旁通型调速阀	

附表6　方向控制元件

名称	图形符号	名称	图形符号
二位二通换向阀		二位四通换向阀	
二位三通换向阀		二位五通换向阀	
三位四通换向阀		三位五通换向阀	
单向阀		液控单向阀	
液压锁		快速排气阀	

附表7 辅助元件

名称	图形符号	名称	图形符号
过滤器		蓄能器（一般符号）	
污染指示过滤器		蓄能器（气体隔离式）	
磁芯过滤器		压力计	
冷却器		温度计	
加热器		液面计	
流量计		电动机	
原动机		气压源	
分水排水器		压力指示器	
		油雾器	
空气过滤器		消声器	
		空气干燥器	
除油器		气源调节装置	
		气—液转换器	

参考文献

[1] 张宏友. 液压与气动技术. 大连：大连理工大学出版社，2004.

[2] 黄安贻，董起顺. 液压传动. 成都：西南交通大学出版社，2005.

[3] 张群生. 液压与气压传动. 北京：机械工业出版社，2004.

[4] 邹建华，吴定智，许小明. 液压与气动技术基础. 武汉：华中科技大学出版社，2006.

[5] 许福玲. 液压与气压传动. 武汉：华中科技大学出版社，2005.

[6] 何存兴，张铁华. 液压传动与气压传动. 武汉：华中科技大学出版社，2000.

[7] 李鄂民. 液压与气压传动. 北京：机械工业出版社，2001.

[8] 毛好喜. 液压与气压技术. 北京：人民邮电出版社，2009.

[9] 陆望龙. 看图学液压维修技能. 北京：化学工业出版社，2010.

[10] 白柳，于军. 液压与气压传动. 北京：机械工业出版社，2009.

[11] 张红俊. 液压与气动技术. 武汉：华中科技大学出版社，2008.

[12] 杨务滋. 液压维修入门. 北京：化学工业出版社，2009.

[13] 黄志坚. 气压设备使用与维修技术. 北京：中国电力出版社，2009.

[14] 张安全，王德洪. 液压气动技术与实训. 北京：人民邮电出版社，2007.

[15] 马廉. 液压与气动. 北京：机械工业出版社，2009.

[16] 左健民. 液压与气压传动. 北京：机械工业出版社，2005.

[17] 陆望龙. 液压系统使用与维修手册. 北京：化学工业出版社，2008.

[18] 王德洪，周慎等. 液压与气动系统拆装及维修. 北京：人民邮电出版社，2011.

[19] 石景林. 液压泵马达维修及系统故障排除 北京：机械工业出版社2013.8.

[20] 邹建华，许小明. 液压与气动技术 武汉：华中科技大学出版社2012.1.

[21] 王德洪，等. 液压与气动系统拆装及维修 北京：人世邮电出版社2014.8.

[22] 张立秀，邹建华. 液压与气动技术 北京：北京理工大学出版社2012.4.

[23] 赵波，王宏元. 液压与气动技术 北京：机械工业出版社2014.1.24.

[24] 周进民，杨成刚. 液压与气动技术 北京：机械工业出版社2013.2.